21 世纪高等院校计算机网络工程专业规划教材

网络设备配置项目化教程

（第三版）微课视频版

许军 鲁志萍 王磊 编著

清华大学出版社

北京

内 容 简 介

本书以实际的网络环境为基础,将网络组建实际工程中所涉及的相关理论知识和操作技能分解到若干教学项目中,每个项目包括若干任务。从基本的网络组建规划开始,通过对交换机的基本配置、网络隔离与广播风暴的控制、网络中链路的冗余备份、路由器的基本配置与远程管理、静态路由和动态路由实现网络互联、广域网协议的封装、访问控制列表的应用、利用NAT实现互联网的访问等项目任务的实现,使学生掌握相应的网络基础知识,具备一定的网络设备的配置调试能力。

本书适合作为高职高专计算机网络及相关专业的教材,也可以作为相关网络技术人员在实际网络设备配置调试中的技术参考用书。

图书在版编目(CIP)数据

网络设备配置项目化教程:微课视频版/许军,鲁志萍,王磊编著.—3版.—北京:清华大学出版社,2021.3(2021.8重印)

21世纪高等院校计算机网络工程专业规划教材

ISBN 978-7-302-57517-7

Ⅰ.①网… Ⅱ.①许…②鲁…③王… Ⅲ.①网络设备-配置-高等学校-教材 Ⅳ.①TN915.05

中国版本图书馆CIP数据核字(2021)第026807号

责任编辑:刘向威 常晓敏
封面设计:何凤霞
责任校对:胡伟民
责任印制:宋 林

出版发行:清华大学出版社

  网 址:http://www.tup.com.cn,http://www.wqbook.com
  地 址:北京清华大学学研大厦A座 邮 编:100084
  社 总 机:010-62770175 邮 购:010-83470235
  投稿与读者服务:010-62776969,c-service@tup.tsinghua.edu.cn
  质量反馈:010-62772015,zhiliang@tup.tsinghua.edu.cn
  课件下载:http://www.tup.com.cn,010-83470236

印 装 者:三河市科茂嘉荣印务有限公司

经 销:全国新华书店

开 本:185mm×260mm 印 张:21 字 数:525千字

版 次:2012年7月第1版 2021年4月第3版 印 次:2021年8月第2次印刷

印 数:1501~3500

定 价:59.00元

产品编号:090608-01

前　言

随着网络技术的普及和不断发展,网络已经成为人们学习、工作和生活中不可缺少的一部分。小到一个家庭,大到一个企业,都有构建网络的需要。同时,社会对网络构建相关技术人员的需求也会越来越多。

本书根据高职高专当前普遍采用的"项目化,任务驱动"教学方式编写,内容选取上遵循"实用为主、够用为度、应用为目的、适当拓展"的基本原则,并通过对相关企业调研和相关工作职位的能力分析,尽可能地采用最新和最实用的相关网络知识。本书内容全面,从基本的网络规划到常见的网络设备的配置与调试都做了详细的介绍。

全书共由 12 个项目组成。项目 1 企业网络规划,主要介绍企业网络规划所需要的 IP 地址、子网划分以及常用网络测试命令;项目 2 实现企业交换机的远程管理,介绍交换机的基本配置方式及远程管理配置;项目 3 对企业各部门的网络进行隔离及广播风暴控制,介绍交换机上 VLAN 的使用;项目 4 实现企业网络中主干链路的冗余备份,介绍交换机上生成树协议(STP)及端口聚合的使用;项目 5 实现企业各部门 VLAN 之间的互联,介绍采用三层交换机和路由器实现 VLAN 之间路由的过程;项目 6 对企业路由器进行远程管理,介绍路由器的基本配置及远程管理配置;项目 7 通过路由协议实现企业总公司与分公司的联网,介绍静态路由和动态路由(RIP 和 OSPF)的配置;项目 8 在企业总公司与分公司之间进行广域网协议封装,介绍广域网协议(PPP 和帧中继)的封装配置;项目 9 通过路由器的设置控制企业员工的互联网访问,主要介绍访问控制列表(ACL)和网络地址转换(NAT)的使用;项目 10 构建无线局域网,介绍常用的家庭无线宽带路由器和企业无线 AP 的使用;项目 11 通过备份路由设备提供企业网络可靠性,介绍 HSRP 和 VRRP 的基本配置;项目 12 为综合性模拟案例。

本书在第二版的基础上结合 1+X 认证培训进一步完善内容的嵌入,所有项目都能在思科 PT 模拟器和华为 eNSP 模拟器上配置测试完成,同时提供了思科和华为的相关命令解释说明,在没有真实设备的情况下,也能通过思科和华为的模拟器完成全部的项目实训。

本书项目 1~项目 6 由许军编写,项目 7~项目 9 由鲁志萍编写,项目 10~项目 12 由王磊编写。

由于编者水平有限,书中难免存在不足之处,殷切期望专家、同行和广大读者批评指正。

为了能让读者更好地理解相关命令,本书中使用的命令语法规范与产品命令参考手册中的命令语法相同。

命令语法规范如下。

- 方括号([ ]):表示可选项。
- 花括号({ }):表示必选项。
- 竖线(|):表示分隔符,用于分开可选择的选项。
- 粗体字表示按照显示的文字输入的命令和关键字。
- 斜体字表示需要用户输入具体的值替代。

编　者

2020 年 8 月

目　录

项目 1 · 企业网络规划

项目描述

利用保留的 C 类网络号对企业网络进行子网划分,要求划分的子网数为 6 个,确定子网掩码、每个子网的有效 IP 地址范围和广播地址。

项目目标

- 了解 IP 地址的组成;
- 了解子网掩码的作用;
- 掌握子网的划分方法;
- 熟练掌握常用网络测试命令。

1.1 预 备 知 识

1.1.1 IP 地址

1. IP 地址的定义

IP 地址就是给每个连接到互联网中的计算机分配的一个 32 位的地址。如果将互联网中计算机相互传递信息的过程看成人们生活中邮寄信件的过程,IP 地址就相当于家庭住址。邮寄信件时,邮递员需要知道唯一的家庭住址才能准确地把邮件送到,同样为了使互联网中的计算机能相互正常通信,IP 地址在互联网中也是唯一的。

2. IP 地址的组成

按照 TCP/IP 规定,IP 地址用二进制来表示,每个 IP 地址长 32 位,例如,一个采用二进制形式的 IP 地址是"11000000 10101000 00000001 00000001",由于二进制形式的 IP 地址太长,人们不容易记忆和处理,所以 IP 地址经常采用"点分十进制表示法",即将组成计算机的 IP 地址的 32 位二进制分成四段,每段 8 位,中间用小数点隔开,然后将每 8 位二进制数转换成十进制数,上面的二进制形式的 IP 地址采用点分十进制表示法可表示为"192.168.1.1"。

从另外一个角度来讲,32 位的 IP 地址可以分成两个部分,一部分为网络地址(即网络号),另一部分为主机地址(即主机号),如图 1-1 所示。

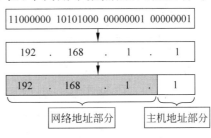

图 1-1　IP 地址的组成

3. 公有地址和私有地址

公有地址是在因特网中可以直接使用的 IP 地址,这些地址由 Inter NIC(Internet Network Information Center,因特网信息中心)负责分配给注册并向 Inter NIC 提出申请的组织机构。

私有地址属于非注册地址,专门用于局域网内部,而不能直接用于因特网中。留用的内部私有地址如下。

A 类:10.0.0.0~10.255.255.255

B 类:172.16.0.0~172.31.255.255

C 类:192.168.0.0~192.168.255.255

4. 广播地址和网络地址

广播地址和网络地址是两个比较特殊的 IP 地址。IP 地址中主机号部分全为 0 的为网络地址,它用于描述一个网段,如 192.168.1.0。IP 地址中主机号部分全为 1 的为广播地址,它用于对网段内所有的主机广播,例如 192.168.1.255。

1.1.2 子网掩码

IP 地址由网络号和主机号两部分组成,那么在一个 IP 地址的 32 位中有多少位是网络号,又有多少位是主机号呢? 这个是通过 IP 地址对应的子网掩码来确定的。子网掩码不能独立存在,它必须结合 IP 地址一起使用。子网掩码中 1 对应的部分为网络号,0 对应的部分为主机号。

1. 子网掩码的格式

子网掩码跟 IP 地址类似,也是由 32 位二进制数组成,也采用点分十进制表示法来表示(在和 IP 地址一起书写时也经常采用子网掩码中二进制数"1"的位数来表示,例如,192.168.1.1/24 相当于 192.168.1.1 255.255.255.0)。跟 IP 地址不同的是子网掩码中的二进制数"1"和"0"是分别连续的。左边连续的二进制数"1"对应的是网络号部分;右边连续的二进制数"0"对应的是主机号部分。

2. 子网掩码的作用

子网掩码的作用有两个:一是识别 IP 地址中的网络号和主机号,二是进行子网划分。

通过 IP 地址的二进制数与子网掩码的二进制数进行与运算,可以确定某个 IP 地址的具体的网络号和主机号。如果两个 IP 地址在子网掩码的按位与运算下所得结果相同(即网络号相同),那么表示这两个 IP 地址是在同一个网络中。

例如,IP 地址是 202.10.113.24,对应的子网掩码是 255.255.255.0。

十进制 IP 地址	202	.	10	.	113	.	24
二进制 IP 地址	11001010		00001010		01110001		00011000
子网掩码	11111111		11111111		11111111		00000000
AND 运算	11001010		00001010		01110001		00000000

网络号为 202.10.113.0;

主机号为 24。

例如,IP 地址是 120.12.1.2,对应的子网掩码是 255.255.0.0。

十进制 IP 地址	120	.	12	.	1	.	2
二进制 IP 地址	01111000		00001100		00000001		0000010
子网掩码	11111111		11111111		00000000		0000000
AND 运算	01111000		00001100		00000000		0000000

网络号为 120.12.2.0;

主机号为 0.0.1.2。

A 类地址的默认子网掩码为 255.0.0.0;

B 类地址的默认子网掩码为 255.255.0.0;

C 类地址的默认子网掩码为 255.255.255.0。

1.1.3 子网划分

随着互联网应用的不断扩大,IPv4 的弊端也逐渐暴露出来,即网络号占位太多,而主机号占位太少,所以其能提供的主机地址也越来越少,目前除了使用 NAT 在企业内部利用私有地址自行分配以外,通常都对一个高类别的 IP 地址进行再划分,以形成多个子网,提供给不同规模的用户群使用。

子网划分实际上就是指通过改变原有的子网掩码长度来改变原有网络规模的大小。子网划分能把原先一个大的网络划分成多个小的网络(增加子网掩码中"1"的位数),同样也可以把多个小的网络合并成一个大的网络(减少子网掩码中"1"的位数)。

1. 标准子网划分

标准子网划分是指按照 A/B/C 默认的掩码长度来改变子网掩码长度。

例如,一个 A 类的 IP 地址 10.10.10.1,默认的子网掩码长度是 255.0.0.0,这个 IP 地址所属的网络号是 10.0.0.0/8,这时可以通过改变子网掩码长度为 255.255.0.0 来缩小网络的规模。同时也将 10.0.0.0/8 这个大的网络划分成了 256 个小的网络,10.0.0.0/16 到 10.255.0.0/16。

划分前、后的网络	网络号	子网掩码
划分前的网络	10.0.0.0	255.0.0.0
划分后的网络	10.0.0.0	255.255.0.0
	10.1.0.0	255.255.0.0
	10.2.0.0	255.255.0.0
	...	...
	10.254.0.0	255.255.0.0
	10.255.0.0	255.255.0.0

例如,一个 C 类的 IP 地址 192.168.1.1,默认的子网掩码长度是 255.255.255.0,这个 IP 地址所属的网络是 192.168.1.0/24,这时可以通过改变子网掩码长度为 255.255.0.0 来扩大网络的规模。同时也将 256 个 C 类网络(192.168.0.0/24~192.168.255.0/24)合并成一个大的网络 192.168.0.0/16。

4

划分前、后的网络	网 络 号	子 网 掩 码
划分前的网络	192.168.1.0	255.255.255.0
	192.168.2.0	255.255.255.0
	192.168.3.0	255.255.255.0
	……	……
	192.168.254.0	255.255.255.0
	192.168.255.0	255.255.255.0
划分后的网络	192.168.0.0	255.255.0.0

2. 非标准子网的划分

非标准子网的划分相对标准子网的划分要复杂一些。非标准子网是指子网掩码的长度不再是默认的 8/16/24 这 3 个位数,可以使用其他的长度(如 17 位、9 位等)。非标准子网划分的关键是如何确定子网掩码的长度。当将一个大的网络号划分成多个小的网络时,需要将原来主机号部分划分成子网号和新的主机号,由原来的网络号部分和子网号组成新的网络号。新的网络号的位数就是子网掩码的长度,如图 1-2 所示。

图 1-2 非标准子网划分

例如,某公司有 4 个部门,A 部门有 15 台 PC,B 部门有 20 台 PC,C 部门有 25 台 PC,D 部门有 10 台 PC,现在有一个 C 类地址 192.168.10.0/24,如何给每个部门划分单独的网段?

分析:首先每个部门要有一个单独的网段,公司有 4 个部门,所以至少需要划分 4 个子网。在知道子网数的前提下,可以通过公式 $2^n \geqslant m$(n=子网号的位数,m=子网数)来求得子网号的位数。根据上面的公式计算,此时的子网号的位数 $n=2$。所以,从原有的主机号中取出最高的两位用作子网号,和原来的网络号组成新的网络号。新的子网掩码长度就是 $24+2=26$(位),如图 1-3 所示。

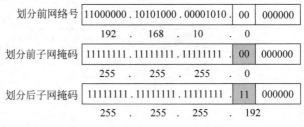

图 1-3 子网划分前后的子网掩码

知道新的子网掩码长度(即新的网络号位数)后,可以写出划分后的不同子网的网络号,每个子网的可用 IP 地址范围(每个子网的可用 IP 地址的数量可通过公式 $m=2^n-2$ 求得,n=主机号位数,m=可用的 IP 地址数量)及每个子网的广播地址,如图 1-4 所示。

子网 1 的可用 IP 地址范围为 192.168.10.1~192.168.10.62,广播地址为 192.168.10.63,

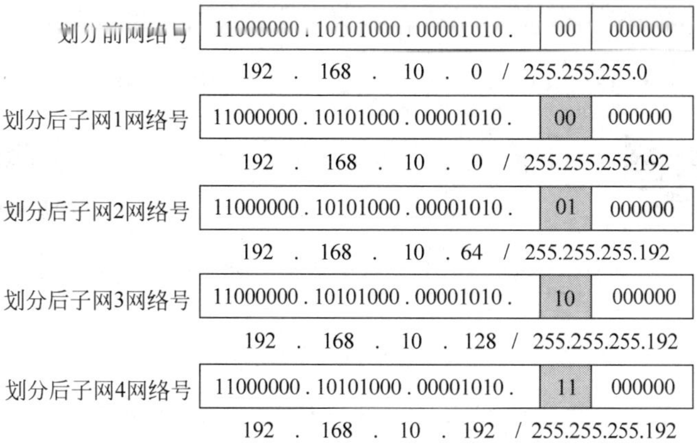

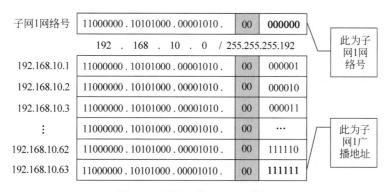

划分前网络号　11000000.10101000.00001010. 00 000000
192 . 168 . 10 . 0 / 255.255.255.0

划分后子网1网络号　11000000.10101000.00001010. 00 000000
192 . 168 . 10 . 0 / 255.255.255.192

划分后子网2网络号　11000000.10101000.00001010. 01 000000
192 . 168 . 10 . 64 / 255.255.255.192

划分后子网3网络号　11000000.10101000.00001010. 10 000000
192 . 168 . 10 . 128 / 255.255.255.192

划分后子网4网络号　11000000.10101000.00001010. 11 000000
192 . 168 . 10 . 192 / 255.255.255.192

图 1-4　划分后的子网网络号

如图 1-5 所示。

子网1网络号　11000000.10101000.00001010. 00 000000
192 . 168 . 10 . 0 / 255.255.255.192　　此为子网1网络号

192.168.10.1　11000000.10101000.00001010. 00 000001
192.168.10.2　11000000.10101000.00001010. 00 000010
192.168.10.3　11000000.10101000.00001010. 00 000011
⋮　　　　　　11000000.10101000.00001010. 00 ⋯
192.168.10.62　11000000.10101000.00001010. 00 111110　　此为子网1广播地址
192.168.10.63　11000000.10101000.00001010. 00 111111

图 1-5　子网 1 的 IP 地址范围

子网 2 的可用 IP 地址范围为 192.168.10.65～192.168.10.126,广播地址为 192.168.10.127。

子网 3 的可用 IP 地址范围为 192.168.10.129～192.168.10.190,广播地址为 192.168.10.191。

子网 4 的可用 IP 地址范围为 192.168.10.193～192.168.10.254,广播地址为 192.168.10.255。

1.1.4　网关

按照不同的分类标准,网关有很多种,如协议网关、应用网关、传输网关、安全网关等。此处所讲的"网关"均指 TCP/IP 下的网关。那么网关到底是什么呢? 简单来说,网关就是一个网络连接到另外一个网络的"关口"。而实质上网关是一个网络通向其他网络的 IP 地址。如图 1-6 所示,有网络 A 和网络 B,网络 A 的 IP 地址范围为 192.168.1.1～192.168.1.254,子网掩码为 255.255.255.0;网络 B 的 IP 地址范围为 192.168.2.1～192.168.2.254,子网掩码为 255.255.255.0。在没有路由器的情况下,两个网络之间是不能进行 TCP/IP 通信的,即使是两个网络连接在同一台交换机(或集线器)上,TCP/IP 也会根据子网掩码(255.255.255.0)判定两个网络中的主机处在不同的网络中。而要实现这两个网络之间的通信,则必须通过网关。如果网络 A 中的主机发现数据包的目的主机不在本地网络中,就将数据包转发给它自己的网关,再由网关转发给网络 B 的网关,网络 B 的网关再转发给网络 B 的某个主机。

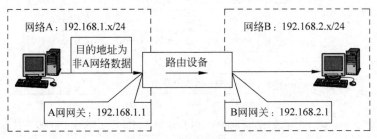

图 1-6　网关示意图

默认网关的意思是一台主机如果找不到可用的网关,就将数据包发给默认指定的网关,由这个网关来处理数据包。现在主机使用的网关,一般指的是默认网关。需要特别注意的是默认网关必须是主机本身所在的网段中的 IP 地址,而不能填写其他网段中的 IP 地址。

1.1.5　常用网络测试命令

对于一个网络维护管理人员来讲,处理网络故障是不可避免的事情,了解和掌握常用的网络测试命令能使网络维护管理人员快速有效地诊断网络故障。

1. ping 命令

ping 命令是网络测试中常用的命令之一,该命令主要用来判断网络中两个节点之间的连通性。该命令通过一个节点 A 向另外一个节点 B 发送 ICMP request 报文,节点 B 在接收到报文后回复 ICMP replay 报文,当节点 A 接收到节点 B 回复的报文时,这就说明两个节点之间是连通的。如果执行 ping 命令不成功,则可以从以下几个方面判断故障:网线是否连通、网络适配器配置是否正确、IP 地址是否可用等。

命令:

ping IP 地址或主机名 [-t] [-a] [-n count] [-l size]

参数:

-t:不停地向目标主机发送数据,直到强迫停止(按 Ctrl+C 快捷键进行终止)。

-a:以 IP 地址格式来显示目标主机的网络地址。

-n count:指定要 ping 多少次,具体次数由 count 来指定,默认为 4 次。

-l size:指定发送到目标主机的数据包的大小默认是 32 字节,最大可以定义到 65500 字节。

例如,在 Windows 的 MS-DOS 命令行下执行 ping 192.168.1.1 后返回的结果如图 1-7 所示。

从上面返回的结果可以看出,ping 命令在默认情况下发送测试的数据包大小为 32 字节,默认发送 4 个数据包。

2. tracert 命令

tracert 命令用于跟踪路由信息,使用此命令可以查出数据从本地机器传输到目的主机所经过的所有途经。这对了解网络布局和结构有很大的帮助。该命令的功能同 ping 命令

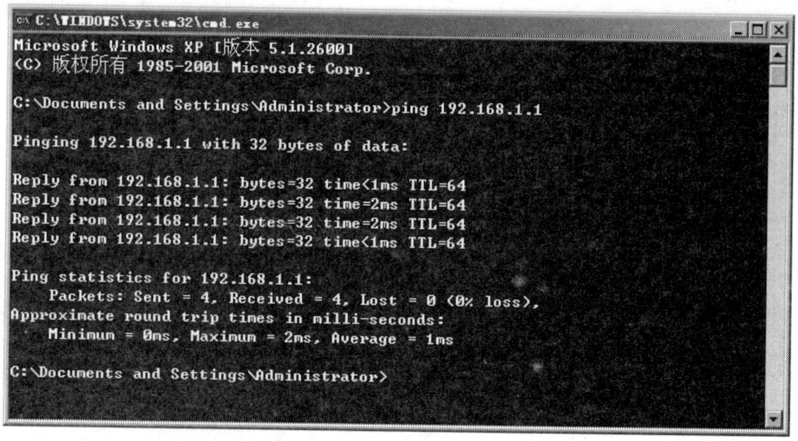

图 1-7   ping 命令运行结果

类似,但它所获得的信息要比 ping 命令详细得多,它将送出到某一站点的请求包,所走的全部路由,以及通过该路由的 IP 地址,通过该 IP 地址的时延都显示出来。tracert 命令一般用来检测故障的位置,该命令比较适用于大型网络。

命令:

tracert IP 地址或主机名 [-d][-h maximum_hops][-j host_list] [-w timeout]

参数:

-d:不解析目标主机的名称。

-h maximum_hops:指定搜索到目标地址的最大跳跃数。

-j host_list:按照主机列表中的地址释放源路由。

-w timeout:指定超时时间间隔,程序默认的时间单位是毫秒。

tracert 命令是通过向目标发送具有变化的"生存时间(TTL)"值的"ICMP 回响请求"消息来确定到达目标的路径。要求路径上的每个路由器在转发数据包之前至少将 IP 数据包中的 TTL 递减 1。这样,TTL 就成为最大链路计数器。数据包上的 TTL 到达 0 时,路由器应该将"ICM 已超时"的消息发送回源计算机。tracert 发送 TTL 为 1 的第 1 条"回响请求"消息,并在随后的每次发送过程将 TTL 递增 1,直到目标响应或跃点达到最大值,从而确定路径。默认情况下跃点的最大数量是 30,可使用-h 参数指定。检查中间路由器返回的"ICMP 超时"消息与目标返回的"回显答复"消息可确定路径。但是,某些路由器不会为其 TTL 值已过期的数据包返回"已超时"消息,而且这些路由器对于 tracert 命令不可见。在这种情况下,将为该跃点显示一行"﹡"号。

例如,通过 tracert www.163.com 命令来了解自己的计算机到 163 网站服务器之间的路由情况,命令运行截图如图 1-8 所示。

从上面的结果可以看出到达目标主机经过了 9 个节点,其中有两个节点(也许是出于安全考虑,也许是网络问题)没有回应,所以出现"﹡"号。

3. ipconfig 命令

ipconfig 命令以窗口的形式显示 IP 的具体配置信息,包括网络适配器的物理地址、主机的 IP 地址、子网掩码及默认网关等,还可以查看主机名、DNS 服务器、节点类型等相关信

企业网络规划

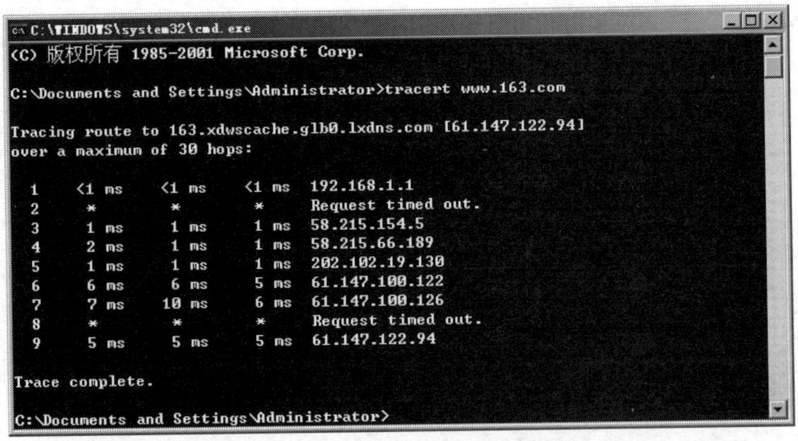

图 1-8　tracert 命令运行结果

息。其中,网络适配器的物理地址在检测网络错误时非常有用。

命令:

ipconfig [/all] [/renew [adapter]] [/release [adapter]]

参数:

/all:显示所有适配器的完整 TCP/IP 配置信息。在没有该参数的情况下 ipconfig 只显示 IP 地址、子网掩码和各个适配器的默认网关值。适配器可以代表物理接口(如安装的网络适配器)或逻辑接口(如拨号连接)。

/renew[adapter]:更新所有适配器(如果未指定适配器)或特定适配器(如果包含 adapter 参数)的 DHCP 配置。该参数仅在具有配置为自动获取 IP 地址的网卡的计算机上可用。

/release[adapter]:发送 DHCP release 消息到 DHCP 服务器,以释放所有适配器(如果未指定适配器)或特定适配器(如果包含 adapter 参数)的当前 DHCP 配置并丢弃 IP 地址配置。该参数可以禁用配置为自动获取 IP 地址的适配器的 TCP/IP。

例如,通过 ipconfig /all 命令查看适配器完整的 TCP/IP 配置信息,如图 1-9 所示。

4. telnet 命令

telnet 命令是远程登录命令,用户使用该命令可以通过网络远程登录计算机或网络设备(如交换机、路由器等)。在使用 telnet 命令进行远程登录时,必须要先知道要远程登录的主机的 IP 地址或域名地址和用户在远程主机上的合法用户名和密码。

命令:

telnet　IP 地址/域名地址

例如,用户要远程登录一台名为 xyz 的计算机,它的网络地址为 xyz.jsit.edu.cn,IP 地址为 192.168.10.1,那么可以用以下两种方式来进行远程登录:

　　　telnet　xyz.jsit.edu.cn

或　　telnet　192.168.10.1

图 1-9 ipconfig 命令运行结果

1.2 项目实施

任务：企业网络子网划分

1. 任务描述

利用保留的 C 类网络 192.168.100.0 进行企业子网的划分，要求划分 6 个子网，确定子网掩码、每个子网的可用 IP 地址范围和广播地址。

2. 任务实施

首先通过要划分的子网数确定所需要的子网位数，根据公式 $2^n \geqslant m$（n = 子网号的位数，m = 子网数）可以得出子网位数为 3，由此可以确定子网掩码的长度为 27 位（原来的 24 位加上子网位数），十进制形式为 255.255.255.224。划分的各个子网的情况如表 1-1 所示。

表 1-1 划分的各个子网情况

划分后的子网网络号	子 网 掩 码	可用 IP 地址范围	广 播 地 址
192.168.100.0	255.255.255.224	192.168.100.1～192.168.100.30	192.168.100.31
192.168.100.32	255.255.255.224	192.168.100.33～192.168.100.62	192.168.100.63
192.168.100.64	255.255.255.224	192.168.100.65～192.168.100.94	192.168.100.95
192.168.100.96	255.255.255.224	192.168.100.97～192.168.100.126	192.168.100.127
192.168.100.128	255.255.255.224	192.168.100.129～192.168.100.158	192.168.100.159
192.168.100.160	255.255.255.224	192.168.100.161～192.168.100.190	192.168.100.191
192.168.100.192	255.255.255.224	192.168.100.193～192.168.100.222	192.168.100.223
192.168.100.224	255.255.255.224	192.168.100.225～192.168.100.254	192.168.100.255

1.3 拓展知识

1.3.1 网络故障排除基本步骤

当网络出现故障时网络维护管理人员要能迅速、准确地定位问题并排除故障,这除了要求管理人员对网络协议和技术有着深入的理解和经验的积累,更重要的是要有一种系统化的故障排除方法。通过系统化的故障排除方法,将一个复杂的问题隔离、分解或缩减排错范围,从而才能及时修复网络故障。

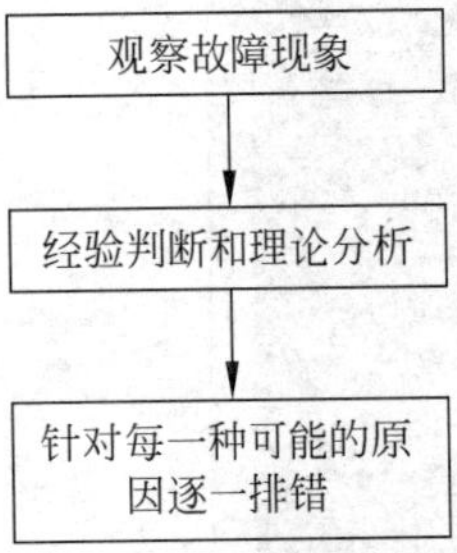

尽管网络故障现象多种多样,但总体上可以将网络故障分为两类:连通性故障和性能故障。

连通性故障是最容易觉察的,一般可以用 ping 命令测试确认。而性能故障比较隐蔽,主要有网络出现拥塞、网络时断时续等现象,有时需要用专门的测试仪器或测试软件来发现。

```
┌──────────────┐
│  观察故障现象  │
└──────┬───────┘
       ↓
┌──────────────┐
│ 经验判断和理论分析 │
└──────┬───────┘
       ↓
┌──────────────┐
│ 针对每一种可能的原 │
│   因逐一排错   │
└──────────────┘
```

图 1-10 一般网络故障排除流程

在排除故障时有序的思路和有效的方法能使网络管理人员迅速准确地定位故障和排除故障。图 1-10 是一般网络故障排除的处理流程。

1.3.2 常用故障排除方法

常用的网络故障排除方法有分层故障排除法、分块故障排除法、分段故障排除法和替换法。

1. 分层故障排除法

因特网技术本身就是一种分层架构的技术,所以在分析和排除故障时可以采用分层的方法。分层故障排除法要求按照 OSI 参考模型,从物理层到应用层,逐层排除故障,最终解决问题。那么具体在每一层应该关注哪些问题呢?

物理层负责通过某种介质提供到另一设备的物理连接,所以需要关注的是电缆、连接头等物理设备,例如,电缆连接是否正确,连接头接触是否良好等。

数据链路层负责在网络层与物理层之间进行信息传输,在该层需要关注的是链路层封装的协议是否一致,如路由器端口上链路层封装的协议。

网络层负责实现数据的路由传输,在该层除了要关注 IP 地址、子网掩码和网关等设置,还要关注各个路由器上的路由表,即沿着源地址到目的地址的路径查看路由器上的路由表,同时检查路由器的各个接口 IP 地址是排除网络层故障的基本方法。

高层协议负责端到端的数据传输,在该层一般要检查终端安装的网络协议、软件等情况,例如,TCP/IP 安装是否正确,是否开启了防火墙阻止了相关通信等。

2. 分块故障排除法

分块故障排除法是排除网络设备(如交换机、路由器等)故障的常用方法。网络设备的配置一般可以分成以下几个部分:

- 网络管理部分(设备名称设置、安全密码设置、服务设置等)

- 端口部分(端口 IP 设置、协议封装、认证等)
- 路由协议部分(静态路由、直连路由、默认路由、动态路由、路由的重分发等)
- 策略部分(路由策略、安全配置等)
- 接入部分(主控制台、telnet 登录等)
- 其他应用部分(语音配置、VPN 配置、QoS 配置等)

可以根据故障现象来分析问题在哪些部分,然后进行故障排除。例如,当在路由器上用相关命令查看路由信息时只显示直连路由,那可以判断可能是路由协议部分的问题(没有配置路由协议或路由协议配置不正确等)导致相关路由信息缺失。

3. 分段故障排除法

分段故障排除法是将发生故障的网络分为若干段,逐步测试排除故障,这对排除大型复杂的广域网络的故障是很有效的,有助于快速地定位故障点。对网络分段时一般是以相应的网络设备(如交换机、路由器等)为分界点。例如,主机到交换机为一段,交换机到路由器为一段,路由器到路由器为一段等,如图 1-11 所示。

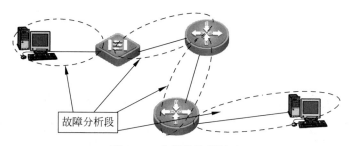

图 1-11　分段故障排除法

4. 替换法

替换法是检测硬件是否存在问题时最常用的方法。当怀疑网线有问题时,可以更换一根好的网线;当怀疑交换机有问题时,可以用一台好的交换机来代替。

针对不同的网络故障可以采用不同的故障排除方法,但排除故障的流程基本是一样的。网络故障的及时准确的排除不仅需要正确的故障排除方法,同时也需要以丰富的故障排除经验和扎实的理论技术为基础。这样才能够快速准确地定位和排除故障。

1.3.3　思科模拟器 Packet Tracer 的基本介绍

Packet Tracer(PT)是思科系统公司(Cisco)针对其 CCNA(Cisco Certified Network Associate,思科认证网络工程师)开发的一个辅助学习工具。它也是一个用来设计、配置和故障排除网络的模拟软件。使用者可在软件的图形用户界面上直接使用拖曳方法构建网络拓扑,软件中实现的 IOS 子集允许学生配置设备。该软件还提供一个分组传输模拟功能,让使用者观察分组在网络中的传输过程。该软件非常适合网络设备初学者使用。该软件可以在官方网站下载(本教材中所有任务项目都在 PT6.0 版本上完成)。

下载好软件后,安装非常简单,用鼠标双击软件安装程序,然后跟着安装向导一直单击"下一步"按钮,直到软件安装结束。安装成功后桌面上会有软件运行快捷图标,如图 1-12 所示。

图 1-12　Packet Tracer
快捷图标

企业网络规划

1. Packet Tracer 软件运行界面

双击快捷图标运行软件,会出现如图 1-13 所示的软件界面。

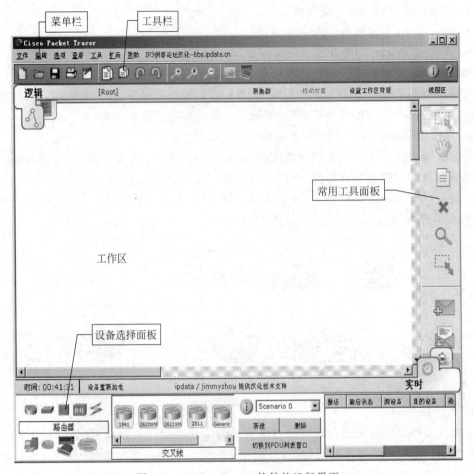

图 1-13　Packet Tracer 软件的运行界面

　　Packet Tracer 软件的运行界面跟大部分软件的类似,最上面是菜单栏和工具栏,中间空白区域为工作区。工作区分为逻辑工作区和物理工作区,在逻辑工作区内可以完成网络设备的逻辑连接和设置,也是主要的工作区;物理工作区提供了办公地点(城市、办公室、工作间等)和设备的直观图。工作区右边是工具面板,包括选择、移动、标签和删除等几个常用的工具。工作区下面是设备选择面板。设备选择面板分为两个部分,左边为选择设备的类型,有路由器、交换机、集线器、无线设备、线缆、终端设备、仿真广域网、自定义设备、多用户连接等,右边显示不同型号的某一类设备。

　　路由器的类型列表如图 1-14 所示。

图 1-14　路由器类型列表

交换机的类型列表如图 1-15 所示。

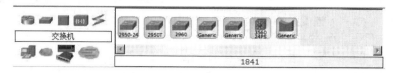

图 1-15　交换机类型列表

集线器的类型列表如图 1-16 所示。

图 1-16　集线器类型列表

无线设备类型列表如图 1-17 所示。

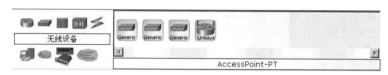

图 1-17　无线设备类型列表

线缆类型列表如图 1-18 所示。

图 1-18　线缆类型列表

终端设备类型列表如图 1-19 所示。

图 1-19　终端设备类型列表

仿真广域设备类型列表如图 1-20 所示。

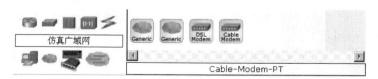

图 1-20　仿真广域设备类型列表

自定义设备类型列表如图 1-21 所示。

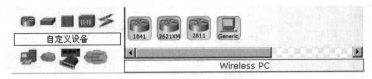

图 1-21　自定义设备类型列表

多用户接入设备类型列表如图 1-22 所示。

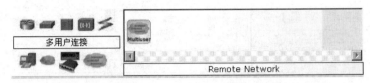

图 1-22　多用户接入设备类型列表

2. Packet Tracer 软件的基本操作

1) 在逻辑工作区添加/删除设备

可以通过鼠标将相关设备的图标拖到逻辑工作区的方式来添加,也可以先选中某个设备,然后将鼠标指针移至工作区单击的方式来添加。

当要删除工作区的某个设备时,先选中要删除的设备,然后单击右边工具面板上的"删除"按钮即可。

2) 设备之间的连线

设备之间的连线即缆线的使用。模拟器提供了多种线缆,有配置线、直通线、交叉线、光纤、电话线、DTE 线、DCE 线、同轴电缆和自动选择连接类型线缆。例如,当要连接 A 和 B 两个设备时,首先要选择所需要的线缆,然后单击设备 A,在弹出的设备接口列表上选择相应的接口单击选择,然后单击设备 B,在弹出的设备接口列表中选择相应的接口单击选择。这时就能完成两设备的连接。在进行设备连接时特别要注意的是线缆的选择一定要正确,虽然有自动选择连接类型线缆,但建议大家在选用线缆时按照网络的标准要求来进行。

3) 设备的基本配置

在该模拟器中,单击工作区上的任何设备(如 PC 终端、交换机、路由器等),都会弹出一个设备的配置窗口。通过这个配置窗口,可以很方便地完成对相关设备的基本配置。此处以 PC 终端为例进行介绍说明。单击 PC 终端设备,弹出的配置窗口如图 1-23 所示。

在弹出的窗口中共有 3 个页面:物理、配置和桌面。在物理页面中左边是模块列表,不同的模块有不同的功能,这些模块可以添加到 PC 上,主要是无线网卡和不同类型的网卡。右侧是 PC 设备物理视图,中间棕色的按钮是设备的电源开关,上面有个指示灯,单击电源开关可以开启和关闭设备,当灯显示绿色时,表示设备开启,当灯显示黑色时表示设备关闭。在机箱下部是模块接口,当要更换模块时,注意必须先关闭电源(即电源开关上面的灯显示为黑色),然后先移除上面原有的模块,再将新的模块移上去。其他设备(如交换机、路由器等)在更换模块时也需要按照这样的顺序进行。

在进入"配置"页面时,必须先开启电源。PC 终端的"配置"页面如图 1-24 所示。在

图 1-23　PC 终端"物理"页面

"配置"页面上,可以为 PC 终端设备的网络接口配置相关参数,如 IP 地址、子网掩码和网关等。

图 1-24　PC 终端"配置"页面

在 PC 终端的"桌面"页面除了可以设置 IP 地址,还可以使用的一些应用服务,如拨号、终端服务、命令提示符和 IE 浏览器等。PC 终端的"桌面"页面如图 1-25 所示(不同的版本会有一些区别)。

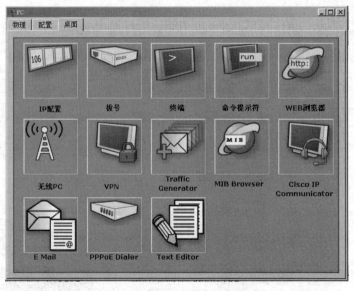

图 1-25　PC"桌面"页面

1.3.4　华为模拟器 eNSP 的基本介绍

　　eNSP 是一款由华为技术有限公司(以下简称华为)提供的免费的图形化网络仿真工具平台,该平台通过对真实网络设备的仿真模拟,可以快速熟悉华为相关网络设备,了解并掌握相关产品的操作和配置。

　　在安装 eNSP 之前先需要依次安装的相关组件为 winpcap、wireshark 和 virtualbox。eNSP 运行的界面如图 1-26 所示。

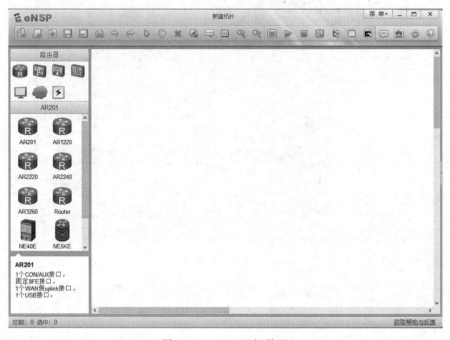

图 1-26　eNSP 运行界面

eNSP 使用方法跟 PT 模拟器类似,首先将所需要的设备拖到工作区,然后使用对应的线缆连接各个设备,最后启动设备并进行相关配置操作。

1.4 项目实训

办公室有两台 PC 和一台服务器,用交换机进行连接,组成一个简单的局域网,对 PC 和服务器配置相关 IP 地址等,使用常用网络命令进行网络测试,如图 1-27 和图 1-28 所示。

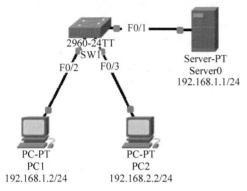

图 1-27 思科 PT 模拟器拓扑图

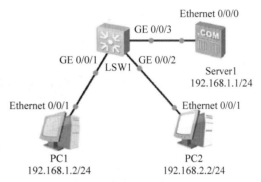

图 1-28 华为 eNSP 模拟器拓扑图

基本要求:

(1)正确选择设备并使用线缆连接;

(2)给 PC1、PC2 和 Server 配置相关 IP 地址及子网掩码等参数;

(3)在 PC1 和 PC2 上分别用 ping 命令 ping Server,查看结果并分析。

拓展要求:

在 Server 上开启 HTTP、DHCP、DNS 等服务,并进行测试。项目考核表如 表 1-2 所示。

表 1-2 项目 1 考核表

序 号	项目考核知识点	参 考 分 值	评 价
1	设备连接	3	
2	配置 IP 地址及子网掩码等参数	3	
3	ping 命令检测网络	2	
合 计		8	

1.5 习 题

1. 选择题

(1)公司想利用保留的 C 类网络号划分多个子网,每个子网最多可用的 IP 地址数为 14 个,如果想获得最大数量的子网数,要使用(　　)子网掩码。

　　A. 255.255.255.192　　　　　　　　B. 255.255.255.128

　　C. 255.255.255.240　　　　　　　　D. 255.255.255.224

(2) 下面哪一项是错误的?(　　　)

　　A. IP 地址的长度为 32 个二进制位

　　B. 所有的 IP 地址都可以在 Internet 中使用

　　C. IP 地址由网络号和主机号两部分组成

　　D. IP 地址常用点分十进制表示

(3) 下面哪一个是广播地址?(　　　)

　　A. 192.168.1.255/8　　　　　　　　　　B. 192.168.1.255/16

　　C. 192.168.1.255/18　　　　　　　　　　D. 192.168.1.255/24

(4) 下面哪一个是网络号?(　　　)

　　A. 12.101.128.0/16　　　　　　　　　　B. 12.101.192.0/17

　　C. 12.101.224.0/18　　　　　　　　　　D. 12.101.240.0/20

(5) 下面哪两个 IP 地址是属于同一个网段的?(　　　)

　　A. 10.123.224.250/19 和 10.123.240.245/19

　　B. 10.123.192.128/24 和 10.123.193.128/24

　　C. 10.123.224.161/27 和 10.123.224.225/27

　　D. 10.123.240.222/27 和 10.123.240.225/27

(6) 二进制数 11011001 的十进制表示是多少?(　　　)

　　A. 186　　　　　　　B. 202　　　　　　　C. 217　　　　　　　D. 222

(7) IP 地址是 211.116.18.10,掩码是 255.255.255.252,其广播地址是多少?(　　　)

　　A. 211.116.18.255　　　　　　　　　　B. 211.116.18.12

　　C. 211.116.18.11　　　　　　　　　　　D. 211.116.18.8

(8) IP 地址是 202.104.1.190,掩码是 255.255.255.192,其子网网络号是多少?(　　　)

　　A. 202.104.1.0　　　　　　　　　　　　B. 202.104.1.32

　　C. 202.104.1.64　　　　　　　　　　　　D. 202.104.1.128

(9) ping 命令发送的报文是(　　　)。

　　A. echorequest　　　　　　　　　　　　B. echo reply

　　C. TTL 超时　　　　　　　　　　　　　　D. LCP

(10) 为了确定网络层所经过的路由器数目,应使用什么命令?(　　　)

　　A. ping　　　　　　B. arp-a　　　　　　C. telnet　　　　　　D. tracert

2. 简答题

(1) 简述子网掩码的作用?

(2) 常用的网络故障排除方法有哪些?

(3) 假设存在网络 123.120.0.0,子网掩码是 255.255.0.0,现要将该网络划分为 5 个子网,那么使用的子网掩码是多少? 每个子网的有效 IP 地址范围是多少? 每个子网的广播地址是多少?

(4) 假设存在网络 131.107.0.0,子网掩码是 255.255.240.0。那么这个子网可划分几个子网,每个子网的主机 ID 范围是多少?

项目 2　实现企业交换机的远程管理

项目描述

企业网络覆盖范围较大,网络中的交换机分散在各个楼层,为了能方便有效地对网络中的交换机进行管理与维护,需要对相关交换机设置 telnet 远程管理。

项目目标

* 了解交换机的基本配置方式;
* 熟悉交换机的常用配置视图;
* 掌握帮助命令"?"的使用方法;
* 掌握 CLI 配置方式的命令书写规则;
* 掌握交换机的 telent 远程登录的条件;
* 掌握交换机的 telnet 远程登录的基本设置方法。

2.1　预备知识

2.1.1　交换机的配置方式

对交换机的配置方式有多种,有 CLI 配置方式(也称为本地 Console 口配置方式或命令行配置方式)、telnet 远程登录配置方式、tftp 配置方式和 Web 配置方式等。最为常用的配置方式就是 CLI 配置和 telnet 远程登录配置两种。而本地 Console 口配置是交换机最基本、最直接的配置方式,也是对交换机进行第一次配置时所能采用的唯一方式。因为其他的配置方式都必须预先在交换机上进行相关设置后才能使用。

在当前的网络组建中,使用得比较多的网络设备品牌主要有 Cisco、华为、锐捷、神州数码等。无论是哪个品牌的交换机,在对设备(网管型)的管理上都能采用命令行接口或命令行界面(Command Line Interface,CLI)的方式来进行配置管理。这种配置方式也是新交换机唯一的一种配置方式,其他配置方式都要通过这种方式在交换机上做相应的设置后才能使用,只不过各个厂商在各自的管理命令的细节上会有差别。

2.1.2　CLI 配置方式

CLI 配置界面和 Windows 中的 DOS 界面及 Linux 和 UNIX 系统的命令行界面类似,CLI 配置界面不是图形方式,所以很多初学者会觉得很难掌握,对于很多网络管理人员来讲,使用 CLI 方式管理网络设备也是件比较头疼的事情。其实很多人觉得 CLI 配置方式难以掌握并不是因为该方式采用的是命令行的方式,而是因为在 CLI 配置方式中存在各种不同的命令视图、语法规则,相应的命令必须在特定的命令视图中才能运行,所以大家在后面的学习过程中,特别需要注意各个命令所处的命令视图。虽然 CLI 配置方式比较难掌握,但它的配置方式灵活,而且占用资源较少,容易实现,所以基本上所有的网管型设备都支持 CLI 配置方式。下面从以下几个方面来逐步了解 CLI 配置方式。

1. 交换机的连接

CLI 配置方式是一种基于 Console 口的配置方式,在进行具体配置前,首先要将配置用的 PC 和交换机用专用的线缆进行连接,即用专用的配置线(线缆的一头为 RJ-45 插头,另一头为 RS-232 串口,如图 2-1 所示)。一头接交换机上的 Console 口(交换机上通常有一个旁边标有 Console 字样的接口),另一头接 PC 上的 COM 串口,连接示意图如图 2-2 所示。

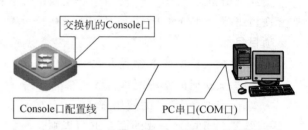

图 2-1　Console 口配置线　　　　　图 2-2　交换机 Console 口配置连接示意图

2. 配置终端仿真软件

用 Console 口配置线连接好交换机和 PC 后,需要使用终端仿真软件才能进入交换机的 CLI 配置界面。如果想了解交换机的启动过程,那么在运行终端仿真软件之前先关闭交换机的电源,在配置好终端仿真软件后再开启交换机电源。如果不想查看交换机的启动过程,那么也可先开启交换机电源,后配置终端仿真软件。

最常用的是终端仿真软件 Windows 自带的超级终端(其他还有 SecureCRT、PuTTY、MobaXterm 和 Xshell 等软件)。该程序位于"开始"菜单→"程序"→"附件"→"通信"群组下面。启动超级终端后,将显示"连接描述"对话框,如图 2-3 所示。

在"名称"下方的输入框中为本次连接设置一个名称,可以任意输入,如 rj,然后单击"确定"按钮。在下一个显示的对话框中要求选择连接所用的串口,如图 2-4 所示。

图 2-3　"连接描述"对话框　　　　　图 2-4　选择连接所用的串口

在"连接时使用"下拉列表框中选择所使用的串口,然后单击"确定"按钮,此时会弹出对串口进行设置的对话框,这时可以直接单击"还原为默认值"按钮,或者逐个修改交换机 Console 口与计算机串口通信的相关参数:每秒位数为"9600"b/s,数据位为"8"位,奇偶校验为"无",停止位为"1"位,数据流控制为"无",如图 2-5 所示。

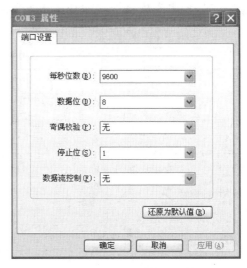

图 2-5 "COM3 属性"对话框

对串口的各个参数设置完成后,单击"确定"按钮完成超级终端的配置。然后打开交换机电源启动交换机,此时在超级终端的窗口中会显示交换机的启动过程,启动过程结束后按 Enter 键,就会出现交换机的命令提示符(图中交换机为锐捷的 RG-S2328G,该交换机默认的命令提示符为 S2328G),如图 2-6 所示。

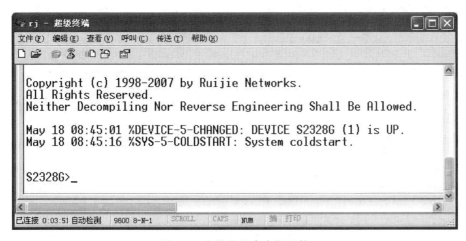

图 2-6 交换机的命令提示符

3. CLI 配置界面

交换机的 CLI(命令行接口)是交换机与用户之间的交互界面,要配置交换机,就要先了解和熟悉交换机的 CLI,不同品牌的交换机 CLI 的提示符会有一些区别(如系统默认的提示符,锐捷的交换机一般用"Ruijie >",思科的交换机一般用"Switch >",华为的交换机一般用"< Huawei >")。

由于交换机的不同配置命令是在不同的命令视图下使用的,也就是说当前可用的命令是由当前所处的命令视图决定的。所以先来了解一下交换机常用的命令视图。在当前主流的网络设备中,思科(锐捷、神码的命令和思科类似)和华为(H3C 的命令和华为相似)两个厂商之间在命令的使用上差别较大一些。表 2-1 描述了思科交换机常见的命令视图、进入

实现企业交换机的远程管理

方式、提示符、退出方法,表 2-2 描述了华为交换机常见的命令视图、进入方式、提示符、退出方法。

表 2-1　思科交换机常用 CLI 命令视图

命 令 视 图	进 入 命 令	提 示 符	退 出 命 令	说 明
用户视图	开机启动时直接进入时的视图	Switch＞	输入 exit 命令离开该视图	在该视图下只能进行基本的测试、显示系统信息
系统视图/特权视图	在用户视图下输入 enable 命令(如果设置了密码则还要根据提示输入密码)进入该视图	Switch#	输入 disable 或 exit 返回用户视图	使用该视图来验证设置命令的结果。该视图是具有密码保护的
全局配置视图	在系统视图下输入 configure 或 configure terminal 命令进入该视图	Switch(config)#	输入 exit 或 end 命令,或者按下 Ctrl＋Z 快捷键退回特权视图	在该视图下可以配置应用到整个交换机上的全局参数
配置 VLAN 视图	在全局配置视图下输入 vlan vlan-id 命令进入该视图	Switch(config-vlan)#		在该视图下可以配置 VLAN 参数
VLAN 接口视图	在全局配置视图下输入 interface vlan vlan-id 命令	Switch(config-if)#	输入 exit 命令退回全局配置视图,输入 end 命令或按下 Ctrl＋Z 快捷退回特权视图	在该视图下可以完成对 VLAN 接口的参数配置,如配置 VLAN 接口的 IP 地址等操作
接口配置视图	在全局配置视图下输入 interface 命令进入该视图	Switch(config-if)#		在该视图下可以为交换机的各类主要接口配置相关参数,如业务口的速率、工作模式等

表 2-2　华为交换机常用 CLI 命令视图

命 令 视 图	进 入 命 令	提 示 符	退 出 命 令	说 明
用户视图	开机启动时直接进入	＜Huawei＞	输入 quit 命令断开与交换机的连接	在该视图下只能进行基本的测试、显示系统信息
系统视图	在用户视图下输入 system-view 命令进入该视图	［Huawei］	输入 quit 或 return 命令,或者按下 Ctrl ＋Z 快捷键返回用户视图	配置系统参数

命令视图	进入命令	提示符	退出命令	说明
VLAN 视图	在系统视图下输入 vlan *vlan-id* 命令进入该视图	[Huawei-vlan1]	输入 quit 命令退回系统视图,输入 return 命令或按下 Ctrl＋Z 快捷键退回用户视图	在该视图下可以配置 VLAN 参数
VLAN 接口视图	在系统视图下输入 interface vlan *vlan-id* 命令	[Huawei-Vlanif1]		在该视图下可以完成对 VLAN 接口的参数配置,如配置 VLAN 接口的 IP 地址等操作
接口配置视图	在系统视图下输入 interface 命令进入该视图	[Huawei-Gigabit Ethernet0/0/1]		在该视图下可以为交换机的各类主要接口配置相关参数,如业务口的速率、工作模式等

从上面的两张表中可以发现,思科和华为在命令和相关命令视图提示符上还是存在区别的。其实,不仅是不同厂商的设备在命令视图上会存在差异,同一厂商的不同系列的设备由于功能的差异也会在命令视图上存在差异。但这些差异对学习网络设备的管理并不会造成太大的影响。

在所有的网络设备中,用户视图是指交换机开机启动后直接进入时的命令视图,在该视图下可以使用的命令非常有限。若想使用所有的命令,则必须进入系统视图(也称为特权视图),其他的命令视图也都必须要进入系统视图以后才能进入。思科设备可以设置进入特权视图的密码,以此来对交换机起到一定的保护作用,华为的设备虽然不能设置进入系统视图的密码,但可以通过权限级别的设定来控制用户的权限。

对交换机进行相关配置时需要进入各种配置视图。在交换机的管理和配置中用的最多的是系统视图、全局配置视图(思科的设备)、接口配置视图和 VLAN 配置视图,如图 2-7 和图 2-8 所示。

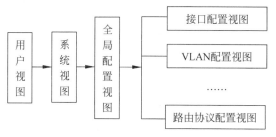

图 2-7 思科命令体系的各种视图关系

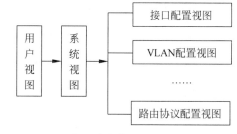

图 2-8 华为命令体系的各种视图关系

4. 交换机帮助命令"?"的使用

交换机的配置命令有上千条,很多命令后面可以跟多种参数,那么是不是要把每一条命令都记下来呢? 如果要准确无误地将所有命令记下来,这不管是对初学者还是经验丰富的网络工程师来讲,都是一件不现实的事情。尤其是初学者,不需要去死记硬背那些命令,可以借助交换机的帮忙命令"?"来快速地查找命令及相关的参数设置。而且无论是思科的命

实现企业交换机的远程管理

令体系还是华为的命令体系,对于帮助命令"?"的使用都是一样的,所以熟悉帮助命令"?"的使用对初学者来讲是很有帮助的。帮助命令"?"的使用有以下几种情况。

1) 在各种视图提示符后面直接输入"?"

这时列出当前模式下所有的命令及相关摘要信息。当所显示的信息满一屏时自动停止,这时按一下空格键会显示下一屏内容。如果希望下面的内容一行一行显示,可按 Enter键,按一下 Enter 键显示下一行信息。

例如:

```
Switch>?
Exec commands:
  <1-99>     Session number to resume
  connect    Open a terminal connection
  disable    Turn off privileged commands
  disconnect Disconnect an existing network connection
  enable     Turn on privileged commands
  exit       Exit from the EXEC
  logout     Exit from the EXEC
  ping       Send echo messages
  resume     Resume an active network connection
  show       Show running system information
  telnet     Open a telnet connection
  terminal   Set terminal line parameters
  traceroute Trace route to destination
Switch>
```

2) 在输入字符串后面紧跟着"?"

这时所显示的是当前模式下所有以指定字母开头的命令。

例如:

```
Switch#d?
debug delete dir disable disconnect
Switch#d
```

3) 在命令关键字后面输入空格后再输入"?"

这时会列出该命令关键字后面所能带的下一个参数列表及相关摘要说明。

例如:

```
Switch#show ?
  access-lists   List access lists
  arp            Arp table
  boot           show boot attributes
  cdp            CDP information
  clock          Display the system clock
  crypto         Encryption module
  dhcp           Dynamic Host Configuration Protocol status
  dtp            DTP information
  etherchannel   EtherChannel information
  flash:         display information about flash: file system
  ……
```

Switch#show

帮助命令"?"也是实际的设备配置和管理中使用较多的命令之一,通过这个命令可以查看当前视图下可用的命令及各个命令的基本功能,还可以查看各个命令的可用参数和选项。

交换机一般会提供一个记录历史命令的功能,当需要重复刚才使用过的配置命令时,可以使用向上方向键或 Ctrl+P 快捷键来查找交换机自动记录的历史命令,不同的交换机记录的历史命令个数会有所不同,有的是 20 条,有的可能只有 10 条。

5. 命令书写规则

(1) 命令不区分大小写。

(2) 命令可以简写,即可以只输入命令关键字的前面一部分字符,只要这部分字符足够识别唯一的命令即可。通常是前面 4 个字母,有些命令可以是最前面 3 个字母或 2 个字母,甚至 1 个字母。

例如:

Switch>enable

可以写成

Switch>en

例如:

Switch>show running-config

可以写成

Switch>show run

(3) 用 Tab 键可以使命令的关键字补充完整。当想要完整显示命令的关键字时,在输入了前面的部分字符(输入的字符个数要能足够识别)后按一下 Tab 键,这时交换机会自动将命令关键字补充完整。

例如:

Switch>en<Tab>
Switch>enable

例如:

Switch>show run<Tab>
Switch>show running-config

6. 常见的错误提示

在对交换机配置的过程中难免会出现一些问题,尤其是初学者,命令关键字错误、参数不完整等错误是最常见的。当执行某一条配置命令时,如果这条命令没有语法错误,那么交换机一般是不会有任何提示的。一般只有在出现错误时才会给出相应的提示信息。所以有必要了解交换机的一些常见错误提示信息。尤其是对于英语比较差的人,熟悉这些常见的错误提示信息是很有必要的,能很好地帮助你了解错误的原因和找到故障解决方法。常见的错误提示信息有以下 3 种。

实现企业交换机的远程管理

1) ％ Ambiguous command："e"

"无法识别命令："e""，这种情况一般是用户在缩写输入的命令关键字时位数不够，使得该命令无法识别造成的。华为的设备在该种情况下提示的错误信息为"％ Ambiguous command found at '^' position"，意思为"用户没有输入足够的字符，网络设备无法识别"^"位置的命令"。

例如：

```
Switch＃e
％ Ambiguous command: "e"          //无法识别命令"e"
Switch＃
```

2) ％ Incomplete command

"命令不完整"这种错误一般是因为没有输入命令必须要的关键字或变量参数等内容。很多命令后面会有一些必须要的关键字或变量参数，如果缺少这些内容，命令就会变得不完整。华为的设备在该种情况下提示的错误信息为"％ Incomplete command found at '^' position"，意思为"' ^'位置命令不完整"。

例如：

```
Switch＃show
％ Incomplete command.        //命令不完整,因为 show 命令后面必须带有相应的参数
Switch＃
```

3) ％ Invalid input detected at '^' marker

"检测到'^'位置输入无效"这种错误情况往往是因为输入的命令关键字错误或变量参数错误，符号"^"指明了产生错误的单词的位置。华为的设备在该种情况下提示的错误信息为"％ Unrecognized command found at '^' position."意思为"'^' 位置命令无法识别"。

例如：

```
Switch＃show running-config
％ Invalid input detected at '^' marker.    //running-config 输入错误
Switch＃
```

7. 命令中的 no 和 default 选项

绝大多数命令中有 no 这个选项，通常 no 选项用于取消某个命令的设置或禁用命令的某个功能。例如，在接口配置视图下执行 no shutdown 命令，就可以打开原来处于关闭状态的接口。在华为的命令中，undo 与 no 选项类似。

部分配置命令有 default(默认)选项，该选项用于将命令的设置恢复为默认值。大多数命令的默认值是禁止该功能，所以在许多情况下，default 选项的作用和 no 选项的作用是一样的。但也有一些命令的默认值是允许该功能，此时 default 选项的作用和 no 选项的作用是相反的。

2.1.3 telnet 配置方式

对交换机除了通过本地的 Console 口配置，还有一种常用的配置方式，即 telnet 配置方式。telnet 配置方式同时也是一种远程登录配置方式，通过该方式，网络管理员可以对连接

在网络中的交换机进行远程监控和管理。telnet 配置方式在连接上跟本地 Console 口配置的连接方式有一些不同。本地 Console 口配置使用交换机的专用接口(即 Console 口),而且使用的是专用的配置线缆;telnet 配置方式中,配置用计算机与交换机连接时使用的是普通网线,交换机上使用的是普通的业务接口。连接示意图如图 2-9 所示。

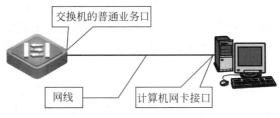

图 2-9　交换机 telnet 配置连接示意图

要实现对交换机进行 telnet 远程登录管理,必须先要通过 Console 口对交换机做以下的准备工作。

(1) 配置交换机的管理 IP 地址。要保证交换机和配置用计算机具有网络连通性,必须保证交换机具有可以管理的 IP 地址。二层交换机一般只支持一个激活的 IP 地址,并且是以 VLAN 的接口 IP 地址的形式存在的,主要用于管理。

(2) 配置用户远程登录密码。在默认情况下,交换机允许 5 个 VTY 用户登录,但都没有设置密码,为了网络安全,交换机要求远程登录用户必须配置登录密码,否则不能登录。当不设置登录密码时尝试登录会得到"Password required,but none set"的信息提示,同时会跟主机失去连接,如图 2-10 所示。

图 2-10　没有设置用户远程登录密码时的提示信息

(3) 配置特权密码。当不配置特权密码时,通过 telnet 远程登录是无法进入特权模式的,所以必须要配置进入特权模式的密码,如图 2-11 所示。

图 2-11　没有设置特权密码时的提示信息

项目 2

实现企业交换机的远程管理

2.1.4 交换机配置信息的保存

交换机的结构和计算机类似,也可以分成两大部分:硬件和软件。硬件部分也有中央处理器(CPU)、动态随机存储器(DRAM)、闪存(flash)、总线和输入输出接口等部分。交换机中的软件部分相当于计算机中的操作系统。交换机的配置大部分是即时起效的,即运行配置命令正确后马上生效。在没有执行保存配置之前,所有的配置信息都是保存在 DRAM(DRAM 属于挥发性内存,只要停止电流供应内存中的数据便无法保持)中,当交换机重启时,所有的配置信息都会丢失。而在实际网络中断电或其他原因导致交换机重启是难免的。所以需要将相应的配置信息保存到 flash(flash 是一种不挥发性内存,在没有电流供应的条件下也能够长久地保持数据,其存储特性相当于硬盘)和非易失性随机访问存储器(NVRAM)中。配置信息是以文件(不同的厂商对文件名的命名会有不同,思科的文件名是startup-config,锐捷的是 config. text)的方式存放在 flash 中的。当交换机启动时,首先会去查找 flash 中是否存在配置文件,如果存在,则把配置文件内的配置信息调入 DRAM 中运行,如果不存在,则按初始化状态进行配置交换机。所以当要初始化交换机时,只要删除交换机内的配置文件,然后重启交换机就可以了。

交换机有自己的文件系统,在文件系统中除了交换机的配置信息文件,还有交换机的网络操作系统文件。在对交换机初始化时,删除的应该是配置信息文件,不能误删网络操作系统文件。如果删除了网络操作系统文件,则会导致交换机无法正常启动。

1. 思科设备的配置信息保存操作

在系统视图下执行 write 或 write memory 命令。

```
Switch# write
```

或者

```
Switch# write memory
```

执行保存操作后,系统将 VLAN 配置信息和系统的其他配置信息分开保存,VLAN 信息保存在 flash 中的 vlan. dat 文件中。

```
Switch# dir
Directory of flash:/

    1 -rw-    4414921           < no date > c2960-lanbase-mz. 122-25. FX. bin
    2 -rw-        736           < no date > vlan. dat

64016384 bytes total (59600727 bytes free)
Switch#
```

系统其他配置信息保存在 NVRAM 中的 startup-config 文件中。

```
Switch# dir nvram
Directory of nvram:/

   238 -rw-        957           < no date > startup-config
```

```
957 bytes total (237588 bytes free)
Switch#
```

2. 思科设备初始化操作

```
Switch# delete vlan.dat              //删除 VLAN 配置信息
Switch# erase startup-config         //删除 NVRAM 中的系统配置文件
```

或者

```
Switch# write erase
Switch# reload                       //重启设备
```

3. 华为设备的配置信息保存操作

在用户视图下执行 save 命令来保存。

```
<Huawei> save
```

执行保存操作命令后,系统会产生一个配置保存文件(vrpcfg.zip)。

```
<Huawei> dir
Directory of flash:/

Idx  Attr   Size(Byte)   Date          Time        FileName
  0  drw-      -         Aug 06 2015   21:26:42    src
  1  drw-      -         Jun 29 2020   18:43:24    compatible
  2  -rw-     449        Jun 29 2020   18:44:23    vrpcfg.zip

32,004 KB total (31,968 KB free)
<Huawei>
```

4. 华为设备的初始化操作

华为设备使用 reset 命令来清除保存的配置信息(并不是删除 vrpcfg.zip 文件),然后进行重启完成设备初始化。在此过程中要注意设备给出的提示信息,根据提示信息选择"Y"或"N"。

```
<Huawei> reset saved-configuration
Warning: The action will delete the saved configuration in the device.
The configuration will be erased to reconfigure. Continue? [Y/N]:y
Warning: Now clearing the configuration in the device.
Jun 29 2020 18:46:22-08:00 Huawei % %01CFM/4/RST_CFG(l)[51]:The user chose Y when deciding
whether to reset the saved configuration.
Info: Succeeded in clearing the configuration in the device.
<Huawei> reboot
Info: The system is now comparing the configuration, please wait.
Warning: All the configuration will be saved to the configuration file for the next startup:,
Continue?[Y/N]:n          //注意此处的选项
Info: If want to reboot with saving diagnostic information, input 'N' and then execute 'reboot
save diagnostic-information'.
System will reboot! Continue?[Y/N]:y
```

实现企业交换机的远程管理

2.2　项目实施

任务一：熟悉交换机的 CLI 配置方式

1. 任务描述

某企业网络中使用的交换机品牌型号有多种,需要网络管理员去熟悉和了解这些不同品牌和型号的交换机,了解这些不同品牌交换机的基本情况,并熟悉交换机的 CLI 配置方式。

2. 实验网络拓扑图

网络拓扑图如图 2-12 所示,按此图正确连接交换机,并通过配置终端仿真软件进入交换机的 CLI 配置界面,修改交换机的名称为 SW1,以便于交换机在网络中的识别,进入各种常见配置视图,了解各种视图下的相关命令,最后保存配置信息。

配置线

PC-PT　　　　　　　　　　　　　　　　2960-24TT
PC　　　　　　　　　　　　　　　　　　SW1

图 2-12　实验网络拓扑图

3. 设备配置(思科 PT 模拟器)

```
Switch>en                                //进入特权视图
Switch#config                            //进入全局配置视图
Enter configuration commands, one per line. End with CNTL/Z.
Switch(config)#host<Tab>                 //输入 host 后按 Tab 键将命令补充完整
Switch(config)#hostname SW1              //修改交换机的名称为 SW1
SW1(config)#exit
SW1#s?                                   //查看系统视图下以字符 s 开头的命令有哪些
setup show ssh
SW1#
SW1#show version                         //显示交换机版本信息
SW1#show users                           //显示当前登录交换机的用户信息
SW1#show ip interface                    //显示交换机的 IP 地址配置信息
SW1#config
SW1(config)#inte f0/1                     //进入快速以太网端口 f0/1 的接口视图
SW1(config-if)#
SW1(config-if)#exit                      //退出当前视图
SW1(config)#
SW1(config)#vlan 1                       //进入 VLAN 1 配置视图
SW1(config-vlan)#exit                    //退出当前视图
SW1(config)#interface vlan 1            //进入 VLAN 1 接口配置视图
SW1(config-if)#exit
SW1(config)#line vty 0 4                  //进入 VTY 用户配置视图
SW1(config-line)#exit
SW1(config)#exit
SW1#dir                                   //显示交换机 flash 中的文件目录情况
```

```
SW1#write                    //保存当前配置信息到 NVRAM 中
SW1#dir nvram
SW1#reload                   //重启交换机
```

4. 思科相关命令介绍

1）进入系统视图命令

视图：用户视图。

命令：

```
Switch>enable
```

说明：使用该命令可以从用户视图进入系统视图，可以使用 exit 或 disable 命令从系统视图退到用户视图。华为的交换机中进入系统视图的命令为 system-view，具体见拓展知识部分。

2）进入全局配置模式

视图：系统视图。

命令：

```
Switch#config
```

或者

```
Switch#config terminal
```

说明：使用该命令可以从系统视图进入全局配置视图，可以使用 exit 或 end 命令，或者按下 Ctrl+Z 快捷键退回系统视图。

3）修改交换机名称

视图：全局配置视图。

命令：

```
Switch(config)#hostname     name
Switch(config)#no hostname
```

参数：

name：交换机的主机名，只能使用字符串、数字及连接符。最大长度为 63 个字符。

说明：主机名一般为"Router"和"Switch"。个别产品会采用具体的型号来作为默认的主机名，如型号为 RG-S2328G 的交换机默认的主机名为"S2328G"。华为的交换机默认的主机名一般为"Quidway"，思科的交换机默认的主机名一般为"Switch"。no 选项可以用来恢复默认的主机名。

例如，设置交换机的主机名为 SW1。

```
Switch(config)#hostname    SW1
SW1(config)#no hostname              //取消设置的设备名,恢复默认设备名
Switch(config)#
```

4）进入快速以太网接口视图

视图：全局配置视图。

31

命令：

Switch(config)＃**interface fastEthernet** *mod-num/port-num*

参数：

mod-num：模块号，范围由设备和扩展模块决定。

port-num：模块上的端口号。

说明：使用该命令可以进入具体的某个快速以太网口的接口配置视图。

例如，进入快速以太网口 fastEthernet 0/5 的接口配置视图。

Swtich(config)＃interface fastEthernet 0/5
Swtich(config-if)＃

5）查看交换机的版本信息

视图：系统视图。

命令：

Switch＃**show version**

说明：通过该命令可以查看交换机的型号、软件版本和硬件版本等信息。

例如：

Switch＃show version
Cisco IOS Software, C2960 Software (C2960-LANBASE-M), Version 12.2(25)FX, RELEASE SOFTWARE
(fc1)
Copyright (c) 1986-2005 by Cisco Systems, Inc.
Compiled Wed 12-Oct-05 22:05 by pt_team
ROM: C2960 Boot Loader (C2960-HBOOT-M) Version 12.2(25r)FX, RELEASE SOFTWARE (fc4)
System returned to ROM by power-on
Cisco WS-C2960-24TT (RC32300) processor (revision C0) with 21039K bytes of memory.

24 FastEthernet/IEEE 802.3 interface(s)
2 Gigabit Ethernet/IEEE 802.3 interface(s)

63488K bytes of flash-simulated non-volatile configuration memory.
Base ethernet MAC Address   : 0001.C903.B056
Motherboard assembly number   : 73-9832-06
Power supply part number   : 341-0097-02
Motherboard serial number   : FOC103248MJ
Power supply serial number   : DCA102133JA
Model revision number   : B0
Motherboard revision number   : C0
Model number   : WS-C2960-24TT
System serial number   : FOC1033Z1EY
Top Assembly Part Number   : 800-26671-02
Top Assembly Revision Number   : B0
Version ID   : V02
CLEI Code Number   : COM3K00BRA
Hardware Board Revision Number   : 0x01

```
Switch    Ports    Model          SW Version         SW Image

------    -----    -----          ----------         ----------
  *   1   26       WS-C2960-24TT   12.2               C2960-LANBASE-M

Configuration register is 0xF
Switch#
```

6) 查看交换机当前配置信息

视图：系统视图。

命令：

Switch# **show running-config**

说明：通过该命令可以查看交换机当前运行的配置信息。当对交换机进行配置时，可以用该命令来查看配置的信息，当配置正确时，一般会在配置信息中显示出来。

例如，（锐捷设备，加粗部分为相关命令配置显示信息）

```
SW1(config)# show running-config

Building configuration...
Current configuration : 1236 bytes
!
version 12.2
no service timestamps log datetime msec
no service timestamps debug datetime msec
no service password-encryption
!
hostname SW1
!
vlan 1
!
vlan 10
!
username usera password 123456
no service password-encryption
!
interface FastEthernet 0/1
!
interface FastEthernet 0/2
  switchport access vlan 10
  duplex full
  speed 100
!
interface FastEthernet 0/3
!
……
!
interface FastEthernet 0/24
!
interface GigabitEthernet 0/25
```

实现企业交换机的远程管理

```
!
interface GigabitEthernet 0/26
!
interface VLAN 1
  ip address 192.168.10.1 255.255.255.0
  no shutdown
!
line con 0
line vty 0 4
  login local
!
end
SW1(config)#
```

7) 查看存储在 flash 或 NVRAM 中的配置文件内的信息

视图：系统视图。

命令：

```
Switch# show startup-config
```

说明：该命令是用来查看配置文件(锐捷的配置文件是 config. text,思科的配置文件是 startup-config)内的配置信息的。当配置文件不存在时,无任何信息提示；当配置文件存在时,显示的结果形式和 show running-config 命令显示结果类似。

8) 查看交换机 IP 接口信息

视图：系统视图。

命令：

```
Switch# show ip interface
```

说明：该命令用来查看交换机的 IP 接口信息,包括 IP 接口的状态、IP 接口的类型、IP 接口所配置的 IP 地址等相关信息。

例如：

```
SW1(config)# show ip interface
VLAN 1
  IP interface state is: UP              //IP 接口状态:开启
  IP interface type is: BROADCAST        //IP 接口类型:广播
  IP interface MTU is: 1500              //IP 接口的 MTU:1500
  IP address is:                         //IP 接口的 IP 地址
    192.168.10.1/24 (primary)
  IP address negotiate is: OFF           //IP 地址协商:关闭
  Forward direct-broadcast is: OFF       //转发直接广播:关闭
  ICMP mask reply is: ON
  Send ICMP redirect is: ON
  Send ICMP unreachabled is: ON
  DHCP relay is: OFF                     //DHCP 中继:关闭
  Fast switch is: ON                     //快速交换:开启
  Help address is:
  Proxy ARP is: OFF
```

9）查看交换机当前登录的用户信息

视图：系统视图。

命令：

Switch# **show users**

说明：该命令可以查看当前有哪些用户使用何种方式登录到交换机上。从显示的结果中查看登录的用户名、所使用的线路、登录的 IP 地址等信息。

例如：

```
SW1(config)# show users
    Line          User          Host(s)          Idle          Location
*   0 con 0                      idle             00:00:00
    1 vty 0       usera          idle             00:00:08      192.168.10.2
SW1(config)#
```

10）显示 flash 中的文件目录

视图：系统视图。

命令：

Switch# **dir**

说明：该命令用来显示 flash 中的文件目录情况。不同的设备显示的内容会有差异。

例如：

```
Switch# dir
Directory of flash:/

    1 -rw-      4414921              < no date >   c2960-lanbase-mz.122-25.FX.bin
    2 -rw-      736                  < no date >   vlan.dat

64016384 bytes total (59600727 bytes free)
Switch#
```

11）保存当前配置信息

视图：系统视图。

命令：

Switch# **write**

说明：该命令当前运行的配置信息以文件的方式写入 flash 中，不同的设备写入的文件名称不一定相同。

例如：

```
Switch# write
Building configuration...
[OK]
Switch# dir nvram:
Directory of nvram:/
```

```
238   -rw-                971              <no date> startup-config

971 bytes total (237588 bytes free)

Switch#
```

12)删除配置信息文件

视图：系统视图。

命令：

```
Switch# erase startup-config
```

或者Switch# **write erase**

说明：该命令用于删除 NVRAM 中的配置信息文件 startup-config。当要使交换机恢复初始状态时,常用该命令来删除原有的配置信息文件,然后重启交换机(重启交换机是为了清除 DRAM 中的配置信息)。

13)重启交换机

视图：系统视图。

命令：

```
Switch# reload
```

说明：该命令可以重新启动交换机系统,可以用来清除 DRAM 中的配置信息。

例如：

```
Switch# reload
Proceed with reload? [confirm](此处直接按 Enter 键)
C2960 Boot Loader (C2960-HBOOT-M) Version 12.2(25r)FX, RELEASE SOFTWARE (fc4)
Cisco WS-C2960-24TT (RC32300) processor (revision C0) with 21039K bytes of memory.
2960-24TT starting...
```

任务二：配置交换机的远程 telnet 登录管理

1. 任务描述

某企业网络中的交换机设置较为分散,其中有一台交换机(交换机名称为 SW1)在一楼管理间,而网络管理员的办公室在三楼,为了方便日常的维护和管理一楼的交换机,需要对该交换机配置远程 telnet 登录管理方式。

2. 实验网络拓扑

实验网络拓扑如图 2-13 所示。

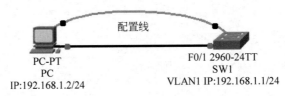

图 2-13　实验网络拓扑

3. 设备配置（思科 Packet Tracer 模拟器）

```
Switch > enable
Switch # confingure
Configuring from terminal, memory, or network [terminal]?
Enter configuration commands, one per line. End with CNTL/Z.
Switch(config) # hostname SW1
SW1(config) # interface vlan 1           //进入 VLAN 1 接口配置视图
SW1(config-if) # ip address 192.168.1.1 255.255.255.0    //配置交换机管理 IP 地址
SW1(config-if) # no shutdown        //打开接口
SW1(config-if) # exit
SW1(config) #
SW1(config) # line vty 0 4          //进入 VTY 用户配置视图
SW1(config-line) # password 123456    //配置 VTY 用户登录密码为 123456
SW1(config-line) # login            //开启用户登录验证
SW1(config-line) # exit
SW1(config) # enable password 123456   //设置特权密码为 123456
SW1(config) #
```

4. 思科相关命令介绍

1) 创建交换机虚拟接口（switch virtual interface，SVI）

视图：全局配置视图。

命令：

```
Switch(config) # interface vlan vlan-id
```

参数：

vlan-id：VLAN 编号，范围由具体设备决定（一般为 1～4094）。

说明：该命令也属于视图的导航命令，当 vlan-id 对应的交换机虚拟接口存在时，该命令的作用是进入对应的交换机虚拟接口；当 vlan-id 对应的交换机虚拟接口不存在时，则会创建该对应的虚拟接口，并进入交换机虚拟接口，前提条件是该 vlan-id 对应的 VLAN 已经创建存在，否则命令会提示错误信息（有些设备不会报错，会自动创建对应的 VLAN）。

例如，创建 VLAN 1 的交换机虚拟接口（VLAN 1 是交换机默认存在的）。

```
Switch(config) # interface vlan 1
Switch(config-if) #
```

例如，创建 VLAN 20 的交换机虚拟接口（VLAN 20 不存在）。

```
SW1(config) # interface vlan 20
vlan 20 doesn't exist!
% Unrecognized command.
SW1(config) #
```

2) 配置交换机管理 IP 地址

视图：VLAN 接口视图。

命令：

实现企业交换机的远程管理

```
Switch(config-if)♯ip address ip-address network-mask
Switch(config-if)♯no ip address ip-address network-mask
```

参数：

ip-address：IP 地址，以点分十进制形式表示。

network-mask：子网掩码，以点分十进制形式表示。

说明：交换机默认情况下是没有管理 IP 地址的，可以用 no 选项取消设置的 IP 地址。在二层交换机上，只有三层口(SVI 接口即为三层口)才能设置 IP 地址，而且二层交换机不支持次 IP 地址(即一个接口上的第二个 IP 地址，在某些设备上，一个接口上可以配置多个 IP 地址，一个主 IP 地址，其余的为次 IP 地址)。

例如，配置交换的管理 IP 地址为 192.168.10.1/24。

```
SW1(config)♯interface vlan 1
SW1(config-if)♯ip address 192.168.10.1 255.255.255.0
SW1(config-if)♯
```

3) 进入 VTY 配置视图

视图：全局配置视图。

命令：

```
Switch(config)♯line vty first-line [ last-line ]
```

参数：

first-line：进入 VTY 用户的起始编号。

last-line：进入 VTY 用户的结束编号。

说明：该命令用于进入相应的 VTY 用户配置视图，在进入用户配置视图后就可以进行用户配置。在默认情况下，可用的 VTY 用户数为 5，编号从 0 到 4。last-line 必须要大于 first-line。

例如：

```
SW1(config)♯line vty 0 4
SW1(config-line)♯
```

4) 配置远程登录密码

视图：VTY 用户配置视图。

命令：

```
Switch(config-line)♯password { password }
Switch(config-line)♯no password
```

参数：

password：所设置的密码字符。

说明：该命令用于设置对远程 VTY 用户试图通过 line 线路登录进行认证的密码。可以用 no 选项来删除所配置的密码。交换机默认情况下不设置密码是不允许进行远程登录的。有效密码定义如下。

- 必须包含 1～26 个大小写字母和数字字符。
- 密码前面可以有前导空格,但被忽略。中间及结尾的空格则作为密码的一部分。

例如,设置 VTY 用户远程登录密码为 123456。

```
SW1(config-line)#password 123456
SW1(config-line)#
```

5）接口开启登录验证

视图:VTY 用户配置视图。

命令:

```
Switch(config-line)#login [ local ]
Switch(config-line)#no login
```

参数:

local:采用本地用户名和密码验证。

说明:该命令用于设置 VTY 用户远程登录的验证方式,默认情况下是 line 线路简单密码验证,此时需要在 VTY 用户视图下配置远程登录密码,当命令后面使用 local 关键字时,表示 VTY 用户远程登录时使用本地用户名和密码验证,本地用户名和密码在全局配置视图下用 username 命令创建。no 选项的作用是取消 VTY 用户的远程登录验证,此时 VTY 用户远程登录时直接进入用户视图。

例如,设置 VTY 用户验证方式为本地用户名和密码验证。

```
Switch(config-line)#login local
Switch(config-line)#
```

6）设置本地用户名

视图:全局配置视图。

命令:

```
Switch(config)#username name password password
Switch(config)#no username name
```

参数:

name:本地用户名。

password:本地用户名对应的密码。

说明:该命令用于在交换机上创建一个本地用户名和相应的密码,该用户名和密码可以用于 line 线缆远程登录的验证。用 no 选项可以删除对应的本地用户信息。

例如,创建一个本地用户,用户名为 usera,密码为 456789。

```
Switch(config)#username usera password 456789
Switch(config)#
```

7）设置特权密码

视图:全局配置视图。

命令:

实现企业交换机的远程管理

```
Switch(config)# enable password password
Switch(config)# no enable password
```

说明：该命令用于设置进入特权视图的验证密码。如果不设置特权密码，远程登录用户是无法进入特权视图的。当设置了特权密码后，从本地 Console 口进行配置时，进入特权视图也要输入密码。也就是说，特权密码对 Console 的连接也是有效的。

例如，设置交换机的特权密码为 456789。

```
Switch(config)# enable password 456789
Switch(config)#
```

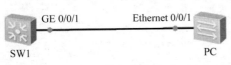

图 2-14　eNSP 模拟器中测试 telnet

5. 华为设备配置

eNSP 模拟器中的 PC 没有 telnet 功能，需要测试 telnet 时可以用交换机或路由器来代替 PC 进行。

```
< Huawei > system-view                      //进入系统视图
Enter system view, return user view with Ctrl + Z.
[Huawei]sysname SW1
[SW1]interface vlan 1                       //创建并进入 VLAN 1 的接口视图
[SW1-Vlanif1]ip address 192.168.1.1 24
                                            //在 VLAN 1 接口上配置交换机远程管理的 IP 地址
[SW1-Vlanif1]quit
[SW1]user-interface vty 0 4                 //进入远程登录用户管理视图
[SW1-ui-vty0-4]set authentication password simple 123456
                                            //配置远程登录的密码为 123456,密码明文显示
([SW1-ui-vty0-4]set authentication password cipher 123456)
                                            //配置远程登录的密码为 123456,密码密文显示
[SW1-ui-vty0-4]user privilege level 3
                                            //配置远程登录用户的用户级别为最高权限 3 级
[SW1-ui-vty0-4]quit
[SW1]
```

eNSP 模拟器中的设备创建的 VLAN 接口默认是开启的，所以无须再用命令打开接口，不设置 VTY 用户的密码也是无法远程登录的。密码设置有两种显示模式：明文(simple)和密文(cipher)。

```
#    //密码 123456 设置明文显示时用 disp cur 命令查看时的内容
user-interface con 0
user-interface vty 0 4
  user privilege level 3
  set authentication password simple 123456
#
```

```
#    //密码 123456 设置密文显示时用 disp cur 命令查看时的内容
user-interface con 0
user-interface vty 0 4
  user privilege level 3
  set authentication password cipher bDaoN * ^ RvOG % * % )tS)cGwq + #
#
```

华为的设备中无系统视图密码,但可以通过 CLI 命令级别来进行控制,CLI 命令级别分 0、1、2、3 四级(不同的 CLI 命令级别可使用的命令是有区别的,级别越高,可用的命令就越多),telnet 远程登录时默认为 0 级,3 级为管理员级别。当不设置用户权限级别时,可以通过 super 命令来设置不同 CLI 命令级别的密码来配合使用,华为的 super 命令设置的密码用于用户从低 CLI 命令级别向高 CLI 命令级别切换时进行验证(高级别向低级别切换时不需要密码)。

华为设备设置 telnet 远程登录(VTY 用户不配置用户级别,通过 super 设置 CLI 命令级别密码实现各个级别之间的切换)需要做以下设置。

1) 交换机配置

```
< Huawei > system-view
Enter system view, return user view with Ctrl + Z.
[Huawei]sysname SW1
[SW1]interface vlan 1
[SW1-Vlanif1]ip address 192.168.1.1 24
[SW1-Vlanif1]quit
[SW1]user-interface vty 0 4
[SW1-ui-vty0-4]set authentication password simple 123456
[SW1-ui-vty0-4]quit
[SW1]super pass level 1 simple 123456          //1 级的密码为 123456
[SW1]super pass level 2 simple 234567          //2 级的密码为 234567
[SW1]super pass level 3 simple 345678          //3 级的密码为 345678
//([SW1]super password simple 0123456 等同于[SW1]super pass level 3 simple 0123456)
```

2) PC(eNSP 中用路由器或交换机模拟)

```
< Huawei > system-view
Enter system view, return user view with Ctrl + Z.
[Huawei]sysname PC
[PC]interface vlan 1
[PC-Vlanif1]ip address 192.168.1.2 24
[PC-Vlanif1]quit
```

当 PC 通过 telnet 登录时,默认的 CLI 命令级别是 0 级,可以通过下面的命令进入对应的 CLI 命令级别:

```
< SW1 > super n          //n 为 CLI 命令级别
Password:                //对应 CLI 命令级别的密码
```

例如:

```
< SW1 > super 3
Password:
Now user privilege is 3 level, and only those commands whose level is equal to o
r less than this level can be used.
Privilege note: 0-VISIT, 1-MONITOR, 2-SYSTEM, 3-MANAGE
< SW1 >
```

实现企业交换机的远程管理

2.3 拓 展 知 识

2.3.1 华为与思科常用命令区别

早期华为的命令和思科的命令基本没什么差别,现在很多命令都有区别。H3C 中大部分的命令和华为的命令是一样的,但也保留了思科的部分常用命令,所以在一些 H3C 的设备上既可以使用一些华为的命令,也可以使用一些思科的命令。华为和思科在一些常用的命令方面的区别如表 2-3 所示。

表 2-3 华为与思科部分常用命令对比

命 令 功 能	华 为 命 令	思 科 命 令
显示查看	display	show
显示当前配置信息	display curr	show runn
进入系统视图	system-view	enable
退出当前视图	quit	exit
退出配置模式	return	end
删除某项配置数据	undo	no
保存设备配置信息	save	write
删除配置文件信息	reset saved-configuration	erase startup-config
重启设备	reboot	reload
设置设备名称	sysname	hostname
配置 VTY 用户	user-interface vty 0 4	line vty 0 4
配置命令级别的密码	super pass level	enable secret level

这里只是列出一小部分常用的命令,后续的学习中会给出其他一些相关的命令。

2.3.2 思科的 CLI 命令级别和用户级别

思科的 CLI 命令级别可以通过以下命令来设置。

SW1(config)♯enable secret level n password

参数 n 的取值范围是 1～15(1 级是用户模式,2～15 级是系统特权模式,),参数 password 是进入对应 CLI 命令级别的密码,这个密码是当用户从低级别进入高级别时进行验证用的,高级别进入低级别时不需要密码验证。CLI 命令级别切换的命令如下。

SW1>enable n   //n 为 CLI 命令级别(1～15)

例如:

```
SW1>enable 3
Password:
SW1♯
```

思科的 VTY 用户可以通过以下命令来设置用户级别。

SW1(config-line)♯privilege level n

参数 n 的取值范围是 $0\sim15$,但系统默认只有两个级别:1 级别(用户模式)和 15 级别(系统特权模式)(在思科 PT 模拟器中,0 和 1 级别是用户模式,2~15 级别是系统特权模式,当用户级别设置为 0 或 1 时,用户登录时的视图为用户视图,此时要进入系统视图还是要需要设置系统特权视图密码,当用户级别设置为 2~15 时,用户登录时直接进入系统视图)。

2.3.3 华为的 CLI 命令级别和用户级别

1. CLI 命令级别

华为交换机的命令行采用了分级保护方式,系统配置有多个 CLI 命令级别,用户在低 CLI 命令级别禁止使用高级别的命令配置交换机。CLI 命令级别可以分为以下 4 个级别。

1) LEVEL 0(访问级)

可以执行用于网络诊断等功能的命令,包括 ping、tracert、telnet 等命令,执行该级别命令的结果不能被保存到配置文件中。

2) LEVEL 1(监控级)

可以执行用于系统维护、业务故障诊断等功能的命令,包括 debugging、terminal 等命令,执行该级别命令的结果不能被保存到配置文件中。

3) LEVEL 2(系统级)

可以执行用于业务配置的命令,主要包括路由等网络层次的命令,用于向用户提供网络服务。

4) LEVEL 3(管理级)

最高级,可以运行所有关系到系统的基本运行、系统支撑模块功能的命令,这些命令对业务提供支撑作用,包括文件系统、FTP、TFTP、XModem 下载、用户管理命令、级别设置命令等。

不同的 CLI 命令级别可使用的命令是有区别的,级别越高,可用的命令就越多。Console 口登录的命令级别是 3 级,telnet 远程登录时命令级别默认为 0 级。当不设置用户权限级别时,可以通过 super 命令来设置不同 CLI 命令级别的密码来配合使用,华为的 super 命令设置的密码用于用户从低 CLI 命令级别向高 CLI 命令级别切换时进行验证(高级别向低级别切换时不需要密码)。

2. 用户级别

在华为交换机中,不仅配置了多个命令级别,还有对应的用户级别,用户级别也划分为 4 个级别(0~3 级),跟命令级别相对应。通过 user privilege level 命令来设置从某用户界面登录后的用户默认级别。Console 口本地登录的用户默认级别为 3 级。

对于大多数刚开始学习网络设备管理的人来说,一般不太会去注意与用户权限级别设置相关的内容,因为通常情况下在学习网络设备配置时是使用 Console 口配置,而 Console 口配置时一般是最高权限级别。但在日常的管理维护中使用 telnet 等远程登录方式时就经常需要用户权限级别的应用。在思科设备上,一般情况下只要配置一个系统视图(特权视图)密码来控制用户进入系统视图即可(思科设备里面也可以设置 CLI 命令级别和 VTY 用户的权限级别)。华为设备可以通过配置 CLI 命令级别和用户级别来实现远程用户的权限级别控制,还可以通过 command-privilege 命令进行设置指定视图中的指定命令的级别(不要轻易改变原有命令级别,避免带来维护和操作上的不便)。华为交换机中可以通过以下命令设置 VTY 用户的用户级别。

```
[Huawei-ui-vty0-4]user privilege level n    //n 为整数,范围是 0~15
```

从参数(0~15)上可以看出,一共可设 15 种权限,通常情况下只用 0、1、2、3 四种,后面的可以根据权限精细化管理自定义(默认 3~15 是一样的,都是 level 3)。

不同级别的用户可以使用的命令和可以进行的操作不同。级别越低权限越小,可以使用的命令就越少,级别越高可用的命令就越多。0 级最低,3 级最高。

一般使用 Console 口登录默认就是管理级别(3 级)。但是配置的 telnet 登录默认是访问级别(0 级),如果需要给 telnet 用户更高的命令级别可以通过 user privilege level n 命令进行授权。但这么做是有安全风险的,因为 telnet 是通过网络远程登录,容易泄露密码,且无法对登录人员进行身份判别。所以建议使用 super 命令来给不同的命令级别加密码,用户 telnet 登录后默认是 0 级别,如果需要更高的权限就使用 super 命令输入相应级别的密码进行切换即可。

2.4　项目实训

企业网络中的交换机 SW1 部署三楼的设备间,网管的工作机 PC1 和 PC2 在一楼的网管中心,如图 2-15 和图 2-16 所示为了方便有效的管理,需要对交换机(SW1)进行远程telnet 登录管理。

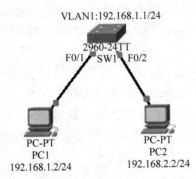

图 2-15　思科 PT 模拟器拓扑图

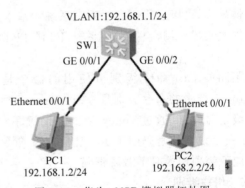

图 2-16　华为 eNSP 模拟器拓扑图

基本要求:

(1) 正确选择设备并使用线缆连接;

(2) 正确给 PC1、PC2 和 SW1 配置相关 IP 地址及子网掩码等参数;

(3) 在 PC1 和 PC2 上分别用 ping 命令 ping SW1,查看结果并分析原因;

(4) 在 PC1 和 PC2 上分别进行 telnet 远程登录 SW1,查看结果并分析原因;

(5) 在 SW1 上配置远程登录用户密码,然后在 PC1 和 PC2 上分别进行 telnet 远程登录 SW1,查看结果并分析原因;

(6) 在 SW1 上配置特权密码,然后在 PC1 和 PC2 上分别进行 telnet 远程登录 SW1,查看结果并分析原因。

拓展要求：

在 3W1 上配置远程登录用户的密码为 123456，同时使用 login local 命令启用本地用户验证，使用 username 创建一个用户名为 usera 和密码为 456789 的本地用户，然后在 PC1 上进行远程登录测试，查看交换机在两个密码同时设置时，使用的是哪个？

项目 2 考核表如表 2-3 所示。

表 2-3　项目 2 考核表

序　　号	项目考核知识点	参 考 分 值	评　　价
1	设备连接	2	
2	配置 PC 的 IP 地址及子网掩码等参数	2	
3	配置交换的 IP 地址	1	
4	配置远程用户登录模式及密码	2	
5	设置特权视图密码	1	
6	使用 ping 命令和 telnet 命令测试网络配置	2	
7	拓展要求（选做）	2	
	合　　计	12	

2.5　习　　题

1. 选择题

(1) 刚出厂的新交换机能使用的配置方式是(　　　)。

    A. telnet 配置方式　　　　　　　　　　B. Console 口配置方式

    C. TFTP 配置方式　　　　　　　　　　D. Web 配置方式

(2) 下面哪个选项是正确的？(　　　)

    A. CLI 配置方式占用设备的系统资源少，容易实现

    B. CLI 配置采用图形界面操作方式

    C. CLI 配置方式对初学者来讲较容易掌握

    D. CLI 配置方式只需要用普通网线连接设备

(3) 通常交换机 Console 口与计算机串口通信的相关参数是(　　　)。

    A. 每秒位数"2400"；数据位"8"位；奇偶校验"无"；停止位"2"位；数据流控制"无"

    B. 每秒位数"9600"；数据位"8"位；奇偶校验"无"；停止位"2"位；数据流控制"无"

    C. 每秒位数"9600"；数据位"8"位；奇偶校验"无"；停止位"1"位；数据流控制"无"

    D. 每秒位数"15200"；数据位"8"位；奇偶校验"无"；停止位"1"位；数据流控制"无"

(4) 交换机启动后直接进入的命令视图是(　　　)。

    A. 用户视图　　　　　　　　　　　　　B. 系统视图

    C. 接口视图　　　　　　　　　　　　　D. VLAN 视图

(5) 交换机命令行的配置方式下的帮助命令是(　　　)。

    A. /?　　　　　　　B. /hp　　　　　　　C. ?　　　　　　　D. hp

(6) 按下面哪个键可以把命令中的关键字补充完整(　　　)。

    A. Ctrl　　　　　　B. Alt　　　　　　　C. →　　　　　　　D. Tab

实现企业交换机的远程管理

(7) 显示思科交换机当前配置信息的命令是(　　　)。

    A. show run　　　　　　B. show save　　　　　C. show conf　　　　D. dir

(8) 下面哪条命令是显示思科交换机的版本信息?(　　　)

    A. show run　　　　　　　　　　　　　　B. show users

    C. show interface　　　　　　　　　　　D. show version

(9) 下面哪种提示符表示交换机现在处于系统模式?(　　　)

    A. Switch >　　　　　　　　　　　　　　B. Switch ♯

    C. Switch(config)♯　　　　　　　　　　D. Switch(confi-if)♯

(10) 要在一个接口上配置 IP 地址和子网掩码,正确的命令是哪个?(　　　)

    A. Switch(config)♯ ip address 192.168.1.1 255.255.255.0

    B. Switch(confi-if)♯ ip address 192.168.1.1

    C. Switch(confi-if)♯ ip address 192.168.1.1 255.255.255.0

    D. Switch(confi-if)♯ ip address 192.168.1.1 netmask 255.255.255.0

2. 简答题

(1) 交换机的配置方式有哪些?

(2) 要对交换机进行 telnet 远程登录配置,需要满足哪些条件?

(3) 如何操作才能清空交换机的配置信息,使其恢复至出厂状态?

项目 3 | 对企业各部门的网络
进行隔离及广播风暴控制

项目描述

公司网络经常因为有计算机中病毒而导致整个网络中有大量的广播数据存在,使得网络的正常使用受到一定的影响,为此公司决定为各个部门划分不同的 VLAN,减少广播风暴对整个网络的影响。

项目目标

- 理解 VLAN 的概念和作用;
- 理解 VLAN 的帧格式;
- 理解 VLAN 的端口类型;
- 掌握 VLAN 的创建方法;
- 掌握向 VLAN 中添加接口的方法;
- 掌握 VLAN 中 Trunk 端口的使用。

3.1　预　备　知　识

在交换机的管理与配置中,VLAN 技术是一个必须要熟悉和掌握的技术。VLAN 技术既是交换机配置与管理的重点,也是交换机管理与配置的难点。在交换机的管理与配置中,关键是要理解 VLAN 的创建和端口类型的设置。

3.1.1　VLAN 概述

VLAN(Virtual Local Area Network,虚拟局域网)技术的出现主要是为了解决交换机在进行局域网互连时无法限制广播的问题。VLAN 技术可以将一个局域网划分成多个逻辑的而不是物理的网络,即 VLAN。VLAN 有着和普通物理网络同样的属性,除了没有物理位置的限制,其他和普通局域网都相同。在同一个 VLAN 中的工作站,无论它们实际与哪个交换机连接,它们之间的通信就好像在独立的交换机上一样,同一个 VLAN 中的广播只有 VLAN 中的成员才能收到,而不会传输到其他的 VLAN 中去,这样可以很好地控制不必要的广播风暴的产生。同时,若没有路由,不同 VLAN 之间不能相互通信,这样加强了企业网络中不同部门之间的安全性。网络管理员可以通过配置 VLAN 之间的路由来全面管理企业内部不同管理单元之间的信息互访。

3.1.2　VLAN 的作用

VLAN 的主要用途是缩小广播域,抑制广播风暴。在传统的共享介质的以太网和交换式的以太网中,所有的用户在同一个广播域中,会引起网络性能的下降,浪费宝贵的带宽资源,而且广播对网络性能的影响随着广播域的增大而迅速增强。当网络中的用户达到一定的数量后,网络就会变得不可用,此时唯一的途径就是重新划分网络,把单一结构的大网划分成相互逻辑上独立的小网络。

每个 VLAN 是一个广播域,VLAN 内的主机间通信就和在一个局域网内一样,而 VLAN 间则不能直接互通,这样,广播报文被限制在一个 VLAN 内。VLAN 除了能将网络划分为多个广播域,从而有效地控制广播风暴的发生,以及使网络的拓扑结构变得非常灵活,还可以用于控制网络中不同部门、不同站点之间的互相访问,如图 3-1 所示。

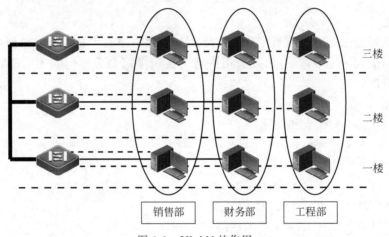

图 3-1   VLAN 的作用

3.1.3   VLAN 的划分

常用的 VLAN 的划分方法有以下 4 种。

1. 基于端口的划分

基于端口的 VLAN 划分就是根据以太网交换机的端口来划分。也就是说,交换机某些端口连接的主机在一个 VLAN 内,而另一些端口连接的主机在另一个 VLAN 中。VLAN 和端口连接的主机无关。这种划分方式的优点是定义 VLAN 的成员非常简单,只要指定交换机的端口即可,如果用户要更换 VLAN,只需要改变用户接入端口所处的 VLAN。基于端口的 VLAN 是划分虚拟局域网最简单也是最有效的方法。基本上所有支持 VLAN 划分的交换机都支持基于端口的 VLAN 划分。

2. 基于 MAC 地址的划分

基于 MAC 地址的 VLAN 划分方法是根据连接在交换机上的主机的 MAC 地址来划分的。也就是说,某个主机属于哪一个 VLAN 只和它的 MAC 地址有关。与它所连接的端口和使用的 IP 地址无关。这种划分方式最大的优点是当用户改变接入端口时,不用重新配置;缺点是初始的配置量很大,要知道每台主机的 MAC 地址并进行配置。

3. 基于协议的划分

基于协议的划分是指根据网络主机使用的网络协议来划分 VLAN。也就是说,主机属于哪一个 VLAN 取决于主机所允许的网络协议(如 IP 和 IPX 协议),而与其他因素无关。

这种划分方式实际应用非常少,因为目前绝大多数是运行 IP 的主机,所以很难将 VLAN 划分的更小。

4. 基于子网的划分

基于子网的划分就是根据主机所用的 IP 地址所在的网络子网来划分。也就是说,IP 地址属于同一个子网的主机属于同一个 VLAN,而与主机的其他因素无关。这种划分方式比较灵活,用户移动位置而不用重新配置主机或交换机,而且可以根据具体的应用来组织用户。但也有不足的地方,如一个端口有可能存在多个 VLAN 用户,所以对广播报文起不到抑制作用。用户也可以自己改变自己主机的 IP 地址所属的子网进入别的 VLAN,从而无法控制用户的相互访问。

所以,从上面几种 VLAN 划分的方式来看,基于端口的 VLAN 划分是十分普遍的方法之一,也是目前所有交换机都支持的一种 VLAN 划分方法。

3.1.4 VLAN 数据帧

为了保证不同厂商的设备能够顺序互通,IEEE 802.1q 标准严格规定了统一的 VLAN 帧格式及其他重要参数。

IEEE 802.1q 标准规定在原有的标准以太网帧格式中增加一个特殊的标准域——Tag 域,用于标识数据帧所属的 VLAN ID,其帧格式如图 3-2 所示。

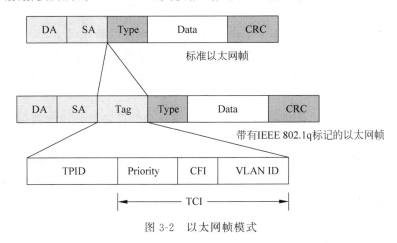

图 3-2　以太网帧模式

Tag 域长度为 4 字节,其中各个标签的解释如下。

TPID:长度为 2 字节,协议标识字段,值为固定的 0x8100,说明该帧具有 IEEE 802.1q 标签。

TCI:长度为 2 字节,控制信息字段,包括用户优先级、规范格式指示器和 VLAN ID。

Priority:长度为 3 个二进制位,用来指明帧的优先级,一共有 8 种优先级,主要用于当交换机发生拥塞时,优先发送哪个数据包。

CFI:长度为 1 个二进制位,这一位主要用于总线型的以太网与 FDDI、令牌环网交换数据时的帧格式。在以太网交换机中,规范格式指示器总被设置为 0。

VLAN ID:长度为 12 位,指明 VLAN 的 ID,每个支持 IEEE 802.1q 协议的主机发出的数据包都会包含这个域,以指明自己属于哪一个 VLAN。该字段为 12 位,理论上支持

对企业各部门的网络进行隔离及广播风暴控制

4096 个 VLAN 的识别。在这 4096 个 VLAN ID 中,0 被用于识别帧的优先级,4095 被预留,所以最多有 4094 个,这也就是为什么在交换机上创建 VLAN 时 VLAN ID 范围是 1～4094 的原因。

3.1.5 VLAN 数据帧的传输

目前大部分主机不支持带有 Tag 域的以太网数据帧,即主机只接收和发送标准的以太网数据帧,而会把带有 Tag 域的 VLAN 数据帧当作非法数据。所以支持 VLAN 的交换机在与主机和交换机进行通信时,要区别对待,如图 3-3 所示。

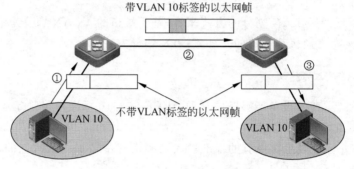

图 3-3 VLAN 数据帧的传输

(1) 交换机从主机接收数据帧:由于主机处理的数据都是不带 VLAN 标签的,所以这时交换机端口从主机上接收到的数据都是不带 VLAN 标签的,交换机会根据该端口所属的默认 VLAN ID 给该数据帧打上相应的 VLAN 标签,然后发往交换机上其他的端口。

(2) 交换机与交换机之间传输数据帧:交换机与交换机之间传输的数据帧一般会被打上 VLAN 标签。

(3) 交换机发往主机的数据帧:由于主机不能处理带有 VLAN 标签的数据帧,因此当交换机目的端口连接的是主机时,交换机在将数据帧发送给主机之前会先将数据帧中的 VLAN 标签删除,然后再发送数据帧。

注意:对于华为交换机默认 VLAN 被称为"Pvid Vlan",对于锐捷和思科交换机默认 VLAN 被称为"Native Vlan"。

3.1.6 VLAN 的端口类型

根据交换机处理数据帧的不同,交换机的端口可以分为三类:Access、Trunk 和 Hybrid。Access 类型的端口只能属于 1 个 VLAN,一般用于连接计算机的端口;Trunk 类型的端口可以属于多个 VLAN,可以接收和发送多个 VLAN 的报文,一般用于交换机之间连接的端口;Hybrid 类型的端口可以属于多个 VLAN,可以接收和发送多个 VLAN 的报文,可以用于交换机之间连接,也可以用于连接用户的计算机。Hybrid 端口和 Trunk 端口的不同之处在于 Hybrid 端口可以允许多个 VLAN 的报文发送时不打标签,而 Trunk 端口只允许默认 VLAN 的报文发送时不打标签。

Access 端口只属于 1 个 VLAN,所以它的默认 VLAN 就是它所在的 VLAN,不用设置；Hybrid端口和Trunk端口属于多个VLAN，所以需要设置默认VLAN ID。默认情况下，Hybrid端口和Trunk端口的默认VLAN为VLAN 1。如果设置了端口的默认VLAN ID，当端口接收到不带VLAN Tag的报文后，则将报文转发到属于默认VLAN的端口；当端口发送带有VLAN Tag的报文时，如果该报文的VLAN ID与端口默认的VLAN ID相同，则系统将去掉报文的VLAN Tag，然后再发送该报文。

交换机各类VLAN端口对数据报文收发的处理如下。

Access端口接收报文：收到一个报文，判断是否有VLAN信息标签。如果没有则打上端口的默认VLAN ID标签，并进行交换转发，如果有则直接丢弃（默认）。

Access端口发送报文：将报文的VLAN信息标签剥离，直接发送出去。

Trunk端口接收报文：收到一个报文，判断是否有VLAN信息标签。如果没有则打上端口的默认VLAN ID标签，并进行交换转发，如果有则判断该Trunk端口是否允许该VLAN的数据进入，如果可以则转发，否则丢弃。

Trunk端口发送报文：比较端口的默认VLAN ID和将要发送报文的VLAN信息标签，如果两者相等则剥离VLAN信息标签，再发送，如果不相等则直接发送。

Hybrid端口接收报文：收到一个报文，判断是否有VLAN信息标签。如果没有则打上端口的默认VLAN ID标签，并进行交换转发，如果有则判断该Hybrid端口是否允许该VLAN的数据进入，如果可以则转发，否则丢弃。

Hybrid端口发送报文：判断该VLAN在本端口的属性（端口对哪些VLAN是Untag，对哪些VLAN是Tag）。如果是Untag则剥离VLAN信息标签，再发送，如果是Tag则直接发送。

3.2 项目实施

任务一：给公司各个部门划分VLAN

1. 任务描述

某公司有生产、销售、研发、人事、财务等多个部门，这些部门分别连接在两台交换机（SW1和SW2）上，现要求给每个部门划分相应的VLAN，并分配相应的端口。生产部对应的VLAN ID为100，销售部对应的VLAN ID为200，研发部对应的VLAN ID为300，人事部对应的VLAN ID为400，财务部对应的VLAN ID为500，各个部门对应的端口分配如表3-1所示。

表3-1　交换机端口分配表

部　　门	交换机1(SW1)端口号	交换机2(SW2)端口号	VLAN ID
生产部	1,3,5,7,9	1～5	100
销售部	2,4,6,8,10	6～10	200
研发部	11～15	11～15	300
人事部	16,18～20	16	400
财务部	21～22	21～22	500

对企业各部门的网络进行隔离及广播风暴控制

2. 实验网络拓扑图

实验网络拓扑图如图 3-4 所示。

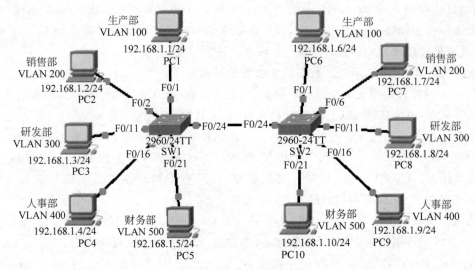

图 3-4　实验网络拓扑图

3. 设备配置(思科 Packet Tracer 模拟器)

1) 交换机 SW1 配置

```
Switch > enable
Switch # configure terminal
Enter configuration commands, one per line. End with CNTL/Z.
Switch(config) # hostname SW1
SW1(config) # vlan 100                              //创建 VLAN 100
SW1(config-vlan) # name shengchan                   //修改 VLAN 100 的名字为 shengchan
SW1(config-vlan) # vlan 200                          //创建 VLAN 200
SW1(config-vlan) # name xiaoshou                    //修改 VLAN 200 的名字为 xiaoshou
SW1(config-vlan) # vlan 300                          //创建 VLAN 300
SW1(config-vlan) # name yanfa                       //修改 VLAN 300 的名字为 yanfa
SW1(config-vlan) # vlan 400                          //创建 VLAN 400
SW1(config-vlan) # name renshi                      //修改 VLAN 400 的名字为 renshi
SW1(config-vlan) # vlan 500                          //创建 VLAN 500
SW1(config-vlan) # name caiwu                       //修改 VLAN 500 的名字为 caiwu
SW1(config-vlan) # exit
SW1(config) #
SW1(config) # interface fastEthernet 0/1            //进入 F0/1 端口视图
SW1(config-if) # switchport access vlan 100         //将 F0/1 端口加入 VLAN 100 中
SW1(config-if) # exit
SW1(config) # interface range f0/3,f0/5,f0/7,f0/9   //同时进入 F0/3,5,7,9 端口
SW1(config-if-range) # switchport access vlan 100

                                                    //将 F0/3,5,7,9 端口一起加入 VLAN 100 中
SW1(config-if-range) # exit
SW1(config) # interface range f0/2,f0/4,f0/6,f0/8,f0/10
SW1(config-if-range) # switchport access vlan 200

                                                    //将 F0/2,4,6,8,10 端口一起加入 VLAN 200 中
```

```
SW1(config-if-range)♯exit
SW1(config)♯interface range f0/11-15                    //同时进入 F0/11~F0/15 端口
SW1(config-if-range)♯switchport access vlan 300
                                                        //将 F0/11~F0/15 端口一起加入 VLAN 300 中
SW1(config-if-range)♯exit
SW1(config)♯interface range f0/16,f0/18-20              //同时进入 F0/16,18,19,20 端口
SW1(config-if-range)♯switchport access vlan 400
                                                        //将 F0/16,18,19,20 端口一起加入 VLAN
                                                        400 中
SW1(config-if-range)♯exit
SW1(config)♯interface range f0/21-22                    //同时进入 F0/21,22 端口
SW1(config-if-range)♯switchport access vlan 500
                                                        //将 F0/21,22 端口一起加入 VLAN 500 中
SW1(config-if-range)♯exit
SW1(config)♯
```

2）交换机 SW2 配置

```
Switch>enable
Switch♯configure terminal
Enter configuration commands, one per line. End with CNTL/Z.
Switch(config)♯hostname SW2
SW2(config)♯vlan 100
SW2(config-vlan)♯name shengchan
SW2(config-vlan)♯vlan 200
SW2(config-vlan)♯name xiaoshou
SW2(config-vlan)♯vlan 300
SW2(config-vlan)♯name yanfa
SW2(config-vlan)♯vlan 400
SW2(config-vlan)♯name renshi
SW2(config-vlan)♯vlan 500
SW2(config-vlan)♯name caiwu
SW2(config-vlan)♯exit
SW2(config)♯
SW2(config)♯interface range f0/1-5
SW2(config-if-range)♯switchport access vlan 100
SW2(config-if-range)♯exit
SW2(config)♯interface range f0/6-10
SW2(config-if-range)♯switchport access vlan 200
SW2(config-if-range)♯exit
SW2(config)♯interface range f0/11-15
SW2(config-if-range)♯switchport access vlan 300
SW2(config-if-range)♯exit
SW2(config)♯interface f0/16
SW2(config-if)♯switchport access vlan 400
SW2(config-if)♯exit
SW2(config)♯interface range f0/21-22
SW2(config-if-range)♯switchport access vlan 500
SW2(config-if-range)♯exit
SW2(config)♯
```

4. 思科相关命令介绍

1) 创建 VLAN

视图：全局配置视图/VLAN 配置视图。

命令：

```
Switch(config)#vlan vlan-id
Switch(config)#no vlan vlan-id
```

参数：

vlan-id：VLAN 的编号，一般的范围是 1～4094。

说明：当输入的 *vlan-id* 号不存在时，该命令用来创建 *vlan-id* 号所对应的 VLAN；当输入的 *vlan-id* 号已经存在时，该命令则是进入 VLAN 配置视图的导航命令。no 选项可以用来删除 *vlan-id* 号对应的 VLAN。注意，VLAN 1 是默认存在的且不能被删除。

例如，创建 *vlan-id* 为 10 的 VLAN。

```
SW1(config)#vlan 10
SW1(config-vlan)#
```

2) 设置 VLAN 的名称

视图：VLAN 配置视图。

命令：

```
Switch(config-vlan)#name vlan-name
Switch(config-vlan)#no name
```

参数：

vlan-name：vlan 的名称。

说明：该命令用于给相应的 VLAN 设置名称，便于管理维护和识别。VLAN 默认的名称为 VLAN *XXXX*，其中，*XXXX* 是由 0 开头的 4 位 VLAN ID 号。例如，VLAN 10 的默认名称为 VLAN 0010。该命令可以通过 no 选项来恢复 VLAN 的默认名字。

例如，设置 VLAN 10 的名称为 keyan。

```
SW1(config)#vlan 10
SW1(config-vlan)#name keyan
```

3) 进入一组快速以太网端口视图

视图：全局配置视图。

命令：

```
Switch(config)#interface range fastEthernet {mod-num/port-num |, mod-num/port-num-port-num}
```

参数：

mod-num：模块号，范围由设备和扩展模块决定。

port-num：模块上的端口号。

说明：该命令可以同时进入一组以太网的端口视图，主要用于对多个端口同时配置相同参数的情况。根据多个端口的不同组成情况，命令后面的参数可以有以下几种表示方式。

- 端口组成为多个不连续的端口,如端口 1,3,5 组成一组时,命令描述如下。

    interface range fastEthernet 0/1,fastEthernet 0/3,fastEthernet 0/5

也可以简写为:

    inte range f0/1,f0/3,f0/5

- 端口组成为多个连续的端口,如端口 11,12,13,14,15,16,17,18 组成一组时,命令描述如下。

    interface range fastEthernet 0/11-18

也可以简写为:

    inte range f0/11-18

- 端口组成既有不连续的,也有连续的,如端口 11,端口 15,16,17 组成一组时,命令描述如下。

    interface range fastEthernet 0/11,fastEthernet 0/15-17

也可以简写为:

    inte range f0/11,f0/15-17

4) 将端口添加到 VLAN 中

视图:接口配置视图。

命令:

```
Switch(config-if)# switchport access vlan vlan-id
Switch(config-if)# no switchport access vlan
```

参数:

vlan-id:VLAN 的编号,一般的范围是 1～4094。

说明:该命令用来将接口添加到对应的 VLAN 中去,该命令需要在所添加的接口视图下执行。例如,若要将交换机的端口 5 添加到 VLAN 10 中,就先要用 interface 命令进入端口 5 的接口视图,然后在该视图下执行该命令。在执行该命令时,如果命令中所输入的 vlan-id 号不存在,则会自动创建该 VLAN,然后将端口添加进该 VLAN;如果命令中输入的 vlan-id 号已经存在,则直接将端口添加进该 VLAN。华为的设备中要将端口添加到 VLAN 中时,可以用两种方式实现,第一种方式跟锐捷的相似,先进入端口视图,然后将端口添加到 VLAN 中;另外一种方式是在 VLAN 配置视图下,将需要添加的端口加进来。具体命令见拓展知识部分华为命令。该命令的 no 选项可以使该端口从指定的 VLAN 中删除,回到默认的 VLAN(VLAN 1)中。

例如,将端口 10 添加到 VLAN 20 中去。

```
SW1(config)# interface f0/10
SW1(config-if)# switchport access vlan 20
```

对企业各部门的网络进行隔离及广播风暴控制

5）查看 VLAN 配置信息

视图：系统视图。

命令：

Switch#**show vlan** [**id** *vlan-id*]

参数：

vlan-id：VLAN 的编号，一般的范围是 1～4094。

说明：该命令用来查看 VLAN 的配置信息。通过该命令可以了解 VLAN 的编号、名称、状态和 VLAN 中所包含的端口号。

例如：查看所有 VLAN 的配置信息。

SW1#show vlan

VLAN	Name	Status	Ports
1	default	active	Fa0/17, Fa0/23, Fa0/24, Gig1/1 Gig1/2
100	shengchan	active	Fa0/1, Fa0/3, Fa0/5, Fa0/7 Fa0/9
200	xiaoshou	active	Fa0/2, Fa0/4, Fa0/6, Fa0/8 Fa0/10
300	yanfa	active	Fa0/11, Fa0/12, Fa0/13, Fa0/14 Fa0/15
400	renshi	active	Fa0/16, Fa0/18, Fa0/19, Fa0/20
500	caiwu	active	Fa0/21, Fa0/22

例如，查看 VLAN 100 的配置信息。

SW1#show vlan id 100

VLAN	Name	Status	Ports
100	shengchan	active	Fa0/1, Fa0/3, Fa0/5, Fa0/7 Fa0/9

5. 设备配置（华为 eNSP 模拟器）

设备配置如图 3-5 所示。

1）交换机 SW1 配置

```
< Huawei > sys
Enter system view, return user view with Ctrl + Z.
[Huawei]sysname SW1
[SW1]vlan 100                           //创建 VLAN 100
[SW1-vlan100]description shengchan      //设置 VLAN 100 的说明
[SW1-vlan100]vlan 200                   //创建 VLAN 200
[SW1-vlan200]description xiaoshou       //设置 VLAN 200 的说明
[SW1-vlan200]vlan 300
[SW1-vlan300]description yanfa
[SW1-vlan300]vlan 400
[SW1-vlan400]description renshi
[SW1-vlan400]vlan 500
```

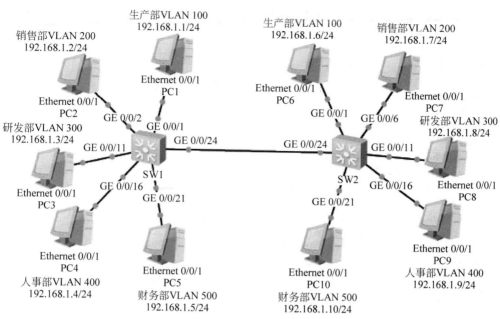

图 3-5　华为 eNSP 模拟器拓扑图

```
[SW1-vlan500]description caiwu
[SW1-vlan500]quit
[SW1]port-group 1                                      //创建端口组,编号为1
[SW1-port-group-1]group-member g0/0/1 g0/0/3 g0/0/5 g0/0/7 g0/0/9
                                      //添加端口组成员 g0/0/1 g0/0/3 g0/0/5 g0/0/7 g0/0/9
[SW1-port-group-1]port link-type access                //设置端口组的类型为 Access
[SW1-port-group-1]port default vlan 100                 //设置端口组的默认 VLAN 为 100
[SW1-port-group-1]quit
[SW1]port-group 2
[SW1-port-group-2]group-member g0/0/2 g0/0/4 g0/0/6 g0/0/8 g0/0/10
[SW1-port-group-2]port link-type access
[SW1-port-group-2]port default vlan 200
[SW1-port-group-2]quit
[SW1]port-group 3
[SW1-port-group-3]group-member g0/0/11 to g0/0/15
[SW1-port-group-3]port link-type access
[SW1-port-group-3]port default vlan 300
[SW1-port-group-3]quit
[SW1]port-group 4
[SW1-port-group-4]group-member g0/0/16 g0/0/18 to g0/0/20
[SW1-port-group-4]port link-type access
[SW1-port-group-4]port default vlan 400
[SW1-port-group-4]quit
[SW1]port-group 5
[SW1-port-group-5]group-member g0/0/21 to g0/0/22
[SW1-port-group-5]port link-type access
[SW1-port-group-5]port default vlan 500
[SW1-port-group-5]
```

2）交换机 SW2 配置

```
<Huawei> sys
```

对企业各部门的网络进行隔离及广播风暴控制

```
Enter system view, return user view with Ctrl + Z.
[Huawei]sysname SW2
[SW2]vlan 100                                    //创建 VLAN 100
[SW2-vlan100]description shengchan               //设置 VLAN 100 的说明
[SW2-vlan100]vlan 200                            //创建 VLAN 200
[SW2-vlan200]description xiaoshou                //设置 VLAN 200 的说明
[SW2-vlan200]vlan 300
[SW2-vlan300]description yanfa
[SW2-vlan300]vlan 400
[SW2-vlan400]description renshi
[SW2-vlan400]vlan 500
[SW2-vlan500]description caiwu
[SW2-vlan500]quit
[SW2]port-group 1
[SW2-port-group-1]group-member g0/0/1 to g0/0/5
[SW2-port-group-1]port link-type access
[SW2-port-group-1]port default vlan 100
[SW2-port-group-1]quit
[SW2]port-group 2
[SW2-port-group-2]group-member g0/0/6 to g0/0/10
[SW2-port-group-2]port link-type access
[SW2-port-group-2]port default vlan 200
[SW2-port-group-2]quit
[SW2]port-group 3
[SW2-port-group-3]group-member g0/0/11 to g0/0/15
[SW2-port-group-3]port link-type access
[SW2-port-group-3]port default vlan 300
[SW2-port-group-3]quit
[SW2]interface g0/0/16
[SW2-GigabitEthernet0/0/16]port link-type access
[SW2-GigabitEthernet0/0/16]port default vlan 400
[SW2-GigabitEthernet0/0/16]quit
[SW2]port-group 5
[SW2-port-group-5]group-member g0/0/21 to g0/0/22
[SW2-port-group-5]port link-type access
[SW2-port-group-5]port default vlan 500
[SW2-port-group-5]quit
```

6. 华为相关命令说明

1) 创建 VLAN

视图：系统视图。

命令：

[Huawei]**vlan** *vlan-id*

或者

[Huawei]**vlan batch** { *vlan-id* 1 [**to** *vlan-id* 2] } & < 1-10 >

参数：

vlan-id，*vlan-id* 1，*vlan-id* 2 为 VLAN 的编号，整数形式，取值范围为 1～4094。华为
交换机可以使用参数 batch 批量创建 VLAN。

例如,创建连续的 VLAN 10,11,12,13,14,15。

```
[SW1]vlan batch 10 to 15
```

例如,创建不连续的 VLAN 100,200,300,400,500。

```
[SW1]vlan batch 100 200 300 400 500
```

2) 将端口划分到 VLAN

视图:接口视图。

指定端口类型的命令:

```
[Huawei-GigabitEthernet0/0/1]port link-type { access | hybrid | trunk }
```

指定 Access 端口的默认 VLAN 命令:

```
[Huawei-GigabitEthernet0/0/1] port default vlan vlan-id
```

华为交换机中要将一个端口加入的某个 VLAN 时,是先设置该端口 link-type 为 Access 类型(华为交换机端口默认是 Hybrid 类型),然后设置 default vlan 的方式来完成的。

例如,将端口 g0/0/1 加入到 VLAN 100 中去。

```
[SW1]interface g0/0/1
[SW1-GigabitEthernet0/0/1]port link-type access
[SW1-GigabitEthernet0/0/1]port default vlan 100
```

3) 创建端口组

视图:系统视图。

创建端口组的命令:

```
[Huawei]port-group n
```

参数:

n 为端口组编号,取值范围为 1~32。

4) 端口组中添加成员

视图:端口组视图。

端口组添加成员端口命令:

```
[Huawei-port-group-1]group-member interface 1 to interface 2
```

参数:

$interface1$:起始接口编号。

$interface2$:结束接口编号。

华为交换机要将一组端口同时加入到某个 VLAN 中时,是采用端口组的方式,先创建端口组,然后把相应的端口加入端口组,最后设置端口组的类型和 VLAN。

例如,将端口 g0/0/1 到 g/0/0/5 加入到 VLAN 100。

```
[SW1]port-group 1                                    //创建端口组,编号为 1
```

对企业各部门的网络进行隔离及广播风暴控制

```
[SW1-port-group-1]group-member g0/0/1 to g0/0/5          //添加端口组成员
[SW1-port-group-1]port link-type access                 //设置端口组类型为 Access
[SW1-port-group-1]port default vlan 100                  //设置端口组默认 VLAN 为 100
```

例如,将端口 g/0/1,g/0/3,g/0/5 加入到 VLAN 100。

```
[SW1]port-group 1
[SW1-port-group-1]group-member g0/0/1 g/0/3 g0/0/5
[SW1-port-group-1]port link-type access
[SW1-port-group-1]port default vlan 100
```

注意:当将一个端口从端口组中删除时,该端口上还是会保留端口组配置的链接类型和 VLAN 信息。

任务二：同一部门用户跨交换机的访问控制

1. 任务描述

公司在给各个部门划分 VLAN 后,分别连接在两台交换机(SW1 和 SW2,两交换机通过 F0/24 端口连接)上的同一部门的用户无法进行通信了,现要求连接在两台交换机上的研发、人事、财务三个部门的用户能各自相互访问,生产和销售两个部门隔离两个交换机之间的用户访问。各部门的 VLAN 划分和端口分配如表 3-2 所示。

表 3-2　各部门的 VLAN ID 和交换机端口分配表

部　　门	交换机 1(SW1)端口号	交换机 2(SW2)端口号	VLAN ID
生产部	1,3,5,7,9	1～5	100
销售部	2,4,6,8,10	6～10	200
研发部	11～15	11～15	300
人事部	16,18～20	16	400
财务部	21～22	21～22	500

2. 实验网络拓扑图

实验网络拓扑图如图 3-6 所示。

3. 设备配置(思科 PT 模拟器)

1) 交换机 SW1 配置

```
Switch > enable
Switch#configure terminal
Enter configuration commands, one per line. End with CNTL/Z.
Switch(config)#hostname SW1
SW1(config)#vlan 100
SW1(config-vlan)#name shengchan
SW1(config-vlan)#vlan 200
SW1(config-vlan)#name xiaoshou
SW1(config-vlan)#vlan 300
SW1(config-vlan)#name yanfa
SW1(config-vlan)#vlan 400
SW1(config-vlan)#name renshi
SW1(config-vlan)#vlan 500
```

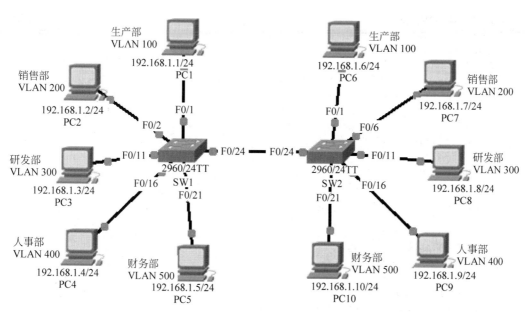

图 3-6   实验网络拓扑图

```
SW1(config-vlan)#name caiwu
SW1(config-vlan)#exit
SW1(config)#
SW1(config)#interface fastEthernet 0/1
SW1(config-if)#switchport access vlan 100
SW1(config-if)#exit
SW1(config)#interface range f0/3,f0/5,f0/7,f0/9
SW1(config-if-range)#switchport access vlan 100
SW1(config-if-range)#exit
SW1(config)#interface range f0/2,f0/4,f0/6,f0/8,f0/10
SW1(config-if-range)#switchport access vlan 200
SW1(config-if-range)#exit
SW1(config)#interface range f0/11-15
SW1(config-if-range)#switchport access vlan 300
SW1(config-if-range)#exit
SW1(config)#interface range f0/16,f0/18-20
SW1(config-if-range)#switchport access vlan 400
SW1(config-if-range)#exit
SW1(config)#interface range f0/21-22
SW1(config-if-range)#switchport access vlan 500
SW1(config-if-range)#exit
SW1(config)#
//配置交换机之间的连接端口
SW1(config)#interface f0/24
SW1(config-if)#switchport mode trunk
SW1(config-if)#switchport trunk allowed vlan remove 100
SW1(config-if)#switchport trunk allowed vlan remove 200
```

对企业各部门的网络进行隔离及广播风暴控制

2) 交换机 SW2 配置

```
Switch > enable
Switch#configure terminal
Enter configuration commands, one per line. End with CNTL/Z.
Switch(config)#hostname SW2
SW2(config)#vlan 100
SW2(config-vlan)#name shengchan
SW2(config-vlan)#vlan 200
SW2(config-vlan)#name xiaoshou
SW2(config-vlan)#vlan 300
SW2(config-vlan)#name yanfa
SW2(config-vlan)#vlan 400
SW2(config-vlan)#name renshi
SW2(config-vlan)#vlan 500
SW2(config-vlan)#name caiwu
SW2(config-vlan)#exit
SW2(config)#
SW2(config)#interface range f0/1-5
SW2(config-if-range)#switchport access vlan 100
SW2(config-if-range)#exit
SW2(config)#interface range f0/6-10
SW2(config-if-range)#switchport access vlan 200
SW2(config-if-range)#exit
SW2(config)#interface range f0/11-15
SW2(config-if-range)#switchport access vlan 300
SW2(config-if-range)#exit
SW2(config)#interface f0/16
SW2(config-if)#switchport access vlan 400
SW2(config-if)#exit
SW2(config)#interface range f0/21-22
SW2(config-if-range)#switchport access vlan 500
SW2(config-if-range)#exit
SW2(config)#
//配置交换机之间的连接端口
SW2(config)#interface f0/24
SW2(config-if)#switchport mode trunk
SW2(config-if)#switchport trunk allowed vlan remove 100
SW2(config-if)#switchport trunk allowed vlan remove 200
SW2(config-if)#exit
```

4. 思科相关命令介绍

1) 设置 VLAN 端口的类型

视图：接口视图。

命令：

```
Switch(config-if)#switchport mode { access | trunk | hybrid }
Switch(config-if)#no switchport mode
```

参数：

access：设置端口为 Access 端口；

trunk：设置端口为 Trunk 端口；

hybrid：设置端口为 Hybrid 端口。

说明：该命令用来设置交换机接口在 VLAN 中的端口类型，交换机所有的端口默认都是 Access 端口。Access 端口只能属于一个 VLAN，当需要端口属于多个 VLAN 时，需要将端口设置成 Trunk 端口或 Hybrid 端口。

例如，将端口 F0/24 设置为 Trunk 端口

```
SW2(config)#interface f0/24
SW2(config-if)#switchport mode trunk
```

2）设置 Trunk 端口的许可 VLAN 列表

视图：接口视图。

命令：

```
Switch(config-if)#switchport trunk {allowed vlan { all | [add | remove | except] vlan-list }
Switch(config-if)#no switchport trunk {allowed vlan }
```

参数：

allowed vlan *vlan-list*：配置这个 Trunk 端口的许可 VLAN 列表。参数 *vlan-list* 可以是一个 VLAN，也可以是一系列 VLAN，以小的 VLAN ID 开头，以大的 VLAN ID 结尾，中间用"-"符号连接。如 10-20。段之间可以用","符号隔开，如 1-10,20-25,30,33。

all：表示许可 VLAN 列表包含所有支持的 VLAN；

add：表示将指定 VLAN 列表加入许可 VLAN 列表；

remove：表示将指定 VLAN 列表从许可 VLAN 列表中删除；

except：表示将除列出的 VLAN 列表外的所有 VLAN 加入许可 VLAN 列表。

说明：在思科的交换机上，Trunk 端口默认情况下是允许所有的 VLAN 的数据通过的。可以通过该命令来改变 Trunk 端口允许通过的 VLAN 列表。该命令同样可以用 no 选项来恢复 Trunk 端口的默认许可的 VLAN 列表。

例如，允许所有的 VLAN 通过 Trunk 端口。

```
SW2(config)#interface f0/24
SW2(config-if)#switchport mode trunk
SW2(config-if)#switchport trunk allowed vlan all
```

例如，将 VLAN 10 和 VLAN 20 从 Trunk 端口的 VLAN 许可列表中删除。

```
SW2(config-if)#switchport trunk allowed vlan remove 10,20
```

例如，将 VLAN 30 加入到 Trunk 端口的 VLAN 许可列表中。

```
SW2(config-if)#switchport trunk allowed vlan add 30
```

3）设置 Trunk 端口的默认 VLAN

视图：接口视图。

命令：

```
Switch(config-if)#switchport trunk native vlan vlan-id
Switch(config-if)#no switchport trunk native vlan
```

对企业各部门的网络进行隔离及广播风暴控制

参数：

native vlan *vlan-id*：默认 VLAN ID。

说明：该命令是用来设置 Trunk 端口的默认 VLAN,每个端口都有一个默认 VLAN,端口在接收不打 Tag 标签的数据帧时,都会当作默认 VLAN 的数据帧,在转发到其他接口去时,会给数据帧打上默认 VLAN 的 Tag 标签。同样在 Trunk 端口发送带有默认 VLAN 的 Tag 标签的数据帧时,会把 Tag 标签去除。所有端口的默认 VLAN 都是 VLAN 1。Access 类型的端口因为只能属于一个 VLAN,所有端口当前所属的 VLAN 即为默认 VLAN。而 Trunk 端口和 Hybrid 端口都可以同时属于多个 VLAN,所以可以通过相应的命令来设置端口的默认 VLAN。

例如,设置 Trunk 端口的默认 VLAN 为 VLAN 20。

```
SW2(config)#interface f0/24
SW2(config-if)#switchport mode trunk
SW2(config-if)#switchport trunk native vlan 20
```

5. 设备配置(华为 eNSP 模拟器)

设备配置如图 3-7 所示。

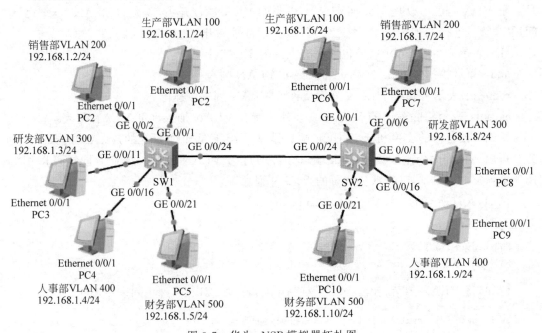

图 3-7 华为 eNSP 模拟器拓扑图

1)交换机 SW1 配置

```
<Huawei>sys
Enter system view, return user view with Ctrl+Z.
[Huawei]sysname SW1
[SW1]vlan 100
[SW1-vlan100]description shengchan
[SW1-vlan100]vlan 200
[SW1-vlan200]description xiaoshou
```

```
[SW1-vlan200]vlan 300
[SW1-vlan300]description yanfa
[SW1-vlan300]vlan 400
[SW1-vlan400]description renshi
[SW1-vlan400]vlan 500
[SW1-vlan500]description caiwu
[SW1-vlan500]quit
[SW1]port-group 1
[SW1-port-group-1]group-member g0/0/1 g0/0/3 g0/0/5 g0/0/7 g0/0/9
[SW1-port-group-1]port link-type access
[SW1-port-group-1]port default vlan 100
[SW1-port-group-1]quit
[SW1]port-group 2
[SW1-port-group-2]group-member g0/0/2 g0/0/4 g0/0/6 g0/0/8 g0/0/10
[SW1-port-group-2]port link-type access
[SW1-port-group-2]port default vlan 200
[SW1-port-group-2]quit
[SW1]port-group 3
[SW1-port-group-3]group-member g0/0/11 to g0/0/15
[SW1-port-group-3]port link-type access
[SW1-port-group-3]port default vlan 300
[SW1-port-group-3]quit
[SW1]port-group 4
[SW1-port-group-4]group-member g0/0/16 g0/0/18 to g0/0/20
[SW1-port-group-4]port link-type access
[SW1-port-group-4]port default vlan 400
[SW1-port-group-4]quit
[SW1]port-group 5
[SW1-port-group-5]group-member g0/0/21 to g0/0/22
[SW1-port-group-5]port link-type access
[SW1-port-group-5]port default vlan 500
[SW1-port-group-5]quit
//配置交换机之间的连接端口
[SW1]interface g0/0/24
[SW1-GigabitEthernet0/0/24]port link-type trunk
[SW1-GigabitEthernet0/0/24]port trunk allow-pass vlan 300 400 500
```

2）交换机 SW2 配置

```
< Huawei > sys
Enter system view, return user view with Ctrl + Z.
[Huawei]sysname SW2
[SW2]vlan 100
[SW2-vlan100]description shengchan
[SW2-vlan100]vlan 200
[SW2-vlan200]description xiaoshou
[SW2-vlan200]vlan 300
[SW2-vlan300]description yanfa
[SW2-vlan300]vlan 400
[SW2-vlan400]description renshi
[SW2-vlan400]vlan 500
```

对企业各部门的网络进行隔离及广播风暴控制

```
[SW2-vlan500]description caiwu
[SW2-vlan500]quit
[SW2]port-group 1
[SW2-port-group-1]group-member g0/0/1 to g0/0/5
[SW2-port-group-1]port link-type access
[SW2-port-group-1]port default vlan 100
[SW2-port-group-1]quit
[SW2]port-group 2
[SW2-port-group-2]group-member g0/0/6 to g0/0/10
[SW2-port-group-2]port link-type access
[SW2-port-group-2]port default vlan 200
[SW2-port-group-2]quit
[SW2]port-group 3
[SW2-port-group-3]group-member g0/0/11 to g0/0/15
[SW2-port-group-3]port link-type access
[SW2-port-group-3]port default vlan 300
[SW2-port-group-3]quit
[SW2]interface g0/0/16
[SW2-GigabitEthernet0/0/16]port link-type access
[SW2-GigabitEthernet0/0/16]port default vlan 400
[SW2-GigabitEthernet0/0/16]quit
[SW2]port-group 5
[SW2-port-group-5]group-member g0/0/21 to g0/0/22
[SW2-port-group-5]port link-type access
[SW2-port-group-5]port default vlan 500
[SW2-port-group-5]quit
//配置交换机之间的连接端口
[SW2]interface g0/0/24
[SW2-GigabitEthernet0/0/24]port link-type trunk
[SW2-GigabitEthernet0/0/24]port trunk allow-pass vlan 300 400 500
```

6. 华为相关命令说明

1) 设置端口 Trunk 类型

视图：接口视图。

命令：

`[SW1-GigabitEthernet0/0/1]`**port link-type trunk**

2) 设置 Trunk 端口放行的 VLAN

视图：接口视图。

命令：

`[SW2-GigabitEthernet0/0/24]`**port trunk allow-pass vlan** [*vlan-id* / **all**]

说明：华为交换机上 Trunk 端口默认拒绝所有 VLAN 通过,思科 PT 模拟器上 Trunk 端口默认允许所有 VLAN 通过。所以华为的 Trunk 端口要通过命令设置放行的 VLAN。如果要从放行的 VLAN 列表中删除某个 VLAN,可以用 undo 来实现。

例如,Trunk 端口只放行 VLAN 100,VLAN 200。

`[SW2-GigabitEthernet0/0/24]port trunk allow-pass vlan 100 200`

例如,Trunk 端口放行所有 VLAN。

[SW2-GigabitEthernet0/0/24]port trunk allow-pass vlan all

例如,从当前放行的列表中删除 VLAN 10。

[SW2-GigabitEthernet0/0/24]undo port trunk allow-pass vlan 10

3) 设置 Trunk 端口的默认 VLAN

视图:接口视图。

命令:

[SW1-GigabitEthernet0/0/24]**port trunk pvid vlan** *vlan-id*

参数:

vlan-id 是默认的 VLAN 编号,默认所有端口的 VLAN 都是 1。

例如,设置 Trunk 端口的默认 VLAN 为 100。

[SW1-GigabitEthernet0/0/24]port trunk pvid vlan 100

3.3 拓 展 知 识

PVLAN 即私有 VLAN(Private VLAN),它采用两层 VLAN 隔离技术,在一台交换机上存在主 VLAN(Primary VLAN)和从 VLAN(Secondary VLAN),如图 3-8 所示。一个 Primary VLAN 和多个 Secondary VLAN 对应,且 Primary VLAN 包含所对应的所有 Secondary VLAN 中包含的端口和上行端口,这样对于交换机来说,只需识别下层交换机中的 Primary VLAN,而不必关心 Primary VLAN 中包含的 Secondary VLAN,简化了配置,节省了 VLAN 资源。PVLAN 中各成员虽然同处于一个子网中,但各自只能与自己的默认网关通信,相互之间不能通信。因此,相当于在一个 VLAN 内部就实现了 VLAN 本身所具有的隔离特性。开发这种 VLAN 的目的主要是为 ISP 解决客户 VLAN 数太多,超过交换机所允许的最大 4096 个 VLAN 的限制。

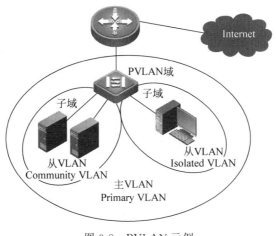

图 3-8 PVLAN 示例

对企业各部门的网络进行隔离及广播风暴控制

PVLAN 的应用对于保证接入网络的数据通信的安全性是非常有效的。用户只需与自己的默认网关连接,一个 PVLAN 不需要多个 VLAN 和 IP 子网就提供了具备第二层数据通信安全性的连接。所有的用户接入 PVLAN 就实现了所有用户与默认网关的连接,而与 PVLAN 内的其他用户没有任何访问。PVLAN 功能可以保证同一个 VLAN 中的各个端口相互之间不能通信,但可以穿过 Trunk 端口。这样即使同一 VLAN 中的用户,相互之间也不会受到广播的影响。

3.3.1　PVLAN 中的端口类型

在 PVLAN 中,交换机端口有 3 种类型:隔离端口(Isolated Port)、公共端口(Community Port)和混杂端口(Promiscuous Port)。在 PVLAN 中,Isolated Port 只能和 Promiscuous Port 通信,但彼此不能交流通信流;Community Port 不仅可以和 Promiscuous Port 通信,而且彼此也可以交换通信流;Promiscuous Port 与路由器或三层交换机接口相连,它收到的通信流可以发往 Isolated Port 和 Community Port。它们分别对应不同的 VLAN 类型:Isolated Port 属于 Isolated PVLAN,Community Port 属于 Community PVLAN,而代表一个 Private VLAN 整体的是 Primary VLAN,前面两类 VLAN 需要和它绑定在一起,同时它还包括 Promiscuous Port。

(1) 混杂端口(Promiscuous Port):一个混杂类型端口属于主 VLAN,可以与所有端口通信,包括与主 VLAN 关联的从 VLAN 中的共有端口和隔离 VLAN 中的主机端口。

(2) 隔离端口(Isolated Port):一个隔离端口是一个属于隔离 VLAN 中的主机端口(也就是只能与主机连接的端口)。这个端口与同一个 PVLAN 域中的其他端口完全二层隔离,除混杂端口外。但是,PVLAN 会阻止所有从混杂端口到达隔离端口的通信,从隔离端口接收到的通信仅可以转发到混杂端口上。

(3) 公共端口(Community Port):一个公共端口是一个属于公共 VLAN 的主机端口。公共端口可以与同一个公共 VLAN 中的其他端口通信。这些端口与所有其他公共 VLAN 上的端口,以及同一 PVLAN 中的其他隔离端口之间都是二层隔离的。

3.3.2　PVLAN 中的 VLAN 类型

PVLAN 中有 3 种不同类型的 VLAN:主 VLAN(Primary VLAN)、隔离 VLAN(Isolated VLAN)和公共 VLAN(Community VLAN)。隔离 VLAN 和公共 VLAN 都属于从 VLAN(Secondary VLAN)。

PVLAN 功能是将一个 VLAN 二层广播域划分为多个子域。一个子域包括一对 PVLAN:一个主 VLAN(Primary VLAN)和一个从 VLAN(Secondary VLAN)。一个 PVLAN 域中可以有多个 PVLAN 对,每个子域一对。PVLAN 域的所有子域中的 PVLAN 对共享相同的主 VLAN,但每个子域中的从 VLAN ID 是不同的。也就是说,一个 PVLAN 域仅有一个主 VLAN(Primary VLAN)。一个 PVLAN 域中的每个端口都是主 VLAN 的成员。

(1) 主 VLAN:主 VLAN 承载从混杂端口到隔离端口和共有主机端口的及其他混杂

端口的单向通信。

（2）隔离 VLAN：一个 PVLAN 域中仅有一个隔离 VLAN，一个隔离 VLAN 是一个承载从主机到混杂端口和网关之间单向通信的从 VLAN。

（3）公共 VLAN：一个公共 VLAN 是一个承载从公共端口到混杂端口、网关和其他在同一个公共 VLAN 中的主机端口之间单向通信的从 VLAN。

3.3.3　PVLAN 中使用的一些规则

- 一个 Primary VLAN 当中至少有一个 Secondary VLAN，没有上限。
- 一个 Primary VLAN 当中只能有一个 Isolated VLAN，可以有多个 Community VLAN。
- 不同 Primary VLAN 之间的任何端口都不能互相通信（这里"互相通信"是指二层连通性）。
- Isolated 端口只能与混杂端口通信，除此之外不能与任何其他端口通信。
- Community 端口可以和混杂端口通信，也可以和同一 Community VLAN 当中的其他物理端口进行通信，除此之外不能和其他端口通信。

3.3.4　PVLAN 配置过程

1. 创建 Primary VLAN

配置 PVLAN 的步骤见表 3-3。

表 3-3　配置 PVLAN 的步骤

步　骤	命　　　令	说　　明
1	vlan *vlan-id*	进入要配置的 VLAN 配置模式
2	private-vlan{community | isolated | primary}	配置 PVLAN 的类型
	no private-vlan{community | isolated | primary}	清除 PVLAN 配置，这个命令的配置要到退出 VLAN 配置模式后才生效
3	end	退出 VLAN 配置模式
4	show vlan private-vlan [*type*]	显示 PVLAN

例如，配置 VLAN 20 为主 VLAN。

```
S2328G(config)♯vlan 20
S2328G(config-vlan)♯private-vlan primary
S2328G(config-vlan)♯exit
S2328G(config)♯show vlan private-vlan

VLAN  Type      Status     Routed    Ports                      Associated VLANs
----  -------   -----      ------    ----------------           -------------------
20    primary   inactive   Disabled

S2328G(config)♯
```

2. 创建 Secondary VLAN

例如，配置 VLAN 201 为公共 VLAN（Community VLAN），VLAN 202 为隔离 VLAN

对企业各部门的网络进行隔离及广播风暴控制

(Isolated VLAN)。

```
S2328G(config)#vlan 201
S2328G(config-vlan)#private-vlan community
S2328G(config-vlan)#exit
S2328G(config)#vlan 202
S2328G(config-vlan)#private-vlan isolated
S2328G(config-vlan)#exit
S2328G(config)#show vlan private-vlan

VLAN  Type       Status    Routed   Ports             Associated VLANs
----  --------   --------  -------  ----------------  --------------

20    primary    inactive  Disabled
201   community  inactive  Disabled                   No Association
202   isolated   inactive  Disabled                   No Association

S2328G(config)#
```

3. 关联 Secondary VLAN 和 Primary VLAN

例如,关联 Secondary VLAN(VLAN 201,202)和 Primary VLAN(VLAN 20)。配置步骤如表 3-4 所示。

表 3-4 关联 Secondary VLAN 和 Primary VLAN 的步骤

步 骤	命 令	说 明
1	**vlan** *p-vlan-id*	进入 Primary VLAN 配置模式
2	**private-vlan association** { *svlist* | **add** *svlist* | **remove** *svlist* }	关联 Secondary VLAN, *svlist* 为 Secondary VLAN 列表
	no private-vlan association	清除与所有 Secondary VLAN 的关联
3	**end**	退出 VLAN 配置模式
4	**show vlan private-vlan** [*type*]	显示 PVLAN

```
S2328G(config)#vlan 20
S2328G(config-vlan)#private-vlan association 201,202
S2328G(config-vlan)#show vlan private-vlan

VLAN  Type       Status    Routed    Ports              Associated VLANs
----  --------   -------   -------   -----------------  -----------------

20    primary    inactive  Disabled                     201 - 202
201   community  inactive  Disabled                     20
202   isolated   inactive  Disabled                     20

S2328G(config-vlan)#
```

4. 映射 Secondary VLAN 和 Primary VLAN 的三层接口

映射 Secondary VLAN 和 Primary VLAN 的三层接口配置步骤如表 3-5 所示。

表 3-5 映射 Secondary VLAN 和 Primary VLAN 的二层接口步骤

步 骤	命 令	说 明
1	Interface vlan *p-vid*	进入 Primary VLAN 的接口模式
2	private-vlan mapping 〈 *svlist* | **add** *svlist* | **remove** *svlist*〉	映射 Secondary VLAN 到 Primary VLAN 的三层口，*svlist* 为 Secondary VLAN 列表
	no private-vlan mapping	清除所有 Secondary VLAN 的映射
3	end	退出 VLAN 配置模式
4	show vlan private-vlan [*type*]	显示 PVLAN

例如，配置 Secondary VLAN 的路由。

```
S2328G# configure terminal
S2328G(config)# interface vlan 20
S2328G(config-if)# private-vlan mapping add 201,202
S2328G(config-if)# end
S2328G#
```

5. 配置二层接口的 PVLAN 端口类型

配置二层接口的 PVLAN 的端口类型步骤如表 3-6、表 3-7 所示。

表 3-6 配置二层接口作 PVLAN 的主机端口的步骤

步 骤	命 令	说 明
1	Interface *interface*	进入接口配置模式
2	switchport mode private-vlan host	指定二层接口为 PVLAN 的 host 类型
	noswitchport mode	清除二层接口的 PVLAN 端口类型设置
3	switchport private-vlan host-association *p-vid s-vid*	关联二层接口与 PVLAN
	no switchport private-vlan host-association	取消二层接口与 PVLAN 的关联

例如，将 F0/1 指定为 PVLAN 的主机端口。

```
S2328G(config)# interface f0/1
S2328G(config-if)# switchport mode private-vlan host
S2328G(config-if)# switchport private-vlan host-association 20 201
S2328G(config-if)# show vlan private-vlan

VLAN  Type       Status    Routed   Ports              Associated VLANs
----  -------    ------    ------   ----------------   ----------------

20    primary    inactive  Enabled                     201-202
201   community  inactive  Disabled Fa0/1              20
202   isolated   inactive  Disabled                    20

S2328G(config-if)#
```

对企业各部门的网络进行隔离及广播风暴控制

表 3-7　配置二层接口作 PVLAN 的混杂端口的步骤

步　　骤	命　　令	说　　明
1	Interface *interface*	进入接口配置模式
2	switchport mode private-vlan promiscuous	指定二层接口为 PVLAN 的 Promiscuous 类型
	no switchport mode	清除二层接口的 PVLAN 端口类型设置
3	switchport private-vlan mapping *p-vid* {*svlist* | **add** *svlist*| **remove** *svlist*}	PVLAN 混杂端口选择所在 VLAN 及混杂的 Secondary VLAN 列表
	no switchport private-vlan mapping	取消混杂所有的 Secondary VLAN

例如,将 F0/3 指定为 PVLAN 的混杂端口。

```
S2328G(config)♯interface f0/3
S2328G(config-if)♯switchport mode private-vlan promiscuous
S2328G(config-if)♯switchport private-vlan mapping 20 201
```

3.4　项目实训

　　企业网络由 4 台交换机(一楼 SW1、二楼 SW2、三楼 SW3 和网络中心交换机 SW4)连接,因网络中经常有用户的 PC 感染病毒而向网络中发送广播形成广播风暴,导致企业整个网络的正常使用受到影响。现要求在交换机上使用 VLAN 来进行不同部门之间的隔离,减少广播风暴对整个网络的影响,如图 3-9、图 3-10 所示。

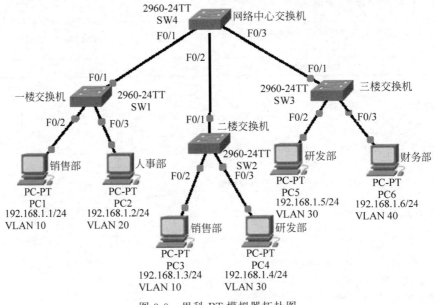

图 3-9　思科 PT 模拟器拓扑图

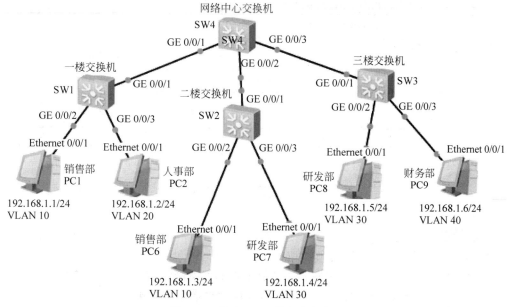

图 3-10　华为 eNSP 模拟器拓扑图

基本要求：

（1）正确选择设备并使用线缆连接；

（2）正确给各个 PC 配置相关 IP 地址及子网掩码等参数；

（3）在 SW1 上配置相关 VLAN，并将交换机相应的端口添加到 VLAN 中，用相关显示命令查看配置结果；

（4）在 SW2 上配置相关 VLAN，并将交换机相应的端口添加到 VLAN 中，用相关显示命令查看配置结果；

（5）在 SW3 上配置相关 VLAN，并将交换机相应的端口添加到 VLAN 中，用相关显示命令查看配置结果；

（6）在 SW4 上进行相关配置，使得不同交换机上的相同部门的 PC（如销售部 PC1 和销售部 PC3）可以相互访问。

拓展要求：

配置如图 3-11 所示的网络拓扑图中的两个交换机，使得两个不同 VLAN 中的 PC 能相互访问（提示：思科 PT 模拟器中要关闭生成树协议）。

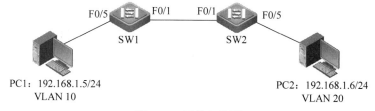

图 3-11　网络拓扑图

项目 3 的考核表如表 3-8 所示。

对企业各部门的网络进行隔离及广播风暴控制

表 3-8　项目 3 考核表

序　号	项目考核知识点	参考分值	评　价
1	设备连接	2	
2	配置 PC 的 IP 地址及子网掩码等参数	6	
3	交换机上创建 VLAN 及划分相应端口	6	
4	交换机上 Trunk 端口的设置	4	
5	拓展要求	2	
	合计	20	

3.5　习　　题

1. 选择题

(1) 下面哪一句话是错误的?(　　　)

　　A. VLAN 是不受物理区域和交换机限制的逻辑网络,它构成一个广播域

　　B. VLAN 能解决局域网内由广播过多所带来的宽带利用率下降、安全性低等问题

　　C. VLAN 的主要作用是缩小广播域,控制广播风暴

　　D. 所有主机和交换机都能识别带有 VLAN 标签的数据帧

(2) 一个 Access 端口可以属于多少个 VLAN?(　　　)

　　A. 仅一个 VLAN　　　　　　　　　　B. 最多 4094 个 VLAN

　　C. 最多 4096 个 VLAN　　　　　　　D. 根据管理员设置的结果而定

(3) 下面各类端口对报文处理正确的是(　　　)。

　　A. Access 端口可以接收和发生多个 VLAN 的报文

　　B. Trunk 端口可以接收和发生多个 VLAN 的报文

　　C. Hybrid 端口只可以接收和发送一个 VLAN 的报文

　　D. Trunk 端口可以接收和发送多个不打 VLAN 标签的报文

(4) 当需要 VLAN 跨交换机时,交换机与交换机之间连接的端口应该设置为哪类端口?(　　　)

　　A. Access 端口　　　　　　　　　　B. Trunk 端口

　　C. Hybrid 端口　　　　　　　　　　D. Console 口

(5) IEEE 802.1q 协议是如何给以太网帧打上 VLAN 标签的?(　　　)

　　A. 在以太网帧的前面插入 4 字节的 Tag

　　B. 在以太网帧的后面插入 4 字节的 Tag

　　C. 在以太网帧的源地址和长度/类型字段之间插入 4 字节的 Tag

　　D. 在以太网帧的外部加上 802.1q 封装信息

(6) 对交换机的 Access 端口和 Trunk 端口描述正确的是(　　　)。

　　A. Access 端口只能属于一个 VLAN,而 Trunk 端口可以属于多个 VLAN

　　B. Access 端口只能发送不带 Tag 的帧,而 Trunk 端口只能发送带有 Tag 的帧

　　C. Access 端口只能接收不带 Tag 的帧,而 Trunk 端口只能接收带有 Tag 的帧

　　D. Access 端口的默认 VLAN 只能是 VLAN 1,而 Trunk 端口可以有多个默认 VLAN

(7) 下面删除 VLAN 的命令哪一条是正确的？（　　）

  A. Switch# no vlan 10　　　　　　　B. Switch(config)# no vlan 1

  C. Switch(config)# no vlan 10　　　　D. Switch(config)# del vlan 10

(8) 在思科交换机上配置 Trunk 接口时，如果要从允许 VLAN 列表中删除 VLAN 10，该用下面哪条命令？（　　）

  A. Switch(config-if)# switchport trunk allowed remove 10

  B. Switch(config-if)# switchport trunk vlan remove 10

  C. Switch(config-if)# swtichport trunk vlan allowed remove 10

  D. Switch(config-if)# swtichport trunk allowed vlan remove 10

(9) 当要使一个 VLAN 跨越两台交换机时，需要下面哪个条件支持？（　　）

  A. 用三层交换机连接两台交换机

  B. 将两台交换机的连接口设置成 Trunk

  C. 用路由器连接两台交换机

  D. 在两台交换机上面配置相同的 VLAN

(10) 在 PVLAN 中，哪类端口可以与所有类型的端口通信？（　　）

  A. 公共端口　　　　B. 隔离端口　　　　C. 混杂端口　　　　D. 私有端口

2. 简答题

(1) 简述 VLAN 的概念。VLAN 的作用是什么？

(2) VLAN 有哪些划分方法？

(3) 简述 Access 端口如何收发报文。

(4) 在一台锐捷交换机上配置一个 VLAN 10，并将端口 1～10 添加到 VLAN 10 中，将端口 24 设置成 Trunk 端口，该如何配置？

对企业各部门的网络进行隔离及广播风暴控制

项目 4 | 实现企业网络中主干链路的冗余备份

项目描述

为了提高公司网络的可靠性和主干链路的带宽,网络管理员在核心交换机和各楼层交换机之间增加了多条物理链路,同时在各楼层交换机之间也增加了物理链路连接。为了达到提高网络可靠性和增加主干链路带宽的目的,同时避免网络环路的影响,需要对交换机做相关设置。

项目目标

- 理解生成树协议(STP);
- 理解快速生成树协议(RSTP);
- 理解端口聚合;
- 掌握生成树协议和快速生成树协议的设置方法;
- 掌握端口聚合的设置方法;
- 掌握实现链路冗余备份的方法。

4.1 预 备 知 识

当网络变得复杂时,要保证网络中没有任何环路是很困难的,并且在许多可靠性要求高的网络中,为了能够提供不间断的网络服务,采用物理环路的冗余备份是最常用的方法。所以要保证网络中不存在环路是不现实的。但网络有了环路,就会产生广播风暴而影响网络的运行。有没有办法既能让网络中存在冗余备份链路,又不至于构成环路导致广播风暴呢?答案是肯定的。那就是 IEEE 802.1d 协议标准中规定的生成树协议(Spanning Tree Protocol,STP),它能够通过阻断网络中存在的冗余链路来消除网络可能存在的路径环路,并且在当前活动路径发生故障时激活被阻断的冗余备份链路来恢复网络的连通性,保障业务的不间断服务。使用冗余备份能够为网络带来健壮性、稳定性和可靠性等好处,提高网络的容错能力。

4.1.1 生成树协议概述

生成树协议通过在交换机上运行一套复杂的算法生成"一棵树",树的根是一个称为根桥的交换机,根据设置不同,不同的交换机会被选为根桥,但任意时刻只能有一个根桥。由根桥开始,逐级形成一棵树,根桥定时发送配置报文,非根桥接收配置报文并转发。如果某台交换机能够从两个以上的端口接收到配置报文,则说明从该交换机到根桥有不止一条路径,便构成了循环回路,此时交换机根据端口的配置选出一个端口并将其他的端口阻塞,消除循环。当某个端口长时间不能接收到配置报文时,交换机认为端口的配置超时,网络拓扑可能已经改变,此时重新计算网络拓扑,重新生成一棵树。

生成树协议可以将有环路的物理拓扑变成无环路的逻辑拓扑,当交换机发现拓扑中存在环路时,就会逻辑地阻塞一个或更多个冗余端口,解决由于备份连接产生的环路问题。

在了解生成树详细工作之前,先要弄明白所涉及的以下几个概念。

1. 桥接协议数据单元

桥接协议数据单元(Bridge Protocd Data Unit,BPDU),又称为配置消息。生成树协议要构造逻辑拓扑树就必须要在各个交换机(又称网桥)之间进行一些信息的交流,这些信息交流单元就是BPDU。生成树的BPDU是一种二层报文,目的MAC是多播地址01-80-C2-00-00-00,所有支持生成树协议的网桥都会接收并处理收到的BPDU报文,该报文的数据区里携带了用于生成树计算的所有有用信息。

2. 网桥ID

网桥ID(Bridge ID)长度为8字节,由2字节的网桥优先级和6字节的网桥MAC地址组成,如图4-1所示。网桥优先级可以通过Spanning-Tree Priority命令设置,网桥优先级是0~65 535的数字,默认是32 768,使用时取4096的倍数,网桥优先级数值越小,网桥的优先级就越高。网桥的优先级相同时,网桥MAC地址越小的,优先级越高。

3. 端口ID

端口ID(Port ID)共2字节,由1字节的端口优先级和1字节的端口编号组成,如图4-2所示。

图4-1　网桥ID　　　　　　　　　　图4-2　端口ID

端口的优先级是0~255的数字,默认是128(0x80)。端口编号则是按照端口在交换机上的顺序排列的,例如,1端口的ID是0x8001,2端口的ID是0x8002。同样,端口优先级数字越小,则优先级越高,如果端口优先级相等,则端口编号越小,优先级越高。

4. 根网桥

网络中网桥的优先级最高的网桥(即网桥优先级数值最小的)为根网桥(Root Bridge)。生成树协议在选举根网桥时根据网桥ID先判断网桥的优先级,优先级数值最小的为根网桥;如果优先级相同,则判断网桥的MAC地址,MAC地址最小的为根网桥。一个受生成树协议(STP)作用的交换网络中只有一个根网桥,根网桥不是一直固定不变的,当网络拓扑结构或生成树参数发生变化时根网桥也可能会产生变化。

5. 指定根

指定根(Designated Root)即根网桥。

6. 指定网桥

指定网桥(Designated Bridge)每个LAN中到达根网桥路径开销最少的网桥,负责所在LAN上的数据转发。

7. 根端口

根端口(Root Port)是在非根网桥上到根网桥开销最少的端口,用来向根网桥发送数

实现企业网络中主干链路的冗余备份

据。根端口是在非根网桥上的,而不是在根网桥上的。

8. 指定端口

指定端口(Designated Port)是在每个 LAN 中距离根网桥最近的端口,负责将 LAN 上的数据转发到根网桥。

9. 路径开销

路径开销(Pooth Cost)用于表示网桥间距离的 STP 度量,是两个网桥间路径上所有的链路开销之和。路径开销的值的规律:带宽越大,路径开销越小。IEEE 802.1d 标准最初将开销定义为 1000Mb/s 除以链路的带宽(单位为 Mb/s)。例如,10BaseT 链路的开销是100(1000/10),快速以太网及 FDDI 的开销都是 10。随着吉比特以太网和速率更高的技术的出现,这种定义就出现了一些问题:开销是作为整数而不是浮点数存放的,例如,10Gb/s的开销是 1000/10000=0.1,而这是一个无效的开销。为了解决这个问题,IEEE 更新了开销定义,如表 4-1 所示。

表 4-1 更新后的宽带链路的 STP 开销定义

带　　宽	链 路 开 销
4Mb/s	250
10Mb/s	100
16Mb/s	62
45Mb/s	39
100Mb/s	19
155Mb/s	14
622Mb/s	6
1Gb/s	4
10Gb/s	2

带有 10Gb/s 或更高速率活动端口交换机的 STP 开销定义如表 4-2 所示。

表 4-2 带有 10Gb/s 或更高速率活动端口交换机的 STP 开销定义

带　　宽	链 路 开 销
100Kb/s	200 000 000
1Mb/s	20 000 000
10Mb/s	2000 000
100Mb/s	200 000
1Gb/s	20 000
10Gb/s	2000
100Gb/s	200
1Tb/s	20
10Tb/s	2

4.1.2 生成树协议的工作过程

要理解生成树协议的工作过程并不难,生成树协议的工作过程就是无环路的逻辑拓扑结构的构造过程,其示意图如图 4-3 所示。整个过程需要经过以下几个步骤。

步骤1：选举根网桥。

步骤2：在每个非根网桥上选举根端口。

步骤3：在每个网段上选举一个指定端口。

步骤4：阻塞非根、非指定端口。

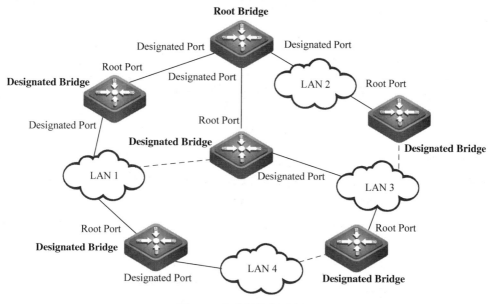

图4-3 生成树协议示意图

下面以图4-4的网络拓扑图为例来了解生成树协议的工作过程。

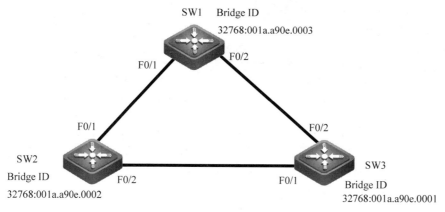

图4-4 网络拓扑图

1. 选举根网桥

首先，各网桥之间通过传递BPDU来选举出根网桥。选举的依据是网桥优先级和网桥MAC地址组合成的网桥ID(Bridge ID)，网桥ID最小的网桥将成为网络中的根桥。在网桥优先级都一样(默认优先级是32 768)的情况下，MAC地址最小的网桥成为根桥。

当网络中的交换机启动后，每一台交换机都会假设自己是根网桥，将自己的网桥ID写入BPDU的相应字段中，然后向外广播。假设SW2先广播自己的BPDU，如图4-5所示。

实现企业网络中主干链路的冗余备份

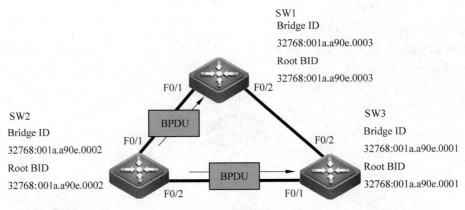

图 4-5　SW2 发送 BPDU 示意图

当 SW1 和 SW3 收到 SW2 广播的 BPDU 信息后,取出 BPDU 的相应字段中根网桥的 ID,然后和自己当前的根网桥 ID 进行比较。如果接收到的根网桥 ID 的优先级高于自己当前的根网桥 ID,就用收到的根网桥 ID 替换原有的 ID,否则丢弃接收到的数据,维持自己当前的根网桥 ID,如图 4-6 所示。

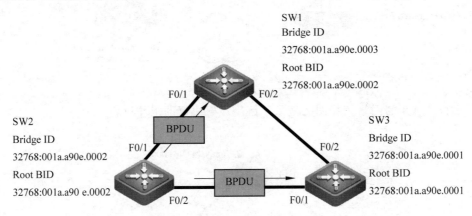

图 4-6　SW1 和 SW3 接收到 SW2 的 BPDU 进行比较后的结果

网络中的交换机都会进行这个过程,向网络中广播自己的 Root BID,同样其他交换机也都会在接收后进行比较。经过一段时间后,所有的交换机都会比较完全部的 Root BID,此时网络中所有的交换机的 Root BID 都会是同一个,如图 4-7 所示。

根据图 4-7 所示的选举结果可以看出最后 SW3 成了网络中的根网桥。

2. 选举根端口

选定了网络中的根网桥后,接下来就要在所有的非根网桥上选举出根端口。根端口是指从非根网桥到达根网桥的最短路径上的端口。选举根端口的依据顺序如下。

(1) 根路径开销最小。

(2) 发送网桥 ID 最小。

(3) 发送端口 ID 最小。

如图 4-8(假设所有链路路径开销都相同,为 100M 链路)所示,SW3 为根网桥,SW1 和 SW2 都要选举出到达 SW3 的根端口(即确定根路径)。按照表 4-1 中路径开销的计算,对

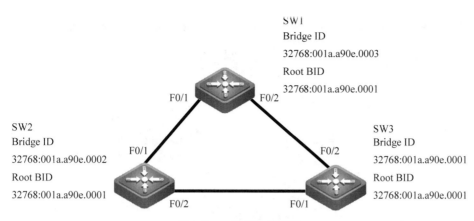

图 4-7　根网桥选举结果

于 SW1 来说,从 F0/2 端口到达根网桥 SW3 的路径开销为 19,从 F0/1 端口到达根网桥 SW3 的路径开销为 38(19+19,因为经过 SW2),通过比较 F0/1 和 F0/2 两个端口的路径开销,F0/2 将被选举为根端口。同样,SW2 的 F0/2 端口也会被选举为根端口。

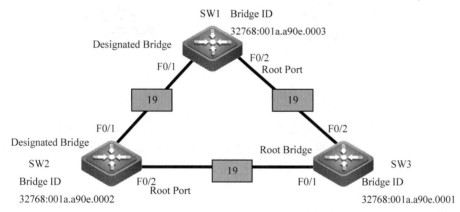

图 4-8　SW1 和 SW2 根端口选举结果

如果一台非根网桥到达根网桥的多条链路的路径开销相同,则比较从不同的根路径所收到的 BPDU 中的发送网桥 ID,哪个端口收到的 BPDU 中发送网桥 ID 较小,则哪个端口为根端口。例如,图 4-9 中 SW4 有两条路径开销相同的链路到达根网桥 SW1,SW4 的 F0/1端口从网桥 SW3 接收 BPDU,此时 BPDU 中的发送网桥 ID 为 SW3 的网桥 ID(32768:001a. a90e. 0001),SW4 的 F0/2 端口从网桥 SW2 接收 BPDU,此时 BPDU 中的发送网桥 ID 为 SW2 的网桥 ID(32768:001a. a90e. 0002),由于 SW3 的网桥 ID 小于 SW2 的网桥 ID,所以 SW4 将选举 F0/1 作为根端口。

如果发送网桥 ID 也相同,则比较这些 BPDU 中的端口 ID,哪个端口收到的 BPDU 中的端口 ID 较小,则哪个端口为根端口。如图 4-10 所示,SW1 为根网桥,SW2 有两条链路同时连接至根网桥 SW1,两条链路的路径开销也相同,对于 SW2 来讲,发送网桥 ID 也相同(同为根网桥),此时,SW2 的 F0/1 端口从发送网桥 SW1 的 F0/2 端口接收 BPDU,SW2 的 F0/2 端口从发送网桥 SW1 的 F0/1 端口接收 BPDU,因为 SW1 的 F0/1 端口 ID 小于 F0/2 的端口 ID,所以,SW2 的 F0/2 端口被选举为根端口。

项目 4

实现企业网络中主干链路的冗余备份

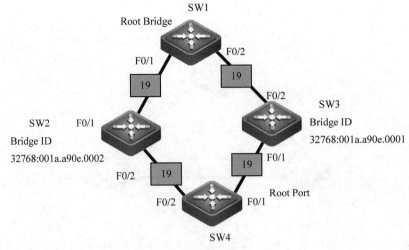

图 4-9　发送网桥 ID 比较

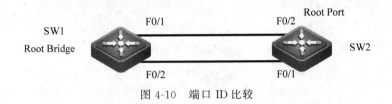

图 4-10　端口 ID 比较

3. 选举指定端口

选定根端口后,需要为每个网段选取一个指定端口。指定端口是指连接在某个网段上的一个桥接端口,桥接网络中的每个网段都必须有一个指定端口。选举指定端口的依据顺序如下。

(1) 根路径开销最小。

(2) 所在交换机的网桥 ID 最小。

(3) 端口 ID 最小。

对于根网桥而言,因为它的每个端口都具有最小根路径开销(实际是它的根路径开销为 0),所以根网桥上的每个活动端口都是指定端口。

如图 4-11 所示,根网桥 SW3 上的端口 F0/1 和 F0/2 的根路径开销为 0,所以都被选定为指定端口。而连接 SW1 和 SW2 的网段情况复杂一些,该网段上的两个端口(SW1 的 F0/1 端口和 SW2 的 F0/1 端口)的根路径开销都是 38(19+19),此时就要比较各个端口所在交换机的网桥 ID,SW1 和 SW2 的网桥优先级相同,但 SW2 的 MAC 地址小,所以 SW2 上的 F0/1 端口被选定为指定端口。

到这里,STP 的计算过程基本结束了,此时,只有交换机 SW1 上的 F0/1 端口既不是根端口,也不是指定端口。

4. 阻塞非根、非指定端口

在网络中各个网桥已经确定了根端口、指定端口和非根非指定端口后,STP 为了创建一个无环拓扑,配置根端口和指定端口转发流量,然后阻塞非根非指定端口,形成逻辑上无环的拓扑结构,最终结果如图 4-12 所示。此时,SW1 和 SW2 之间的链路为备份链路,当

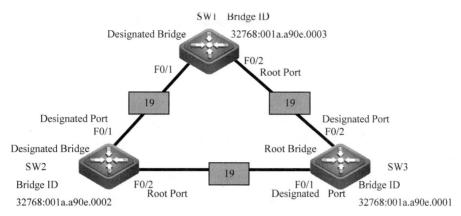

图 4-11　选举指定端口

SW1 和 SW3、SW2 和 SW3 之间的主链路正常时,这条链路处于逻辑断开状态,这样就将交换环路变成了逻辑上的无环拓扑。只有当主链路故障时(SW1 和 SW3 之间的链路断开或 SW2 和 SW3 之间的链路断开),才会启用备份链路,以保证网络的连通性。

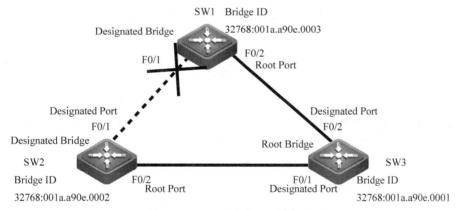

图 4-12　STP 生成的无环路拓扑

4.1.3　生成树协议的缺陷

网络从一种不稳定的状态转变到稳定状态的一系列的过程叫作收敛。STP 的缺陷主要表现在收敛速度上。

当拓扑发生变化时,新的配置消息要经过一定的时延才能传播到整个网络,这个时延称为 Forward Delay,协议默认值是 15s。在所有网桥收到这个变化的消息之前,若旧拓扑结构中处于转发的端口还没有发现自己应该在新的拓扑中停止转发,则可能存在临时环路。为了解决临时环路的问题,生成树协议使用了一种定时器策略,即在端口从阻塞状态到转发状态中间加上一个只学习 MAC 地址但不参与转发的中间状态,两次状态切换的时间长度都是 Forward Delay,这样就可以保证在拓扑变化的时候不会产生临时环路。但是,这个看似良好的解决方案实际上带来的却是至少两倍 Forward Delay 的收敛时间。

实现企业网络中主干链路的冗余备份

4.1.4 快速生成树协议

为了解决 STP 的收敛时间过长的这个缺陷,在 IEEE 802.1w 标准中定义了快速生成树协议(Rapid Spanning Tree Protocol,RSTP)。RSTP 在 STP 的基础上做了 3 点重要改进,使得收敛速度快得多(最快 1s 以内)。

第一点改进:为根端口和指定端口设置快速切换用的替换端口(Alternate Port)和备份端口(Backup Port)两种角色,当根端口/指定端口失效时,替换端口/备份端口就会无时延地进入转发状态。

第二点改进:在只连接了两个交换端口的点对点链路中,指定端口只需与下游网桥进行一次握手就可以无时延地进入转发状态。如果是连接了 3 个以上网桥的共享链路,下游网桥是不会响应上游指定端口发出的握手请求的,只能等待两倍 Forward Delay 时间进入转发状态。

第三点改进:直接与终端相连而不是将其他网桥相连的端口定义为边缘端口(Edge Port)。边缘端口可以直接进入转发状态,不需要任何时延。由于网桥无法知道端口是否直接与终端相连,所以需要人工配置。

综上所述,RSTP 相对于 STP 的确改进了很多。为了支持这些改进,BPDU 的格式做了一些修改,但 RSTP 仍然向下兼容 STP,可以混合组网。

4.1.5 多生成树协议

多生成树协议 MSTP(Multiple Spanning Tree Protocol,MSTP)是 IEEE 802.1s 中定义的一种新型生成树协议。与 STP 和 RSTP 相比,MSTP 具有 VLAN 认知能力,可以实现负载均衡,可以实现类似 RSTP 的端口状态快速切换。

RSTP 和 STP 一样同属于单生成树(Single Spanning Tree,SST),单生成树有自身的缺点,主要表现为以下几个方面。

第一点缺陷:由于整个交换网络只有一棵生成树,当网络规模比较大时会导致较长的收敛时间,拓扑改变的影响面也较大。

第二点缺陷:在网络结构对称的情况下,单生成树没有大的影响。但是,当网络结构不对称时,单生成树就会影响网络的连通性。

第三点缺陷:链路被阻塞后将不承载任何流量,造成了带宽的极大浪费,这在环形城域网中比较明显。

上面这些缺陷都是单生成树无法克服的,于是支持 VLAN 的 MSTP 出现了。MSTP 将环路网络修剪成为一个无环的树状网络,避免报文在环路网络中的增生和无限循环,同时还提供了数据转发的多个冗余路径,在数据转发过程中实现 VLAN 数据的负载均衡。MSTP 兼容 STP 和 RSTP,并且可以弥补 STP 和 RSTP 的缺陷。它既可以快速收敛,也能使不同 VLAN 的流量沿各自的路径分发,从而为冗余链路提供了更好的负载分担机制。

STP/RSTP 是基于端口的,而 MSTP 是基于实例的。与 STP/RSTP 相比,MSTP 中引入了"实例"(Instance)和"域"(Region)的概念。实例就是多个 VLAN 的一个集合,这种通过多个 VLAN 捆绑到一个实例中去的方法可以节省通信开销和资源占用率。MSTP 各个实例拓扑的计算是独立的,在这些实例上就可以实现负载均衡,如图4-13所示。使用的时候,可以把多个相同拓扑结构的VLAN映射到某一个实例中,这些VLAN在端口上的转发状态将取决于对应实例在MSTP中的转发状态。简单来说,MSTP就是对网络中众多的VLAN进行分组,一些VLAN分到一个组中,另外一些VLAN分到另外一个组中,这里的"组"就是"实例"。每个组一个生成树,BPDU是只对组进行发送的,这样既达到了负载均衡,又没有浪费带宽,因为不是每个VLAN一个生成树,这样所发送的BPDU数量明显减少了。

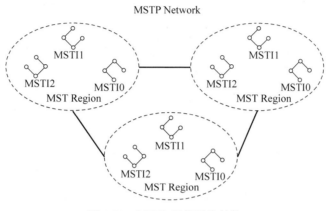

图 4-13　MSTP 网络层次结构

　　思科的PVST与MSTP的区别:MSTP允许多个VLAN运行一个生成树实例,PVST是每一个VLAN一个生成树实例,实例越多,生成树越多,交换机维护这些生成树也需要消耗硬件资源及网络开销。大部分情况下,运行多个生成树实例的好处就在于链路的负载分担,但是当只有一条冗余链路时,运行两个生成树实例完全可以实现负载均衡,同时又能节约系统开销。

4.1.6　端口聚合

　　如图4-14所示,端口聚合就是将交换机的多个物理端口绑定在一起,组成一个逻辑端口,这个逻辑端口被称为聚合端口(Aggregate Port,AP)。聚合端口有以下优点。

　　(1) 带宽增加,带宽相当于组成组的端口的带宽总和。

　　(2) 增加冗余,只要组内不是所有的端口都down掉,两个交换机之间仍然可以继续通信。

　　(3) 负载均衡,可以在组内的端口上配置,使流量可以在这些端口上自动进行负载均衡。

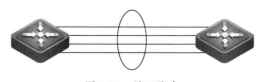

图 4-14　端口聚合

　　端口聚合可以将多个物理连接当作一个单一的逻辑连接来处理,它允许两个交换机之

实现企业网络中主干链路的冗余备份

间通过多个端口并行连接,同时传输数据,以提供更高的带宽、更大的吞吐量和可恢复性的技术。

一般来说,两个普通交换机连接的最大带宽取决于传输介质的连接速度(如 100BAST-TX 双绞线为 200Mb/s),而使用端口聚合技术可以将 4 个 200Mb/s 的端口捆绑成为一个高达 800Mb/s 的连接。这一技术的优点是以较低的成本通过捆绑多端口提高带宽,而其增加的开销只是连接用的普通五类网线和多占用的端口,它可以有效地提高子网的上行速度,从而消除网络访问中的瓶颈。另外,聚合端口还具有自动带宽平衡,即容错功能,即使聚合端口中只有一个连接存在,仍然会工作,这无形中增加了链路的可靠性。

不同的交换机对端口聚合的支持是不一样的,主要是在聚合组的数量和聚合组端口成员数量上有区别。有的交换机只支持一个端口聚合组,有的交换机能支持多个端口聚合组;有的交换机一个聚合组中的端口成员数最多为 4 个,而有的交换机一个聚合组中的端口成员数可以有 8 个。除此之外,有的交换机对聚合组中端口成员要求必须是连续的,还有的交换机对聚合组的起始端口也会有一定要求。

聚合端口的成员端口类型可以是 Access 端口或 Trunk 端口,但同一个端口聚合组中的成员端口必须为同一类型(Access 端口时必须属于同一个 VLAN),而且端口聚合功能需要在链路的两端同时配置才有效。有的交换机要求所有参加端口聚合的成员端口都必须工作在全双工模式下,速率也要相同(不能是自动协商)才能聚合。

端口聚合一般主要应用在交换机与交换机之间的连接和交换机与路由器之间的连接。配置端口聚合需要注意以下几点。

- 聚合端口的成员端口速率必须一致。
- 聚合端口的成员端口必须属于同一个 VLAN。
- 聚合端口的成员端口使用的传输介质应相同。
- 默认情况下创建的聚合端口是二层聚合端口。
- 二层端口只能加入二层的聚合端口,三层端口只能加入三层聚合端口。
- 聚合端口不能设置端口安全功能。
- 当将一个端口加入一个不存在的聚合端口时,会自动创建聚合端口。
- 当将一个端口加入到聚合端口后,该端口的属性将被聚合端口的属性取代。
- 将一个端口从聚合端口中删除后,该端口将恢复其加入聚合端口前的属性。
- 当一个端口加入聚合端口后,不能在该端口上进行任何配置,直到该端口退出聚合端口。

4.2 项目实施

任务一:生成树配置

1. 任务描述

为了提高公司办公大楼中网络(网络中各个部门划分了不同的 VLAN)的可靠性,网络管理员将一楼的交换机(SW1)、二楼的交换机(SW2)和三楼的交换机(SW3)进行了互连。为了避免环路,现要求对交换机进行生成树或快速生成树配置,并将 SW3 设置成根交换机,

SW2 设置为备份根桥。

2. 实验网络拓扑图

实验网络拓扑图如图 4-15 所示。

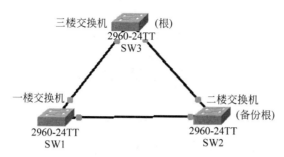

图 4-15　实验网络拓扑图

3. 设备配置（思科 PT 模拟器）

思科 PT 模拟器上的交换机使用的是思科专有的生成树协议 PVST（每 VLAN 生成树）和 RPVST（快速每 VLAN 生成树），从它的名称上就可以看出，它不像 STP 那样将整个交换网络当成一个生成树实例，而是将每个 VLAN 当作一个生成树实例。它的好处是可以实现二层负载均衡。思科 PT 模拟器中交换机默认启用了 PVST，所以此任务先按照拓扑图连接设备后观察默认情况下网络中生成树的计算情况，然后做根桥和备份根桥的配置。

根桥配置之前查看的结果：

SW1 的 MAC 地址：_____　　优先级：_____

SW2 的 MAC 地址：_____　　优先级：_____

SW3 的 MAC 地址：_____　　优先级：_____

根桥：_____　　阻塞端口：_____

1）SW3 设置为根桥

SW3#configure terminal
SW3(config)#spanning-tree vlan 1 priority 0

（或者 SW3(config)#spanning-tree vlan 1 root primary）

2）SW2 设置为备份根桥

SW2#configure terminal
SW2(config)#spanning-tree vlan 1 priority 4096

（或者 SW2(config)#spanning-tree vlan 1 root secondary）

4. 思科相关命令介绍

1）开启/关闭生成树命令

视图：全局配置视图。

命令：

Switch(config)#**spanning-tree vlan** *vlan-id*
Switch(config)#**no spanning-tree vlan** *vlan-id*

实现企业网络中主干链路的冗余备份

说明：该命令用来开启交换机上的生成树协议,思科 PT 模拟器中设备默认状态下是启用生成树协议的。需要关闭生成树协议时可以用 no 选项。

例如,关闭交换机(交换机上未划分其他 VLAN)的生成树协议。

SW3(config)#no spanning-tree vlan 1

2) 设置生成树类型

视图：全局配置视图。

命令：

Switch(config)# **spanning-tree mode** {pvst| rapid-pvst}

说明：PVST 为每 VLAN 生成树,rapid-pvst 为快速每 VLAN 生成树。

例如,设置生成树为快速每 VLAN 生成树。

Switch(config)# spanning-tree mode rapid-pvst

3) 查看生成树协议

视图：系统视图。

命令：

Switch# **show spanning-tree**

说明：使用该命令可以查看交换机生成树设置的情况,是否开启生成树协议,在生成树协议开启状态下,可以查看生成树的协商结果。

例如,在未开启生成树协议时查看显示。

```
SW3#show spanning-tree
No spanning tree instance exists.
SW3#
```

例如,在开启生成树协议后查看显示。

```
SW3#show spanning-tree
VLAN0001
   Spanning tree enabled protocol ieee
   Root ID    Priority    32769                                    //根桥优先级
              Address     000B.BEB6.9C35                           //根桥 MAC 地址
              Cost        19                                       //根端口路径开销
              Port        1(FastEthernet0/1)                       //根端口
              Hello Time  2 sec Max Age 20 sec Forward Delay 15 sec

   Bridge ID Priority     32769 (priority 32768 sys-id-ext 1)      //网桥优先级
              Address     0090.0C4A.9138                           //网桥 MAC 地址
              Hello Time  2 sec Max Age 20 sec Forward Delay 15 sec
              Aging Time  20
//参与生成树的端口列表
Interface         Role Sts Cost        Prio.Nbr Type
------------      ---- --- --------     -------- --------------------------------
Fa0/1             Root LSN 19           128.1    P2p
Fa0/2             Altn BLK 19           128.2    P2p
```

SW3#

4）显示某个端口的生成树信息

视图：系统视图。

命令：

Switch# **show spanning-tree interface** *interface-id*

参数：

interface-id：接口编号，如 F0/1。

说明：该命令用来查看某个具体端口的生成树信息，如端口当前的状态等。

例如，查看端口 F0/1 的生成树信息。

```
SW3# show spanning-tree interface f0/1
Vlan          Role Sts Cost        Prio.Nbr Type
--------     --- --- --------     ------ ------------------------
VLAN0001     Root FWD  19          128.1    P2p
SW3#
```

5）设置网桥优先级

视图：全局配置视图。

命令：

Switch(config)# **spanning-tree vlan** *vlan-id* **priority** *n*

参数：

vlan-id：vlan 编号。

n：优先级，可选用 0，4096，8192，12 288，16 384，20 480，24 576，28 672，32 768，36 864，40 960，45 056，49 152，53 248，57 344 和 61 440。共 16 个整数，均为 4096 的倍数。默认为 32 768。

说明：优先级数字越小，优先等级越高。当要设置交换机为根桥或备份根桥时，可以通过修改优先级来实现。

例如，设置交换机的根桥优先级为 4096。

```
SW2(config)# spanning-tree vlan 1 priority 4096
```

6）设置根网桥和备份根网桥

视图：全局配置视图。

命令：

Switch(config)# **spanning-tree vlan** *vlan-id* **root { primary| secondary}**

参数：

primary：主根。

secondary：备份根。

说明：当要设置网桥为根网桥选择 primary 参数，要设置网桥为备份根网桥选择

实现企业网络中主干链路的冗余备份

secondary 参数。

例如,设置网桥为根网桥。

SW3(config)♯spanning-tree vlan 1 root primary

例如,设置网桥为备份根网桥。

SW2(config)♯spanning-tree vlan 1 root secondary

5. 设备配置(华为 eNSP 模拟器)

设备配置的拓扑图如图 4-16 所示。

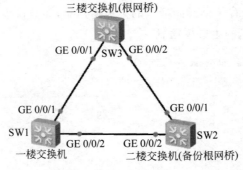

图 4-16   实验网络拓扑图(华为 eNSP 模拟器)

华为交换机上默认开启的是 MSTP。

配置 STP 模式之前查看生成树信息找出各个交换机的 MAC 地址和优先级。

SW1 的 MAC 地址:＿＿＿＿＿＿＿＿＿＿＿   优先级:＿＿＿＿＿＿＿＿

SW2 的 MAC 地址:＿＿＿＿＿＿＿＿＿＿＿   优先级:＿＿＿＿＿＿＿＿

SW3 的 MAC 地址:＿＿＿＿＿＿＿＿＿＿＿   优先级:＿＿＿＿＿＿＿＿

例如,查看生成树信息。

```
<Huawei> disp stp
-------[CIST Global Info][Mode MSTP]-------    //生成树模式 MSTP
CIST Bridge          :32768.4c1f-cc24-700c    //网桥优先级和 MAC 地址
Config Times         :Hello 2s MaxAge 20s FwDly 15s MaxHop 20
Active Times         :Hello 2s MaxAge 20s FwDly 15s MaxHop 20
CIST Root/ERPC       :32768.4c1f-cc24-700c / 0    //根网桥优先级和 MAC 地址
CIST RegRoot/IRPC    :32768.4c1f-cc24-700c / 0    //所在域的根网桥优先级和 MAC 地址
CIST RootPortId      :0.0                     //根端口的 ID(优先级和编号)
BPDU-Protection      :Disabled
TC or TCN received   :0
TC count per hello   :0
STP Converge Mode    :Normal
Time since last TC   :0 days 0h:0m:0s
Number of TC         :0
```

1) 交换机 SW1 的配置

```
[SW1]stp mode stp             //设置生成树模式为 STP
```

2）交换机 SW2 的配置

```
[SW2]stp mode stp
[SW2]stp priority 4096            //设置网桥优先级为 4096
或者[SW2]stp root secondary       //设置网桥为备份根网桥
```

3）交换机 SW3 的配置

```
[SW3]stp mode stp
[SW3]stp priority 0              //设置网桥优先级为 0
或者[SW3]stp root primary         //设置网桥为根网桥
```

6. 华为相关命令说明

1）启用和关闭生成树协议

视图：系统视图。

启用生成树命令：

```
[Huawei]stp disable
```

关闭生成树命令：

```
[Huawei]stp enable
```

说明：华为交换机默认情况下生成树协议是启用的。

2）设置生成树类型

视图：系统视图。

命令：

```
[Huawei]stp mode { stp | rstp | mstp }
```

参数：

STP 为普通生成树，RSTP 为快速生成树，MSTP 为多生成树。华为交换机的生成树类型有 STP、RSTP 和 MSTP，默认运行的是 MSTP。

3）设置网桥优先级

视图：系统视图。

命令：

```
[Huawei]stp priority n
```

参数：

n 的取值范围为 0～61440，步长为 4096，数值越小，优先级越高。华为交换机的网桥优先级默认为 32 768。

4）设置根网桥和备份根网桥

视图：系统视图。

设置根网桥命令：

```
[Huawei]stp root primary
```

设置备份根网桥命令：

[Huawei]**stp root secondary**

说明：除了通过调整网桥的优先级实现根桥和备份根桥，也可以通过命令设置根网桥和备份根网桥。

任务二：多生成树配置

1. 任务描述

公司采用了双核心交换机，为了实现网络的冗余和可靠性的同时实现负载均衡。管理员决定在交换机上采用基于 VLAN 的多生成树协议。SW1 为 VLAN 10 和 VLAN 20 的根网桥，SW1 为 VLAN 30 和 VLAN 40 的备份根网桥；SW2 为 VLAN 30 和 VLAN 40 的根网桥，SW2 为 VLAN 10 和 VLAN 20 的备份根网桥。

2. 实验网络拓扑图

实验网络拓扑图如图 4-17 所示。

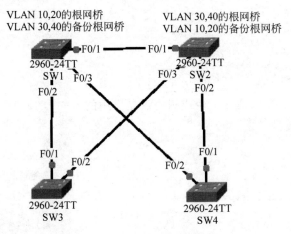

图 4-17　实验网络拓扑图

3. 设备配置(思科 PT 模拟器)

1) 交换机 SW1 的配置

```
SW1(config)#vlan 10
SW1(config-vlan)#vlan 20
SW1(config-vlan)#vlan 30
SW1(config-vlan)#vlan 40
SW1(config-vlan)#exit
SW1(config)#int range f0/1-3
SW1(config-if-range)#switchport mode trunk
SW1(config)#spanning-tree vlan 10,20 root primary
SW1(config)#spanning-tree vlan 30,40 root secondary
```

2) 交换机 SW2 的配置

```
SW2(config)#vlan 10
SW2(config-vlan)#vlan 20
SW2(config-vlan)#vlan 30
SW2(config-vlan)#vlan 40
```

```
SW2(config-vlan)#exit
SW2(config)#int range f0/1-3
SW2(config-if-range)#switchport mode trunk
SW2(config)#spanning-tree vlan 30,40 root primary
SW2(config)#spanning-tree vlan 10,20 root secondary
```

3）交换机 SW3 的配置

```
SW3(config)#vlan 10
SW3(config-vlan)#vlan 20
SW3(config-vlan)#vlan 30
SW3(config-vlan)#vlan 40
SW3(config-vlan)#exit
SW3(config)#int range f0/1-2
SW3(config-if-range)#switchport mode trunk
```

4）交换机 SW4 的配置

```
SW4(config)#vlan 10
SW4(config-vlan)#vlan 20
SW4(config-vlan)#vlan 30
SW4(config-vlan)#vlan 40
SW4(config-vlan)#exit
SW4(config)#int range f0/1-2
SW4(config-if-range)#switchport mode trunk
```

4. 设备配置（华为 eNSP 模拟器）

设备配置的拓扑图如图 4-18 所示。

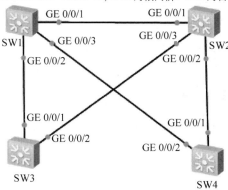

图 4-18　实验网络拓扑图（华为 eNSP 模拟器）

1）交换机 SW1 的配置

```
[SW1]vlan batch 10 20 30 40
[SW1]port-group 1
[SW1-port-group-1]group-member g0/0/1 to g0/0/3
[SW1-port-group-1]port link-type trunk
[SW1-port-group-1]port trunk allow-pass vlan all
[SW1-port-group-1]quit
[SW1]stp region-configuration            //进入 MSTP 域配置视图
```

实现企业网络中主干链路的冗余备份

```
[SW1-mst-region]region-name TESTRG1          //配置 MSTP 域名为 TESTRG1
[SW1-mst-region]revision-level 1             //设置 MSTP 域修订级别为 1
[SW1-mst-region]instance 1 vlan 10 20        //设置实例 1,关联 VLAN 10 和 20
[SW1-mst-region]instance 2 vlan 30 40        //设置实例 2,关联 VLAN 30 和 40
[SW1-mst-region]active region-configuration  //激活 MSTP 域的配置
[SW1]stp instance 1 priority 0               //设置实例 1 的优先级为 0
[SW1]stp instance 2 priority 4096            //设置实例 2 的优先级 4096
```

2）交换机 SW2 的配置

```
[SW2]vlan batch 10 20 30 40
[SW2]port-group 1
[SW2-port-group-1]group-member g0/0/1 to g0/0/3
[SW2-port-group-1]port link-type trunk
[SW2-port-group-1]port trunk allow-pass vlan all
[SW2-port-group-1]quit
[SW2]stp region-configuration
[SW2-mst-region]region-name TESTRG1
[SW2-mst-region]revision-level 1
[SW2-mst-region]instance 1 vlan 10 20
[SW2-mst-region]instance 2 vlan 30 40
[SW2-mst-region]active region-configuration
[SW2]stp instance 1 priority 4096
[SW2]stp instance 2 priority 0
```

3）交换机 SW3 的配置

```
[SW3]vlan batch 10 20 30 40
[SW3]port-group 1
[SW3-port-group-1]group-member g0/0/1 to g0/0/2
[SW3-port-group-1]port link-type trunk
[SW3-port-group-1]port trunk allow-pass vlan all
[SW3-port-group-1]quit
[SW3]stp region-configuration
[SW3-mst-region]region-name TESTRG1
[SW3-mst-region]revision-level 1
[SW3-mst-region]instance 1 vlan 10 20
[SW3-mst-region]instance 2 vlan 30 40
[SW3-mst-region]active region-configuration
```

4）交换机 SW4 的配置

```
[SW4]vlan batch 10 20 30 40
[SW4]port-group 1
[SW4-port-group-1]group-member g0/0/1 to g0/0/2
[SW4-port-group-1]port link-type trunk
[SW4-port-group-1]port trunk allow-pass vlan all
[SW4-port-group-1]quit
[SW4]stp region-configuration
[SW4-mst-region]region-name TESTRG1
[SW4-mst-region]revision-level 1
[SW4-mst-region]instance 1 vlan 10 20
[SW4-mst-region]instance 2 vlan 30 40
[SW4-mst-region]active region-configuration
```

5. 华为相关命令说明

1）进入多生成树域的配置

视图：系统视图。

命令：

```
[Huawei]stp region-configuration
```

说明：配置 MSTP 首先要进入多生成树域配置视图，多生成树提出了域的概念，在域的内部可以生成多个生成树实例，并将 VLAN 关联到相应的实例中，每个 VLAN 只能关联到一个实例中。这样在域内部每个生成树实例就形成一个逻辑上的树拓扑结构。

一个交换网络内也可以存在多个 MST 域，在域与域之间由 CST 实例将各个域连成一个大的生成树。如果把每个 MST 域看作是一个节点，公共生成树（Common Spanning Tree,CST）就是这些节点通过 STP 或 RSTP 计算生成的一棵生成树。CST 是连接交换网络内所有 MST 域的一棵生成树。

进入多生成树的配置视图后需要配置域名称、域修订级别和多生成树实例，最后激活域。同一个 MST 域中的所有交换机具有相同的域名称、域修订级别和实例关联 VLAN。

2）配置 MSTP 域名

视图：多生成树域配置视图。

命令：

```
[Huawei-mst-region]region-name name
```

参数：

name 为 MSTP 区域的名称，取值范围是长度为 1~32 个字符的字符串。同一个 MSTP 区域中的交换机，应该配置相同的 MSTP 名称。

3）配置 MSTP 域修订级别

视图：多生成树域配置视图。

命令：

```
[Huawei-mst-region]revision-level n
```

参数：

n 的取值范围为 0~65 535，默认为 0。MSTP 是标准协议，各厂商设备的 MSTP 修订级别一般默认为 0。如果某厂商的设备不为 0，为保持 MST 域内计算，在部署 MSTP 时，需要将各设备的 MSTP 修订级别修改为一致。

4）配置生成树实例并关联 VLAN

视图：多生成树域配置视图。

命令：

```
[Huawei-mst-region]instance n vlan vlan-id
```

参数：

n 是实例编号，取值范围为 0~48。

参数 *vlan-id* 是实例中关联的 VLAN 编号。

例如，创建 MSTP 实例 1，关联 VLAN 10 和 VLAN 20。

实现企业网络中主干链路的冗余备份

[Huawei-mst-region]instance 1 vlan 10 20

3）MSTP 域配置激活

视图：多生成树域配置视图。

命令：

[Huawei-mst-region]**active region-configuration**

任务三：端口聚合配置

1. 任务描述

某公司为了提高两台核心交换机之间的链路带宽和可靠性,管理员在两台交换机(SW1 和 SW2)之间采用了两根网线互连,并将相应的端口进行了聚合。

2. 实验网络拓扑图

实验网络拓扑图如图 4-19 所示。

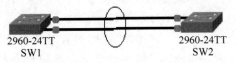

2960-24TT   2960-24TT
SW1   SW2

图 4-19　实验网络拓扑图

3. 设备配置（思科 PT 模拟器）

核心交换机一（SW1）配置如下。

```
SW1♯conf
Enter configuration commands, one per line. End with CNTL/Z.
SW1(config)♯interface port-channel 1          //创建聚合端口,端口编号为 1
SW1(config-if)♯switchport mode trunk          //设置聚合端口为 Trunk 模式
SW1(config-if)♯exit
SW1(config)♯interface range f0/1-2
SW1(config-if-range)♯channel-group 1 mode on  //添加聚合端口成员,并设置端口聚合模式为 on
                                              （手工）
```

核心交换机二（SW2）配置如下。

```
SW2♯conf
Enter configuration commands, one per line. End with CNTL/Z.
SW2(config)♯interface port-channel 1
SW2(config-if)♯switchport mode trunk
SW2(config-if)♯exit
SW2(config)♯interface range f0/1-2
SW2(config-if-range)♯channel-group 1 mode on
```

4. 相关命令介绍

1）创建聚合端口组

视图：全局配置视图。

命令：

Switch(config)♯**interface port-channel** *n*

参数：

n：聚合端口组编号,范围由设备和扩展模块决定,不同的设备支持的数量不同。思科 PT 模拟器中的 2960 支持 6 个,3560 支持 48 个。

说明：当所输入的聚合端口号不存在时,该命令用于创建对应的聚合端口,并进入对应的聚合端口配置视图。当输入的聚合端口号已经存在时,该命令用直接进入对应的聚合端口配置视图。no 选项用于删除对应的聚合端口。

例如,创建聚合端口 1。

```
Switch(config)♯interface port-channel 1
Switch(config-if)♯
```

2）向聚合端口添加成员端口

视图：接口视图。

命令：

```
Switch(config-if)♯channel-group n mode {active|auto|desirable|on|passive}
```

参数：

n：端口所要加入的聚合端口号。

active：聚合端口主动发送 LACP 报文协商模式。

auto：聚合端口被动接受 PAgP 报文协商模式。

desirable：聚合端口主动发送 PAgP 报文协商模式。

on：聚合端口手工设置模式,需要两边都设置成 on。

passive：聚合端口被动接受 LACP 报文协商模式。

说明：该命令用来将当前的物理端口添加为聚合端口的成员端口。交换机上所有的物理端口都不属于任何聚合端口。no 选项是用来将当前物理端口从聚合端口中删除。添加时要注意,所有的 AP 成员接口都要在同一个 VLAN 中,或者都配置成 Trunk port。属于不同 Native VLAN 的接口不能构成聚合端口。

两台交换机之间是否形成聚合链路可以手工指定,也可以用协议自动协商。目前有两种协商协议：端口汇聚协议(Port Aggregation Protocol,PAgP)和链路汇聚控制协议(Link Aggregation Control Protocol,LACP),PAgP 是 Cisco 私有的协议,而 LACP 是基于 IEEE 802.3ad 的国际标准,是一种实现链路动态聚合的协议。auto 和 desirable 使用的是 PAgP 协议,是 Cisco 协议,所以只能在思科的交换机之间使用。active 和 passive 是 LACP 协议,可以和其他品牌的交换机进行协商。聚合链路两端模式的选择如表 4-3 所示。

表 4-3 聚合链路两端模式的选择

手 工 模 式	PAgP			LACP		
on		desirable	auto		active	passive
on	√	desirable	√	√	active	√	√
		auto	√	×	passive	√	×

例如,将端口 F0/5～F0/8 4 个添加到聚合端口 1 中,聚合端口模式为手工。

```
Switch(config)♯interface port-channel 1
Switch(config-if)♯exit
Switch(config)♯interface range f0/5-8
Switch(config-if-range)♯channel-group 1 mode on
```

3）配置聚合端口的流量平衡

视图：全局配置视图。

命令：

Switch(config)#port-channel load-balance{dst-mac | src-mac | src-dst-mac | dst-ip | src-ip | src-dst-ip }

参数：

dst-mac：根据输入报文的目的 MAC 地址进行流量分配。在 AP 各链路中,目的 MAC 地址相同的报文被送到相同的端口,目的 MAC 不同的报文分配到不同的端口。

src-mac：根据输入报文的源 MAC 地址进行流量分配。在 AP 各链路中,来自不同 MAC 地址的报文分配到不同的端口,来自相同的 MAC 地址的报文使用相同的端口。

src-dst-mac：根据源 MAC 与目的 MAC 进行流量分配。不同的源 MAC——目的 MAC 对的流量通过不同的端口转发,同一源 MAC——目的 MAC 对通过相同的链路转发。

dst-ip：根据输入报文的目的 IP 地址进行流量分配。在 AP 各链路中,目的 IP 地址相同的报文被送到相同的端口,目的 IP 不同的报文分配到不同的端口。

src-ip：根据输入报文的源 IP 地址进行流量分配。在 AP 各链路中,来自不同 IP 地址的报文分配到不同的端口,来自相同的 IP 地址的报文使用相同的端口。

src-dst-ip：根据源 IP 与目的 IP 进行流量分配。不同的源 IP——目的 IP 对的流量通过不同的端口转发,同一源 IP——目的 IP 对通过相同的链路转发。在三层条件下,建议采用此流量平衡的方式。

说明：该命令用来设置聚合端口的流量平衡算法。不同设备支持的流量平衡算法会有一些不同。默认的流量平衡算法一般为 src-mac,用 no 选项可以恢复默认的流量平衡算法。使用 Switch#show etherchannel load-balance 命令查看设置的流量平衡算法。

例如,设置聚合端口根据源 MAC 地址与目的 MAC 地址进行流量分配。

Switch(config)#port-channel load-balance src-dst-mac

4) 查看端口聚合配置情况

视图：特权配置视图。

命令：

Switch#show etherchannel [port-channel | summary | load-balance]

参数：

port-channel：显示聚合端口信息。

summary：显示聚合端口中的每条链路的摘要信息。

load-balance：显示聚合端口的流量平衡算法。

说明：该命令用来显示聚合端口的相关信息。查看聚合端口信息还可以使用 show interfaces etherchannel 命令。

例如,显示聚合端口的基本信息。

```
Switch#show etherchannel
            Channel-group listing:
            ----------------------

Group: 1
```

```
----------
Group state = L2
Ports: 4 Maxports = 8
Port-channels: 1 Max Port-channels = 1
Protocol: -
Switch#
```

例如,显示聚合端口的流量平衡算法。

```
SW1# show etherchannel load-balance
EtherChannel   Load-Balancing   Operational
State (src-mac):
Non-IP: Source MAC address
   IPv4: Source MAC address
   IPv6: Source MAC address
```

图 4-20　网络拓扑图(华为 eNSP 模拟器)

5. 设备配置(华为 eNSP 模拟器)

设备配置的网络拓扑图如图 4-20 所示。

1) 手工模式

(1) 交换机 SW1 的配置。

```
[SW1]interface Eth-Trunk 1                              //创建聚合端口1
[SW1-Eth-Trunk1]trunkport GigabitEthernet 0/0/1 to 0/0/2   //加入成员端口
[SW1-Eth-Trunk1]port link-type trunk                    //设置聚合端口为 Trunk
[SW1-Eth-Trunk1]port trunk allow-pass vlan all
[SW1-Eth-Trunk1]load-balance src-dst-mac                //设置聚合端口流量均衡算法
```

(2) 交换机 SW2 的配置。

```
[SW2]interface Eth-Trunk 1
[SW2-Eth-Trunk1]trunkport GigabitEthernet 0/0/1 to 0/0/2
[SW2-Eth-Trunk1]port link-type trunk
[SW2-Eth-Trunk1]port trunk allow-pass vlan all
[SW2-Eth-Trunk1]load-balance src-dst-mac
```

2) LACP 协商模式(此处多增加了一个成员端口)

(1) 交换机 SW1 的配置。

```
[SW1]interface Eth-Trunk 1
[SW1-Eth-Trunk1]mode lacp-static          //设置聚合端口模式为 LACP
[SW1-Eth-Trunk1]max active-linknumber 2   //设置最多活动端口数
[SW1-Eth-Trunk1]quit
[SW1]interface g0/0/1
[SW1-GigabitEthernet0/0/1]eth-trunk 1      //将端口 g/0/0/1 加入聚合端口
[SW1-GigabitEthernet0/0/1]quit
[SW1]interface g0/0/2
[SW1-GigabitEthernet0/0/2]eth-trunk 1
[SW1-GigabitEthernet0/0/2]quit
[SW1]interface g0/0/3
[SW1-GigabitEthernet0/0/3]eth-trunk 1
[SW1-GigabitEthernet0/0/3]lacp priority 100//成员端口的 LACP 优先级,活动端口
```

实现企业网络中主干链路的冗余备份

```
[SW1-GigabitEthernet0/0/3]quit
[SW1]
[SW1]lacp priority 100
```
//系统的 LACP 优先级,使其成为 LACP 的主动端

(2)交换机 SW2 的配置。

```
[SW2]interface Eth-Trunk 1
[SW2-Eth-Trunk1]mode lacp-static
[SW2-Eth-Trunk1]max active-linknumber 2
[SW2-Eth-Trunk1]trunkport GigabitEthernet 0/0/1 to 0/0/3
[SW2-Eth-Trunk1]quit
```

6. 华为的相关命令说明

1)创建聚合端口

视图:系统视图。

命令:

```
[Huawei]interface Eth-Trunk n
```

参数:

n 为聚合端口编号,S5700 的取值范围为 $0\sim63$。

例如,创建聚合端口 1。

```
[SW1]interface Eth-Trunk 1
[SW1-Eth-Trunk1]
```

2)设置聚合端口模式

视图:聚合端口视图。

命令:

```
[Huawei-Eth-Trunk1]mode { lacp-static | manual load-balance}
```

参数:

lacp-static 为静态 LACP 模式,manual 为手工负载分担模式。默认为 manual。

华为交换机的聚合端口模式分为手工负载分担模式和静态 LACP 模式两种。手工负载分担模式是一种最基本的链路聚合方式,在该模式下,Eth-Trunk 接口的建立,成员接口的加入完全由手工来配置,没有链路聚合控制协议的参与。静态 LACP 模式利用 LACP 协议进行聚合参数协商、确定活动接口和非活动接口链路聚合方式。静态 LACP 模式也称为 $M:N$ 模式。这种方式同时可以实现链路负载分担和链路冗余备份的双重功能。在链路聚合组中 M 条链路处于活动状态,这些链路负责转发数据并进行负载分担,另外 N 条链路处于非活动状态作为备份链路,不转发数据。当 M 条链路中有链路出现故障时,系统会从 N 条备份链路中选择优先级最高的接替出现故障的链路,并开始转发数据。静态 LACP 模式有备份链路,而手工负载分担模式所有成员接口均处于转发状态,分担负载流量。

例如,设置聚合端口为静态 LACP 模式。

```
[SW2-Eth-Trunk1]mode   lacp-static
```

例如,设置聚合端口为手工负载分担模式。

```
[SW3 Eth Trunk1]modemanual load-balance
```

3）设置聚合端口的负载均衡

视图：聚合端口视图。

命令：

```
[Huawei-Eth-Trunk1]load-balance { dst-ip | dst-mac | src-dst-ip | src-dst-mac | src-ip | src-mac}
```

默认是以 src-dst-ip 的哈希算法。

例如，设置聚合端口负载均衡为 src-dst-mac。

```
[SW1-Eth-Trunk1]load-balance src-dst-mac
```

4）聚合端口添加成员端口

创建好聚合端口后，需要添加成员端口，华为交换机中可以通过以下两种方式添加成员端口。

方式 1：在聚合端口视图中添加成员端口。

视图：聚合端口视图。

命令：

```
[Huawei-Eth-Trunk1]trunkport interface 1 [to interface 2 ]
```

方式 2：在成员端口的接口视图下加入聚合端口。

视图：接口视图。

命令：

```
[Huawei-GigabitEthernet0/0/2]eth-trunk n
```

参数：

n 为聚合端口号。

例如，将端口 g0/0/1 加入聚合端口 1。

方式 1：

```
[Huawei]interface Eth-Trunk 1
[Huawei-Eth-Trunk1]trunkport GigabitEthernet 0/0/1
```

方式 2：

```
[Huawei]interface g0/0/1
[Huawei-GigabitEthernet0/0/1]eth-trunk 1
```

5）设置最大活动端口数

视图：聚合端口视图。

命令：

```
[Huawei-Eth-Trunk1]max active-linknumber n
```

参数：

n 为最大活动端口数。在静态 LACP 模式下，可以设置活动端口和备份端口等相关参数,可以通过设置最大活动端口数来实现(前提是总成员端口数大于最大活动端口数,例如,成员端口总数为 8,此时设置最大活动端口数 4,那么另外 4 个端口就是备份端口)。

6) 设置 LACP 优先级

视图:系统视图。

命令:

[Huawei]**lacp priority** *n*

参数:

n 为优先级,取值范围为 0~65 535,系统 LACP 优先级值越小优先级越高,默认系统 LACP 优先级值为 32 768。静态 LACP 模式下,两端设备所选择的活动接口必须保持一致,否则链路聚合组就无法建立。而若想使两端活动接口保持一致,可以使其中一端具有更高的优先级,另一端根据高优先级的一端来选择活动接口即可。系统 LACP 优先级就是为了区分两端优先级的高低而配置的参数。

例如,设置交换机的系统 LACP 优先级为 100。

[SW1]lacp priority 100

还可以通过成员接口的 LACP 优先级设置不同接口被选为活动接口的优先程度。接口 LACP 优先级值越小,优先级越高。默认情况下,接口 LACP 优先级为 32 768。

例如,成员端口 g0/0/3 优先选为活动接口(LACP 优先级为 100)。

[SW1]interface g0/0/3
[SW1-GigabitEthernet0/0/3]lacp priority 100

7) 查看端口聚合

视图:任何视图。

命令:

[Huawei]**disp interface Eth-Trunk** [*n*]

或者

[Huawei]**disp eth-trunk** [*n*]

例如,查看聚合端口 1。

```
< SW1 > disp interface Eth-Trunk 1
Eth-Trunk1 current state : UP
Line protocol current state : UP
Description:
Switch Port, PVID :      1, Hash arithmetic : According to SIP-XOR-DIP,Maximal BW:
3G, Current BW: 2G, The Maximum Frame Length is 9216
IP Sending Frames' Format is PKTFMT_ETHNT_2, Hardware address is 4c1f-cca7-30fc
Current system time: 2020-07-08 19:23:15-08:00
     Input bandwidth utilization  :      0%
     Output bandwidth utilization :      0%
--------------------------------------------------
PortName               Status      Weight
--------------------------------------------------
```

```
GigabitEthernet0/0/1        UP              1
GigabitEthernet0/0/2        DOWN            1
GigabitEthernet0/0/3        UP              1
--------------------------------------------------------
The Number of Ports in Trunk : 3
The Number of UP Ports in Trunk : 2
< SW1 >
```

例如,查看聚合端口 1。

```
< SW1 > disp eth-trunk 1
Eth-Trunk1's state information is:
Local:
LAG ID: 1                      WorkingMode: STATIC
Preempt Delay: Disabled        Hash arithmetic: According to SIP-XOR-DIP
System Priority: 32768         System ID: 4c1f-cca7-30fc
Least Active-linknumber: 1     Max Active-linknumber: 2
Operate status: up             Number Of Up Port In Trunk: 2
--------------------------------------------------------------------------
ActorPortName          Status    PortType PortPri PortNo PortKey PortState Weight
GigabitEthernet0/0/1   Selected  1GE      32768   2      305     10111100  1
GigabitEthernet0/0/2   Unselect  1GE      32768   3      305     10100000  1
GigabitEthernet0/0/3   Selected  1GE      100     4      305     10111100  1

Partner:
--------------------------------------------------------------------------
ActorPortName          SysPri    SystemID        PortPri PortNo PortKey PortState
GigabitEthernet0/0/1   32768     4c1f-cc89-4bc3  32768   2      305     10111100
GigabitEthernet0/0/2   32768     4c1f-cc89-4bc3  32768   3      305     10110000
GigabitEthernet0/0/3   32768     4c1f-cc89-4bc3  100     4      305     10111100

< SW1 >
```

4.3 拓 展 知 识

4.3.1 BPDU

STP 依靠 BPDU 在交换机之间交换信息。在 STP 中,有两种类型的 BPDU:一种是配置 BPDU(CBPDU),用于交换机配置信息,它是由根网桥始发的,其类型值为 0x00;另一种是拓扑结构改变通告 BPDU(TCN BPDU),专用于在 STP 拓扑结构发生改变时发送,TCN BPDU 是由非根网桥始发的,其类型值为 0x80。CBPDU 与 TCN BPDU 类型标识是由 BPDU 协议结构中的 Message Type 字段设定的。DPDU 的报文内容如表 4-4 所示。

TCN BPDU 是由非根网桥始发的。当一台非根网桥交换机拓扑发生变化时,会产生一个 TCN BPDU,这个 BPDU 用来告诉根网桥网络拓扑结构发生了变化,只有非根网桥的根端口才会发生这类的 BPDU,然后上行至根网桥。

CBPDU 是由根网桥始发的。当来自非根网桥的 TCN BPDU 到达根网桥后,也会产生一个 CBPDU 进行响应,告诉所有它知道的非根网桥交换机网络拓扑结构发生了变化。这种的 CBPDU 是通过根网桥的指定端口始发,由网段中的指定端口转发的,直到下行到 STP 拓扑结构中的生成树交换机。另外,根网桥也会每隔 2s 以广播的方式发送一次 BPDU 到

实现企业网络中主干链路的冗余备份

非根网桥的根端口上,以便告知网络中的最新 STP 拓扑结构信息。正常情况下,交换机只会从它的根端口上接收 CBPDU 包,绝不会主动发送 CBPDU 包给根网桥。

表 4-4　BPDU 的报文内容

所占字节数	字　　段
2	Protocol ID(协议 ID)
1	Version(版本)
1	Message Type(消息类型)
1	Flags(标记)
8	Root ID(根网桥 ID)
4	Cost of Path(路径开销)
8	Bridge ID(网桥 ID)
2	Port ID(端口 ID)
2	Message Age(消息生存时间)
2	Maximum Age(最大保存时间)
2	Hello Time(Hello 消息发送频次)
2	Forward Delay(转发延迟)

非根网桥的根端口负责 CBPDU 接收和 TCN BPDU 发送,而根网桥和各网段中的指定交换机的指定端口负责接收 TCN BPDU 和 CBPDU 发送。

总结以上可以知道:配置 BPDU(CBPDU)用于 STP 计算,由根网桥产生,非根网桥转发,每隔 2s 发送一次,它是通过指定端口发送的。TCN BPDU(拓扑变更通告 BPDU)是当网络拓扑发生变化时才产生,通过根端口发送。

4.3.2　STP 计时器

STP 计时器主要有 3 个:Hello 时间、老化时间和转发延迟。

Hello 时间(Hello time):当 STP 拓扑稳定后,根网桥定时向网络中发送 BPDU,然后由网络中的其他交换机转发并扩散到各交换机,根网桥发送 BPDU 报文的时间间隔就是 Hello time,默认为 2s。这个时间也可以通过配置修改,但是通常不建议修改。

老化时间(Maximum Age):也称为最大生存时间,根网桥发送的 BPDU 除了通知网络中的 STP 参数外,另一个重要的功能是维护网络拓扑的稳定。如果交换机发现某个端口一段时间内都没有收到 BPDU 报文,会认为网络中的拓扑发生变化,将向根交换机发送 TCN BPDU 报文,这段时间就是老化时间,默认为 20s。

转发延迟(Forward Delay):这个时间是端口停留在监听状态和学习状态的时间,默认为 15s。

4.3.3　STP 端口状态

交换机中参与生成树算法的端口都会经过一系列的状态变换最后达到稳定的状态,即端口被阻塞或转发数据。运行 STP 的交换机的二层端口,其端口的工作状态有以下 5 种状态。

(1) 阻塞状态(Blocking):在生成树的计算中,为了将某一些链路从逻辑上断开,交换机需要将某些端口设置为阻塞状态,那么这些端口所在的链路就被阻塞了。阻塞状态下的端口不能转发数据帧,也不能学习数据帧中的 MAC 地址,但是能监听从上游交换机上发送过来的 BPDU 报文。注意:处于阻塞状态的端口是逻辑上的断开,并非物理状态的 down。

（2）监听状态（Listening）：当网络拓扑发生变更时，交换机的部分端口会进入监听状态。在监听状态下进行生成树的运算，监听端口有可能被选举为根端口、指定端口或阻塞端口。在监听状态，端口接收并发送 BPDU 报文，但不学习数据帧的 MAC 地址。监听状态是一个过渡状态，端口会在一段时间后进入其他状态，这个时间长度是 Forward Delay 指定的，默认是 15s。

（3）学习状态（Learning）：交换机端口在监听状态时，如果被选举为根端口或指定端口，那么此端口应该会进入学习状态。在学习状态下的端口会学习数据帧中的 MAC 地址，接收和发送 BPDU 报文，但是不转发数据帧。交换机在学习状态下等待的时间由根交换机配置 BPDU 报文中的 Forward Delay 决定，默认是 15s。

（4）转发状态（Forwarding）：从学习状态等待了 Forward Delay 的时间后，端口将进入转发状态。在转发状态下，为了构造 MAC 地址表，端口会学习数据帧的源 MAC 地址。

（5）禁用状态（Disable）：禁用状态的端口不参与 STP 的运算，不发送和接收 BPDU 报文，也不发送和接收任何数据帧。

当 STP 网络中拓扑发生变化时，交换机端口从阻塞状态变化到转发状态，需要等待的时间是 30～50s，最短为两倍的 Forward Delay 时间，最长为老化时间（Maximum Age）加上两倍的 Forward Delay。

4.3.4　RSTP 端口状态和端口角色

1. 端口状态

在 RSTP 中，端口状态只有 3 种：丢弃状态（Discarding）、学习状态（Learning）和转发状态（Forwarding）。在 RSTP 中将禁用状态、阻塞状态和监听状态都合并到丢弃状态。

2. 端口角色

在 STP 中，端口角色有根端口、指定端口、阻塞端口和禁用端口 4 种。在 RSTP 中除了以上 4 种还增加了替代端口和备份端口。

（1）根端口（Root Port）：和 STP 中一样，根端口处于非根交换机上，是本地交换机距离根交换机最近的端口（根交换机上没有根端口）。

（2）指定端口（Designated Port）：也和 STP 中的一样，指定端口是用于向以太网段转发数据的端口。

（3）替代端口（Alternate Port）：替代端口是根端口的备份端口。替代端口可以接收 BPDU 报文，但不转发数据。替代端口出现在非指定交换机上，当根端口发生故障后，替代端口将成为根端口。

（4）备份端口（Backup Port）：RSTP 中的备份端口是作为指定端口的备份端口，可以接受 BPDU 报文，但是不转发数据。备份端口出现在指定交换机上，作为到达以太网段的冗余链路。备份端口只出现在交换机拥有两条或两条以上到达共享 LAN 网段的链路的情况下。当指定端口出现故障后，备份端口会成为指定端口。

4.3.5　RSTP 快速收敛原理

RSTP 和 STP 最大的区别在于收敛的速度。当网络的拓扑结构发生变化时，STP 中阻塞端口进入转发状态所需的时间是 30～50s。在 RSTP 中，这个时间可以在 1s 内。RSTP

实现企业网络中主干链路的冗余备份

通过改进 BPDU 报文格式、引进替代端口和备份端口和优化拓扑变更机制等方式来提高网络的收敛速度。

在 STP 中,当某个端口被选举为指定端口后,它从阻塞状态进入转发状态需要等待两倍的转发延迟时间,而在 RSTP 中,端口能够主动确认是否已经安全过渡到转发状态,不需要依赖定时器的时间。

4.4 项目实训

公司两台核心交换机(SW4 和 SW5)之间使用双链路,采用端口聚合功能,目的是保证核心交换机之间链路的可靠性并提高链路的带宽,公司其他交换机(SW1、SW2、SW3)和核心交换机 SW4 相互连接,为了提高网络的可靠性,采用生成树,完成设置后进行相关的网络测试。拓扑图如图 4-21 和图 4-22 所示。

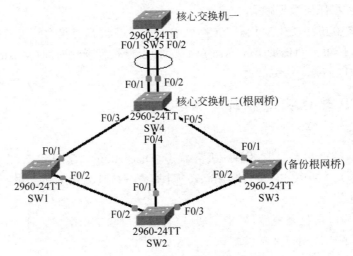

图 4-21　思科 PT 模拟器拓扑图

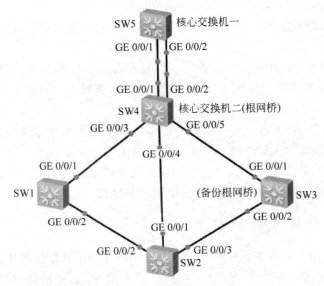

图 4-22　华为 eNSP 模拟器拓扑图

基本要求：

（1）正确选择设备并使用线缆连接。

（2）在 SW1、SW2、SW3 和 SW4 上分别启用生成树协议，并找出根交换机。

（3）了解 SW1、SW2、SW3 和 SW4 上参与 STP 运算的各个端口的状态和角色，找出被阻断的链路。

（4）设置 SW4 为根网桥，SW3 为备份根网桥，再次查看 SW1、SW2、SW3 和 SW4 上参与 STP 运算的各个端口的状态和角色。找出被阻断的链路。

（5）断开某条正常的链路，然后再观察被阻断的链路状态。

（6）设置 SW4 和 SW5 之间的链路端口聚合。

（7）在交换机 SW4 和 SW5 上检查链路端口聚合状态。

拓展要求：

尝试完成以下内容：

在交换机 SW1、SW2 和 SW4 上分别创建 VLAN 10 和 VLAN 20，在 SW2、SW3 和 SW4 上分别创建 VLAN 30 和 VLAN 40，然后在 SW1、SW2、SW3 和 SW4 上分别启用多生成树协议（MSTP），并在相应的交换机上创建对应的实例，然后查看各个 VLAN 的生成树结构。

项目 4 考核表如表 4-5 所示。

表 4-5　项目 4 考核表

序　　号	项目考核知识点	参 考 分 值	评　　价
1	设备连接	2	
2	端口聚合配置	4	
3	生成树配置	4	
4	交换机生成树状态检查和端口聚合状态检查	2	
5	拓展要求	3	
合　　计		15	

4.5　习　　题

1. 选择题

（1）下面哪句话是正确的？（　　）

  A. 生成树协议可以将有环路的物理拓扑变成无环路的逻辑拓扑

  B. 生成树协议是在 IEEE 802.1b 协议中定义的

  C. 生成树协议中网桥的优先级数值越大，就越有可能成为根网桥

  D. 生成树协议中网桥的 MAC 地址越大，就越有可能成为根网桥

（2）生成树协议是如何推举根网桥的？（　　）

  A. 生成树协议推举网桥优先级数值最大的为根网桥

  B. 生成树协议推举网桥 MAC 地址最小的为根网桥

  C. 当网桥优先级相同时，生成树协议推举 MAC 地址最小的为根网桥

D. 当网桥优先级相同时,生成树协议推举 MAC 地址最大的为根网桥

(3) 哪个端口拥有从非根网桥到根网桥的最低路径开销?(　　)

    A. 根端口　　　　　　　　　　　　B. 指定端口

    C. 阻塞端口　　　　　　　　　　　　D. 非根非指定端口

(4) 下面对根端口和指定端口描述错误的是(　　)。

    A. 根端口是用来向根网桥发送数据的端口

    B. 根端口在非根网桥上,而不是在根网桥上

    C. 指定端口只在根网桥上,而不在非根网桥上

    D. 指定端口是在每个 LAN 中距离根网桥最近的端口

(5) STP 中选择根端口时,如果根路径开销相同,则比较以下哪一项?(　　)

    A. 发送网桥的转发延迟　　　　　　B. 发送网桥的型号

    C. 发送网桥的 ID　　　　　　　　　D. 发送端口

(6) 下面关于聚合端口描述错误的是(　　)。

    A. 聚合端口是由多个物理端口组成的一个逻辑端口

    B. 聚合端口的带宽是参与聚合的物理端口带宽的总和

    C. 聚合端口中的成员端口必须属于同一个 VLAN

    D. 所有聚合端口中的成员端口数量最多只能是 4 个

(7) 下面哪个不是 RSTP 中的端口状态?(　　)

    A. 学习状态　　　　B. 阻塞状态　　　　C. 丢弃状态　　　　D. 转发状态

(8) RSTP 中的哪个状态等同于 STP 中的监听状态?(　　)

    A. 学习状态　　　　B. 监听状态　　　　C. 丢弃状态　　　　D. 转发状态

(9) 在 RSTP 中,下面哪种端口是根端口的备份端口?(　　)

    A. 根端口　　　　　B. 指定端口　　　　C. 备份端口　　　　D. 替代端口

(10) 对于一个处于监听状态的端口,以下哪项是正确的?(　　)

    A. 可以接收和发送 BPDU,但不能学习 MAC 地址

    B. 既可以接收和发送 BPDU,也可以学习 MAC 地址

    C. 可以学习 MAC 地址,但不能转发数据帧

    D. 不能学习 MAC 地址,但可以转发数据帧

2. 简答题

(1) 简述生成树协议的主要功能。

(2) 在交换网络中,能实现链路备份的技术有哪些?

(3) 简述 STP 的工作过程。

(4) 非根网桥如何确定根端口?

(5) STP、RSTP 和 MSTP 之间的区别是什么?

(6) 配置端口聚合需要注意哪些事项?

项目 5 | 实现企业各部门 VLAN 之间的互联

项目描述

由于公司网络中经常有计算机因感染病毒而在网络中发送大量广播包,造成网络堵塞,影响整个网络的使用,于是采用给每个部分划分不同的 VLAN,以减少广播风暴的影响。使用 VLAN 技术虽然减少了广播风暴对网络的影响,但也阻止了各个部门之间的正常相互访问。为了实现各部分不同 VLAN 之间的相互访问,公司购进了三层交换机和路由器,现需要网络管理员对三层交换机或路由器进行相关设置。

提示:解决不同 VLAN 之间的相互访问可以使用三层交换机和路由器来实现。

项目目标

- 理解 VLAN 间路由;
- 理解三层接口;
- 了解利用三层交换机实现 VLAN 间路由的过程;
- 了解单臂路由的数据流程;
- 掌握三层交换机实现 VLAN 间路由的基本设置;
- 掌握单臂路由的基本设置。

5.1 预 备 知 识

5.1.1 VLAN 间路由

1. VLAN 之间为什么不通过路由就不能通信?

在 VLAN 内的通信,必须在数据帧头中指定通信目标的 MAC 地址。而为了获取 MAC 地址,TCP/IP 下使用的是 ARP。ARP 解析 MAC 地址的方法是通过广播,即如果广播报文无法到达,那么就无从解析 MAC 地址,即无法直接通信。而 VLAN 本身就是用来隔离广播的,所以 VLAN 之间不通过路由是无法直接通信的。

2. 何为路由?

路由是指路由器从一个接口上收到数据包,根据数据包的目的地址进行定向并转发到另一个接口的过程。路由是指导 IP 报文发送的路径信息。路由一般由路由器或带有路由功能的三层交换机来完成。路由和交换的区别在于交换主要在 OSI 参考模型的第二层(数据链路层)利用数据帧中的 MAC 地址完成,而路由则是 OSI 参考模型的第三层(网络层)利用数据包中的 IP 地址完成。

5.1.2　理解三层接口

三层接口最大的特性就是可以配置像 IP 地址这样的三层属性,配置了 IP 地址以后,接口就可以通过 IP 地址由用户直接访问了。三层接口主要用于提供路由和管理连接(如 telnet 远程登录管理)。

三层接口又分为物理三层接口和逻辑三层接口两大类:逻辑三层接口就是三层 VLAN 接口(通常所说的 VLAN 接口、SVI 交换虚拟接口),这类接口具有路由和桥接功能;物理三层接口就只有路由功能,如一般路由器上的接口。

VLAN 技术是为了隔离广播报文,提高网络带宽的有效利用率而设计的。VLAN 在隔离广播的同时,也将正常的 VLAN 之间的通信隔离了。要实现不同 VLAN 之间的相互通信有两种方法:一是通过路由器进行转发实现;二是通过三层交换机转发实现。

5.1.3　用路由器实现 VLAN 间路由

1. 路由器与交换机之间的连接

在使用路由器构建 VLAN 之间路由时,首先要弄清楚路由器和交换机之间该如何连接。路由器和交换机的接线方式大致有以下两种。

- 将路由器与交换机上的每个 VLAN 分别连接。
- 路由器与交换机只用一条网线连接(跟 VLAN 的多少无关)。

在这两种方法中,最容易想到的就是把路由器和交换机上的每个 VLAN 分别用网线连接起来,如图 5-1 所示。

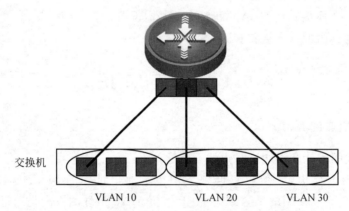

交换机

VLAN 10　　　　VLAN 20　　　　VLAN 30

图 5-1　路由器与交换机上的每个 VLAN 分别连接

这种方式中如果交换机上有 3 个 VLAN,那么在交换机上就要预留 3 个口用于每个 VLAN 与路由器的连接。同样在路由器上也需要有 3 个口,交换机与路由器用 3 条线连接。不难想象,当交换机上每多一个 VLAN,就要多预留一个端口,同样路由器上也要多一个以太网口,而且要多布一条线,这都会增加成本,所以这种方式在 VLAN 较多的情况下就变得不可行了。

第二种方式是只用一条网线连接路由器和交换机,要在一条链路上通过多个 VLAN 的数据时,要使用 Trunk 链路。所以要将交换机上与路由器连接的对应端口设置成 Trunk 端口,并允许所有的 VLAN 都通过。而路由器上的虽然对应的也只有一个物理接口,但可以在这个物理接口上设置多个逻辑接口(即子接口),每个逻辑接口对应一个 VLAN,如图 5-2 所示。

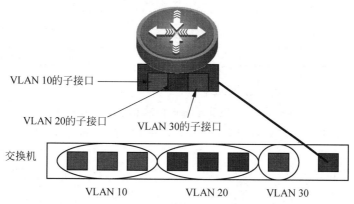

图 5-2　路由器与交换机只用一根网线连接

这种方式中如果增加 VLAN 时,只要路由器上增加一个逻辑接口,而不再需要在交换机和路由器上增加物理接口,也不需要增加布线了。

2. 单臂路由的数据流程

以图 5-3 为例来讲解单臂路由中数据的转发过程。

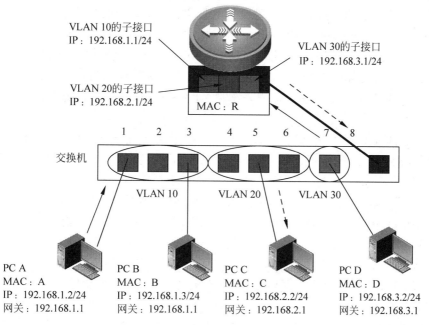

图 5-3　单臂路由的数据转发

图 5-3 中的换机通过对各端口所连计算机 MAC 地址的学习,生成如表 5-1 所示的 MAC 地址列表。

实现企业各部门 *VLAN 之间的互联*

表 5-1 交换机的 MAC 地址列表

端 口 号	MAC 地址	VLAN
1	A	10
3	B	10
5	C	20
7	D	30
8	R	1,10,20,30

1) 同一 VLAN 内的通信时数据的流程

假设 PC A 与 PC B 通信,PC A 发出 ARP 请求信息,请求解析 PC B 的 MAC 地址。交换机收到数据帧后,检索 MAC 地址列表中与收到信息端口(此处为 PC A 连接的端口 1)同属一个 VLAN 的表项。结果发现,PC B 连接在端口 3 上,于是交换机将数据帧转发给端口 3,最终 PC B 收到该帧。收发信双方同属一个 VLAN 之内的通信,一切处理均在交换机内完成。

2) 不同 VLAN 间通信时数据的流程

PC A 与 PC C 之间通信时的情况如下。

PC A 从通信目标的 IP 地址(192.168.2.2)得出 PC C 与本机不属于同一个网段。因此会向设定的默认网关(Default Gateway,DGW)转发数据帧。在发送数据帧之前,需要先用 ARP 获取路由器的 MAC 地址。得到路由器的 MAC 地址 R 后,就将要送往 PC C 去的数据帧发往路由器。此时数据帧中,目标 MAC 地址是路由器的地址 R,但内含的目标 IP 地址仍是最终要通信的对象 PC C 的地址。交换机在端口 1 上收到数据帧后,检索 MAC 地址列表中与端口 1 同属一个 VLAN 的表项。由于 Trunk 链路会被看作属于所有的 VLAN,因此此时交换机的端口 8 也属于被参照对象。这样交换机就知道往 MAC 地址 R 发送数据帧需要经过端口 8 转发。从端口 8 发送数据帧时,由于它是 Trunk 链接,因此会被附加上 VLAN 识别信息。由于原先是来自 VLAN 10 的数据帧,因此会被加上 VLAN 10 的识别信息后进入 Trunk 链路。

路由器收到数据帧后,确认其 VLAN 识别信息,由于它是属于 VLAN 10 的数据帧,因此交由负责 VLAN 10 的子接口接收。然后根据路由器内部的路由表,判断该向哪里转发。由于目标网络 192.168.2.0/24 是 VLAN 20,且该网络通过子接口与路由器直连,因此只要从负责 VLAN 20 的子接口转发即可。此时,数据帧的目标 MAC 地址被改写成 PC C 的目标地址,并且由于需要经过 Trunk 链路转发,因此被附加了属于 VLAN 20 的识别信息。

交换机收到从路由器转发过来的数据帧后,根据 VLAN 标识信息从 MAC 地址列表中检索属于 VLAN 20 的表项。由于通信目标——PC C 连接在端口 3 上,而且端口 3 为普通的访问链接,因此交换机会将数据帧除去 VLAN 识别信息后转发给端口 3,最终 PC C 才能成功地收到这个数据帧。

从上面 PC A 到 PC C 之间的通信过程来看,进行 VLAN 间通信时,即使通信双方都连接在同一台交换机上,也必须经过"发送方→交换机→路由器→交换机→接收方"这样一个流程。

5.1.4 三层交换机实现 VLAN 间路由

三层交换机具备网络层的功能,实现 VLAN 相互访问的原理是利用三层交换机的路由功能,通过识别数据包的 IP 地址,查找路由表进行选路转发。三层交换机利用直连路由可以实现不同 VLAN 之间的互相访问。

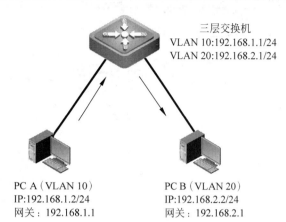

实现的方法是在三层交换机上为各个 VLAN 创建虚拟 VLAN 接口 (SVI),并给接口配置 IP 地址,作为各 VLAN 中主机的网关,如图 5-4 所示,主机的网关分别为三层交换机上相应的 VLAN 的 SVI 的 IP 地址,当 PC A 向 PC B 发送数据时,在数据帧中写入的目的 MAC 地址是主机上配置的网关对应的 MAC 地址,即三层交换机上 VLAN 10 的 MAC 地址。数据封装好后,经过二层转发到达三

图 5-4   三层交换机通过 SVI 接口实现 VLAN 间路由

层交换机,三层交换机将数据交给路由进程处理,通过查看数据包中的目的地址并查找路由表发现数据需要从 VLAN 20 的 SVI 接口发出,继而将数据交给交换进程处理,在 VLAN 20 的区域中对目的 IP 地址进行 ARP 请求,获取目的 IP 地址对应的 MAC 地址,最后查找 MAC 地址表将数据从相应端口转发出去到达目标主机。

三层交换机在转发数据包时,效率要比路由器高,因为它采用了一次路由多次交换的转发技术,即同一数据流(VLAN 通信),只需要分析首个数据包的 IP 地址信息,进行路由查找等,完成第一个数据包的转发后,三层交换机会在二层上建立快速转发映射,当同一数据流的下一个数据包到达时,直接按照快速转发映射进行转发,从而省略了绝大部分数据包三层包头信息的分析处理,提高了转发效率,其数据包转发示意图如图 5-5 所示(图中长虚线表示第一个数据包的转发,实线表示后继数据包的转发)。

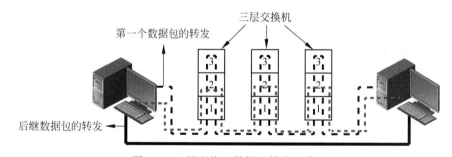

图 5-5   三层交换机数据包转发示意图

5.2 项目实施

任务一:利用三层交换机实现 VLAN 间互访

1. 任务描述

某公司网络为了减少广播包对网络的影响,网络管理员对网络进行了 VLAN 划分,完成 VLAN 划分后,为了不影响 VLAN 之间的正常访问,网络管理员采用了三层交换机来实

实现企业各部门 VLAN 之间的互联

现 VLAN 之间的路由。

2. 实验网络拓扑图

实验网络拓扑图如图 5-6 所示。

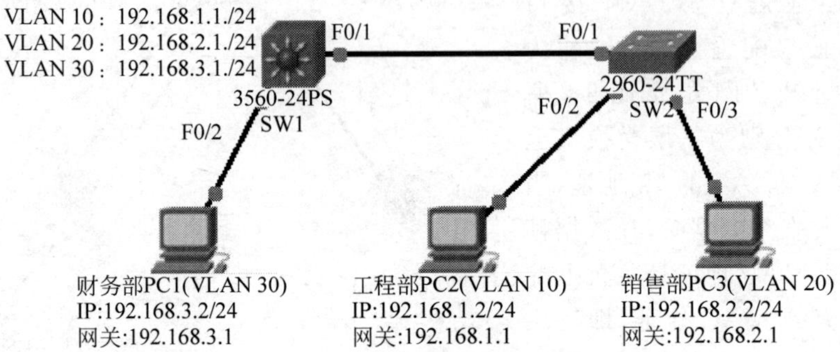

VLAN 10: 192.168.1.1./24
VLAN 20: 192.168.2.1./24
VLAN 30: 192.168.3.1./24

F0/1   F0/1

3560-24PS   2960-24TT
SW1   SW2   F0/3

F0/2   F0/2

财务部PC1(VLAN 30)   工程部PC2(VLAN 10)   销售部PC3(VLAN 20)
IP:192.168.3.2/24   IP:192.168.1.2/24   IP:192.168.2.2/24
网关:192.168.3.1   网关:192.168.1.1   网关:192.168.2.1

图 5-6   实验网络拓扑图

3. 设备配置(思科 PT 模拟器)

1)三层交换机 SW1 配置

```
SW1 > en
SW1 # conf
Configuring from terminal, memory, or network [terminal]?
Enter configuration commands, one per line. End with CNTL/Z.
SW1(config) # vlan 10
SW1(config-vlan) # vlan 20
SW1(config-vlan) # vlan 30
SW1(config-vlan) # exit
SW1(config) # interface vlan 10            //创建 VLAN 10 的虚拟接口
SW1(config-if) # ip address 192.168.1.1 255.255.255.0
                                           //配置 VLAN 10 的虚拟接口的 IP 地址
SW1(config-if) # exit
SW1(config) # interface vlan 20            //创建 VLAN 20 的虚拟接口
SW1(config-if) # ip address 192.168.2.1 255.255.255.0
                                           //配置 VLAN 20 的虚拟接口的 IP 地址
SW1(config-if) # exit
SW1(config) # interface vlan 30            //创建 VLAN 30 的虚拟接口
SW1(config-if) # ip address 192.168.3.1 255.255.255.0
                                           //配置 VLAN 30 的虚拟接口的 IP 地址
SW1(config-if) # exit
SW1(config) #
SW1(config) # interface f0/1
SW1(config-if) # switchport trunk encapsulation dot1q
SW1(config-if) # switchport mode trunk
SW1(config) # interface f0/2
SW1(config-if) # switchport access vlan 30
SW1(config-if) # exit
SW1(config) # ip routing                   //启用路由功能
```

2）二层交换机 SW2 配置

```
SW2 > en
SW2 # conf terminal
Enter configuration commands, one per line. End with CNTL/Z.
SW2(config) # vlan 10
SW2(config-vlan) # vlan 20
SW2(config-vlan) # exit
SW2(config) # interface f0/1
SW2(config-if) # switchport mode trunk
SW2(config-if) # exit
SW2(config) # interface f0/2
SW2(config-if) # switchport access vlan 10
SW2(config-if) # exit
SW2(config) # interface f0/3
SW2(config-if) # switchport access vlan 20
SW2(config-if) # exit
SW2(config) #
```

4. 注意事项

（1）VLAN 中 PC 的 IP 地址需要和三层交换机上对应的 VLAN 的 IP 地址在同一个网段，并且主机网关配置为三层交换机上对应 VLAN 的 IP 地址。

（2）交换机之间的链路需要设置成 Trunk 模式，并允许所有的 VLAN 都通过。

5. 设备配置（华为 eNSP 模拟器）

设备配置的拓扑图如图 5-7 所示。

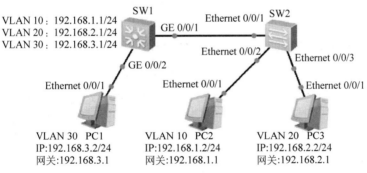

图 5-7　实验网络拓扑图（华为 eNSP 模拟器）

1）三层交换机 SW1 配置

```
< Huawei > sys
[Huawei]sysname SW1
[SW1]vlan batch 10 20 30
[SW1]interface vlan 10
[SW1-Vlanif10]ip address 192.168.1.1 24
[SW1-Vlanif10]quit
[SW1]interface vlan 20
[SW1-Vlanif20]ip address 192.168.2.1 24
[SW1-Vlanif20]quit
[SW1]interface vlan 30
[SW1-Vlanif30]ip address 192.168.3.1 24
```

实现企业各部门 *VLAN* 之间的互联

```
[SW1-Vlanif30]quit
[SW1]interface g0/0/1
[SW1-GigabitEthernet0/0/1]port link-type trunk
[SW1-GigabitEthernet0/0/1]port trunk allow-pass vlan all
[SW1-GigabitEthernet0/0/1]quit
[SW1-GigabitEthernet0/0/2]port link-type access
[SW1-GigabitEthernet0/0/2]port default vlan 30
```

2) 二层交换机 SW2 配置

```
<Huawei>sys
Enter system view, return user view with Ctrl + Z.
[Huawei]sysname SW2
[SW2]vlan batch 10 20
[SW2]interface e0/0/1
[SW2-Ethernet0/0/1]port link-type trunk
[SW2-Ethernet0/0/1]port trunk allow-pass vlan all
[SW2-Ethernet0/0/1]quit
[SW2]interface e0/0/2
[SW2-Ethernet0/0/2]port link-type access
[SW2-Ethernet0/0/2]port default vlan 10
[SW2-Ethernet0/0/2]quit
[SW2]interface e0/0/3
[SW2-Ethernet0/0/3]port link-type access
[SW2-Ethernet0/0/3]port default vlan 20
[SW2-Ethernet0/0/3]quit
[SW2]
```

任务二：利用路由器实现 VLAN 间互访

1. 任务描述

某公司网络为了减少广播包对网络的影响，网络管理员对网络进行了 VLAN 划分，完成 VLAN 划分后，为了不影响 VLAN 之间的正常访问，网络管理员采用了路由器来实现 VLAN 之间的路由。

2. 实验网络拓扑图

实验网络拓扑图如图 5-8 所示。

3. 设备配置(思科 PT 模拟器)

1) 二层交换机 SW2 配置

```
SW1>en
SW1#conf
Configuring from terminal, memory, or network [terminal]?
Enter configuration commands, one per line. End with CNTL/Z.
SW1(config)#vlan 10                    //创建 VLAN 10
SW1(config-vlan)#vlan 20               //创建 VLAN 20
SW1(config-vlan)#vlan 30               //创建 VLAN 30
SW1(config-vlan)#exit
SW1(config)#interface f0/1
SW1(config-if)#switchport mode trunk   //设置 F0/1 端口为 Trunk 模式
```

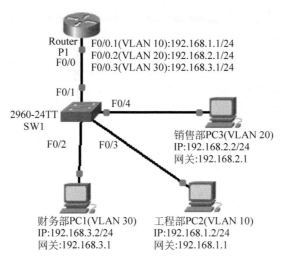

图 5-8　实验网络拓扑图

```
SW1(config-if)#exit
SW1(config)#interface f0/2
SW1(config-if)#switchport access vlan 30     //将 F0/2 端口加入 VLAN 30 中
SW1(config-if)#exit
SW1(config)#interface f0/3
SW1(config-if)#switchport access vlan 10     //将 F0/3 端口加入 VLAN 10 中
SW1(config-if)#exit
SW1(config)#interface f0/4
SW1(config-if)#switchport access vlan 20     //将 F0/4 端口加入 VLAN 20 中
SW1(config-if)#exit
SW1(config)#
```

注意：要将与路由器连接的端口设置为 Trunk 模式，并允许所有的 VLAN 通过。

2）路由器 R1 配置

```
R1>en
R1#conf ter
Enter configuration commands, one per line. End with CNTL/Z.
R1(config)#interface f0/0.1              //创建子接口 F0/0.1
R1(config-subif)#encapsulation dot1Q 10   //指定子接口 F0/0.1 对应 VLAN 10
R1(config-subif)#ip address 192.168.1.1 255.255.255.0
                                        //配置子接口 F0/0.1 的 IP 地址
R1(config-subif)#exit
R1(config)#interface f0/0.2              //创建子接口 F0/0.2
R1(config-subif)#encapsulation dot1Q 20   //指定子接口 F0/0.2 对应 VLAN 20
R1(config-subif)#ip address 192.168.2.1 255.255.255.0
                                        //配置子接口 F0/0.2 的 IP 地址
R1(config-subif)#exit
R1(config)#interface f0/0.3              //创建子接口 F0/0.3
R1(config-subif)#encapsulation dot1Q 30   //指定子接口 F0/0.3 对应 VLAN 30
R1(config-subif)#ip address 192.168.3.1 255.255.255.0
                                        //配置子接口 F0/0.3 的 IP 地址
R1(config-subif)#exit
```

实现企业各部门 *VLAN* 之间的互联

```
R1(config)♯interface f0/0
R1(config-if)♯no shutdown
R1(config-if)♯
```

注意：在对子接口配置 IP 地址之前要先封装 802.1q。

4. 思科相关命令介绍

1) 创建以太网口子接口

视图：全局配置视图。

命令：

Router(config)♯**interface** *FastEthernet s/i.n*

参数：

$s/i.n$：s/i 为槽号/物理接口序号，n 为子接口在该物理接口上的序号，注意二者之间用标号"."连接。

说明：该命令在第一次执行时，创建一个以太网子接口并进入以太网子接口配置模式，可以使用命令 no interface 来删除已创建的以太网子接口。

例如，在路由器的以太网口 F0/1 上创建序号为 1 的子接口。

```
Router(config)♯interface fastEthernet 0/1.1
```

2) 以太网口子接口封装 802.1q

视图：以太网子接口配置视图。

命令：

Router(config-subif)♯**encapsulation dot1q** *VLANID*

参数：

$VLANID$：以太网子接口所对应的 VLAN 编号。

说明：IEEE 802.1q 是一个 IEEE 标准协议，用于在已经进行 VLAN 划分的二层设备和三层设备之间互通。IEEE 802.1q 只能在以太网口的子接口上封装。路由器上的以太网子接口只有封装了 802.1q 才能识别带有 VLAN 标签的以太网帧，才能和有 VLAN 划分的二层设备通信。使用 no 选项可以恢复接口的默认封装。

例如，在路由器子接口 F0/0.20 上封装 802.1q，VLAN ID 为 20。

```
Router(config)♯ interface fastEthernet 0/0.20
Router(config-subif)♯ encapsulation dot1q 20
```

5. 设备配置(华为 eNSP 模拟器)

设备配置的拓扑图如图 5-9 所示。

1) 二层交换机 SW1 配置

```
<Huawei>system-view
Enter system view, return user view with Ctrl+Z.
[Huawei]sysname SW1
[SW1]vlan batch 10 20 30
[SW1]interface e0/0/1
[SW1-Ethernet0/0/1]port link-type trunk
```

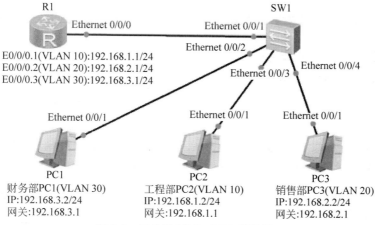

R1   SW1

Ethernet 0/0/0   Ethernet 0/0/1

Ethernet 0/0/2

E0/0/0.1(VLAN 10):192.168.1.1/24
E0/0/0.2(VLAN 20):192.168.2.1/24   Ethernet 0/0/4
E0/0/0.3(VLAN 30):192.168.3.1/24   Ethernet 0/0/3

Ethernet 0/0/1   Ethernet 0/0/1   Ethernet 0/0/1

PC1   PC2   PC3
财务部PC1(VLAN 30)   工程部PC2(VLAN 10)   销售部PC3(VLAN 20)
IP:192.168.3.2/24   IP:192.168.1.2/24   IP:192.168.2.2/24
网关:192.168.3.1   网关:192.168.1.1   网关:192.168.2.1

图 5-9　拓扑图(华为 eNSP 模拟器)

```
[SW1-Ethernet0/0/1]port trunk allow-pass vlan all
[SW1-Ethernet0/0/1]quit
[SW1]interface e0/0/2
[SW1-Ethernet0/0/2]port link-type access
[SW1-Ethernet0/0/2]port default vlan 30
[SW1-Ethernet0/0/2]quit
[SW1]interface e0/0/3
[SW1-Ethernet0/0/3]port link-type access
[SW1-Ethernet0/0/3]port default vlan 10
[SW1-Ethernet0/0/3]quit
[SW1]interface e0/0/4
[SW1-Ethernet0/0/4]port link-type access
[SW1-Ethernet0/0/4]port default vlan 20
[SW1-Ethernet0/0/4]quit
[SW1]
```

2)路由器 R1 配置

```
< Huawei > system-view
Enter system view, return user view with Ctrl + Z.
[Huawei]sysname R1
---------- //路由器的以太网口工作在二层交换模式时需要执行下面的命令 -----
[R1]interface e0/0/0
[R1-Ethernet0/0/0]undo portswitch          //关闭端口的交换模式,启用路由模式
[R1-Ethernet0/0/0]quit
----------------------------------------------------------------
[R1]interface e0/0/0.1                      //创建 e0/0/0.1 子接口
[R1-Ethernet0/0/0.1]dot1q termination vid 10   //配置子接口的 dot1q 识别 VLAN10
[R1-Ethernet0/0/0.1]ip address 192.168.1.1 24  //配置子接口的 IP 地址
[R1-Ethernet0/0/0.1]arp broadcast enable       //子接口启用 ARP 广播
[R1-Ethernet0/0/0.1]quit
[R1]interface e0/0/0.2
[R1-Ethernet0/0/0.2]dot1q termination vid 20
[R1-Ethernet0/0/0.2]ip address 192.168.2.1 24
[R1-Ethernet0/0/0.2]arp broadcast enable
[R1-Ethernet0/0/0.2]quit
[R1]interface e0/0/0.3
[R1-Ethernet0/0/0.3]dot1q termination vid 30
[R1-Ethernet0/0/0.3]ip address 192.168.3.1 24
```

实现企业各部门 VLAN 之间的互联

```
[R1-Ethernet0/0/0.3]arp broadcast enable
[R1-Ethernet0/0/0.3]quit
```

6. 华为设备的相关命令说明

1）修改路由器上以太网口工作模式

视图：接口视图。

命令：

```
[Huawei-Ethernet0/0/0]undo portswitch          //关闭交换模式,即启用路由模式
[Huawei-Ethernet0/0/0]portswitch               //启用交换模式,即关闭路由模式
```

说明：华为某些路由器上的以太网口默认工作在二层交换模式,此时可以通过该命令切换接口的工作模式(交换模式和路由模式)。

2）创建子接口

视图：系统视图。

命令：

```
[Huawei]interface interfacenumber.number
```

参数：

interfacenumber：物理接口编号。

number：子接口编号。

在路由器的以太网口上创建子接口的命令也是用 interface,物理接口编号与子接口编号之间同样使用"."来连接。

例如,在以太网接口 GigabitEthernet0/0/0 上创建子接口 10。

```
[Huawei]interface g0/0/0.10
```

3）子接口封装 dot1q 识别 VLAN

视图：接口视图。

命令：

```
[Huawei-GigabitEthernet0/0/0.1]dot1q termination vid n
```

参数：

n 为关联识别的 vlan 编号。子接口封装 dot1q 的目的是识别带 VLAN 的数据帧,其实和 Access 端口的功能相同。dot1q 就是 802.1q,是 VLAN 的一种封装方式。

例如,GigabitEthernet0/0/0.10 子接口封装 dot1q,识别 VLAN 20。

```
[Huawei-GigabitEthernet0/0/0.10]dot1q termination vid 20
```

4）接口启用 ARP 广播

视图：接口视图。

命令：

```
[Huawei-GigabitEthernet0/0/0.1]arp broadcast enable
```

说明：华为的交换机上在配置单臂路由时,子接口上需要启用 ARP 广播。

5.3 拓展知识

5.3.1 接口类型

交换机上的接口类型主要可以分为两大类：二层接口和三层接口。

1. 二层接口

二层接口主要有单个的物理接口（Switch Port，交换机所有的业务口默认情况下都属于二层接口）和二层的聚合端口（L2 Aggregate Port）。

2. 三层接口

三层接口主要有交换虚拟接口（Switch Virtual Interface，SVI）、Routed Port 和三层聚合端口（L3 Aggregate Port）。

SVI 是交换虚拟接口，用来实现三层交换的逻辑接口。SVI 可以作为本机的管理接口，通过该管理接口，管理员可管理设备。用户也可以创建 SVI 为一个网关接口，就相当于对应各个 VLAN 的虚拟的子接口，可用于三层设备中跨 VLAN 之间的路由。创建一个 SVI 很简单，可以通过 interface vlan 接口配置命令来创建，然后给 SVI 分配 IP 地址来建立 VLAN 之间的路由。

一个 Routed Port 是一个物理端口，就如同三层设备上的一个端口，能用一个三层路由协议配置。在三层设备上，可以将单个物理端口设置为 Routed Port，作为三层交换的网关接口。一个 Routed Port 与一个特定的 VLAN 没有关系，而是作为一个访问端口。Routed Port 不具备二层交换的功能。用户可以通过 no switchport 命令将一个二层接口 Switch port 转变为 Routed Port，然后通过给 Routed Port 分配 IP 地址来建立路由。应注意的是，当使用 no switchport 接口配置命令时，该端口关闭并重启，将删除该端口的所有二层特性。

L3 Aggregate Port 同 L2 Aggregate Port 一样，也是由多个物理成员端口汇聚构成的一个逻辑上的聚合端口组。汇聚的端口必须为同类型的三层接口。对于三层交换来说，AP 作为三层交换的网关接口，它相当于将同一聚合组内的多条物理链路视为一条逻辑链路，是链路带宽扩展的一个重要途径。此外，通过 L3 Aggregate Port 发送的帧同样能在 L3 Aggregate Port 的成员端口上进行流量平衡，当 AP 中的一条成员链路失效后，L3 Aggregate Port 会自动将这条链路上的流量转移到其他有效的成员链路上，提高了连接的可靠性。L3 Aggregate Port 不具备二层交换的功能。用户可以通过 no switchport 将一个无成员二层接口 L2 Aggregate Port 转变为 L3 Aggregate Port，接着将多个 Routed Port 加入此 L3 Aggregate Port，然后通过给 L3 Aggregate Port 分配 IP 地址来建立路由。

5.3.2 子接口

子接口是从单个物理接口上衍生出来并依附于该物理接口的一个逻辑接口。允许在单个物理接口上配置多个子接口，为应用提供了高度灵活性。子接口是在一个物理接口上衍生出来的多个逻辑接口，即将多个逻辑接口与一个物理接口建立关联关系，同属于一个物理接口的若干逻辑接口在工作时共用物理接口的物理配置参数，但又有各自的链路层与网络层配置参数。

5.4　项目实训

企业的销售部和人事部在一楼,通过一楼交换机 SW1 接入,财务部和工程部在二楼,通过二楼交换机 SW2 接入。为了防止广播风暴对整个网络的影响,网络管理员给各个部门划分了不同的 VLAN。现在要通过三楼的核心交换机 SW3 实现各部门之间的正常通信,如图 5-10 和图 5-11 所示,并在完成设置后进行相关的网络测试。

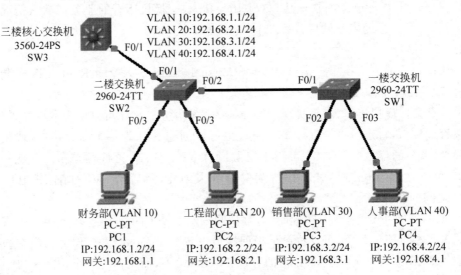

图 5-10　思科 PT 模拟器拓扑图

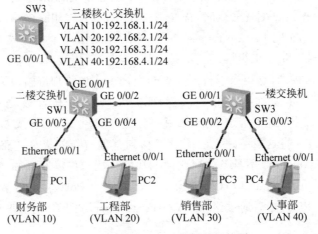

图 5-11　华为 eNSP 模拟器拓扑图

基本要求:

(1) 正确选择设备并使用线缆连接。

(2) 正确给各个 PC 配置相关 IP 地址及子网掩码等参数。

(3) 在一楼交换机 SW1 和二楼交换机 SW2 上正确划分 VLAN,并分配相关端口。

(4) 正确配置三楼核心交换机,使得各部门之间能相互访问。

（5）在各个部门的 PC 之间用 ping 命令测试链路,并记录测试结果。

拓展要求:

将上面网络拓扑图中的三层交换机换成路由器,并对路由器进行相关设置后使得各个部门之间能相互访问。

项目 5 考核表如表 5-2 所示。

表 5-2 项目 5 考核表

序　　号	项目考核知识点	参 考 分 值	评　　价
1	设备连接	2	
2	PC 的 IP 地址配置	4	
3	三层交换机 SW3 的配置	4	
4	二层交换机 SW1 和 SW2 的配置	6	
5	拓展要求	2	
	合　　计	18	

5.5 习　　题

1. 选择题

（1）下面对路由描述错误的是（　　　）。

    A. 路由就是指导 IP 数据包发送的路径信息

    B. 路由一般由路由器或带有路由功能的三层交换机来完成

    C. 路由和交换一样都可以通过数据帧中的目的 MAC 地址完成

    D. 路由是指路由器从一个接口上收到数据包,根据数据包的目的地址进行定向并转发到另一个接口的过程

（2）单臂路由中创建的子接口在配置 IP 地址之前应该先封装下面哪个协议?（　　　）

    A. 802.1d   B. 802.1c   C. 802.1b   D. 802.1q

（3）在思科三层交换机上将一个二层接口转换为三层接口的命令是下面哪一条?（　　　）

    A. Router(config-if)# no switchport

    B. Router(config)# no switchport

    C. Router(config-if)# switchport mode SVI

    D. Router(config-if)# no switchport F0/1

（4）下面关于子接口描述正确的是（　　　）。

    A. 每个物理接口上只能配置一个子接口

    B. 子接口是从单个物理接口上衍生出来并依附于该物理接口的一个逻辑接口

    C. 每个子接口都有自己独立的物理参数

    D. 同一物理接口上的多个子接口共用链路层和网络层的配置参数

（5）下面关于 SVI 接口描述错误的是（　　　）。

    A. SVI 接口是虚拟的逻辑接口

    B. SVI 接口可以作为设备的管理接口

实现企业各部门 VLAN 之间的互联

  C. SVI 接口可以配置 IP 地址作为 VLAN 的网关

  D. 只有三层交换机具有 SVI 接口

(6) 在单臂路由中交换机上与路由器相连的接口应该设置为什么类型？(　　　)

  A. Access   B. Trunk   C. Hybrid   D. SVI

(7) 思科路由器上的子接口封装 802.1q 并关联 VLAN 5,下面哪条命令是正确的？(　　　)

  A. Router(config-subif)# encapsulation 802.1q 5

  B. Router(config-subif)# encapsulation 802.1q vlan 5

  C. Router(config-subif)# encapsulation dot1q 5

  D. Router(config-subif)# encapsulation dot1q vlan 5

2. 简答题

(1) 如何实现不同 VLAN 之间的通信？

(2) 为什么 VLAN 之间不能直接通信？

(3) 简述配置单臂路由的基本步骤。

项目 6 | 对企业路由器进行远程管理

项目描述

公司新招聘了一名网络管理人员,要求熟悉公司网络中所使用的路由器,并为了方便管理和维护,对路由器配置远程 telnet 登录管理。

项目目标

- 了解路由器的基本工作原理;
- 了解路由器的基本配置方式;
- 熟悉路由器的常用参数的配置方法;
- 掌握路由器的 Console 口配置方式;
- 熟悉路由器的常用配置视图;
- 掌握路由器的远程 telnet 登录配置方法。

6.1 预备知识

6.1.1 路由器

路由器是网络互连的主要设备,路由器是工作在网络层的网络设备,其主要功能是检查数据包中与网络层相关的信息,然后根据某些规则转发数据包。路由器常用于连接不同的网段(网络 ID 不同)和网络(运行协议不同),从而实现不同网络之间的互连。它会根据信道的情况自动选择和设定路由,并进行数据转发。

路由是指通过相互连接的网络将信息从源地点移动到目标地点的活动。路由也是指导报文发送的路径信息。就像实际上生活中交叉路口的路标一样,路由信息在网络路径的交叉点(路由器)上标明去往目标网络的正确途径,网络层协议可以根据报文的目的地查找到对应的路由信息,将报文按正确的途径发送出去。路由信息在路由器中以路由表的形式存在。

路由表中的主要信息有目的网络号及子网掩码长度、下一跳的地址和发送端口。

6.1.2 路由器的工作流程

路由器的某一个接口接收到一个数据包时,会查看包中的目标网络地址以判断该包的目的地址在当前的路由表中是否存在(即路由器是否知道到达目标网络的路径)。如果发现包的目标地址与本路由器的某个接口所连接的网络地址相同,那么数据马上转发到相应接口;如果发现包的目标地址不是自己的直连网段,路由器会查看自己的路由表,查找包的目的网络所对应的接口,并从相应的接口转发出去;如果路由表中记录的网络地址与包的目标地址不匹配,则根据路由器配置转发到默认接口,在没有配置默认接口的情况下会给用户返回目标地址不可达的 ICMP 信息。

下面以一个简单的例子来说明路由器的工作流程。假设 PC1 和 PC2 是处在两个不同网络中,中间经过两个路由器连接,如图 6-1 所示。现在 PC1 要发送一个数据包到 PC2,当 PC1 上的 IP 层接收到要发送的一个数据包到 10.2.2.1 的请求后,就用该数据构造 IP 报文,并计算 10.2.2.1 是否跟自己的以太网接口 10.1.1.1/24 处于同一个网段。计算后发现不是,它就将这个报文发送给它的默认网关 10.1.1.2 去处理,由于 10.1.1.2 和 10.1.1.1/24 在同一个网段,于是将构造好的 IP 报文封装为目的 MAC 地址为 Router1 的以太网口 F0/1 的以太网帧,向 10.1.1.2 转发。当然,如果 PC1 的 ARP 表中没有 10.1.1.2 相对应的 MAC 地址,会先发送 ARP 请求来获得该 MAC 地址。

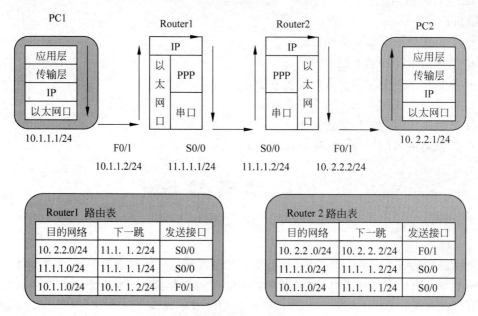

图 6-1 路由器的工作流程

Router1 从以太网口 F0/1 接收到 PC1 发给它的数据后,去数据链路层的封装后将报文交给 IP 层。在 IP 层,Router1 将对数据包进行校验和检查,如果校验和检查失败,这个 IP 包将会被丢弃,同时会向源 10.1.1.1 发送一个参数错误的 ICMP 报文。否则,Router1 检查这个包的目的 IP 地址是否为自己某个接口的 IP 地址,如果是,则路由器会将这个包去掉 IP 封装后交给协议字段指示的协议模块去处理。如果不是,则会进入转发流程。由于 10.2.2.1 不是 Router1 的某个接口的 IP 地址,所以继续进入转发流程,即在 IP 模块检查目的 IP 地址,并根据目的 IP 地址查找自己的路由表(目的地址属于路由表中目的网络地址和掩码表示的网络,这称为匹配)。根据路由匹配规则,路由器决定将报文转发给下一跳 11.1.1.2,发送端口为 S0/0。如果路由表中找不到匹配的,路由器将丢弃该数据包,并向源 10.1.1.1 发送 ICMP 目的不可达报文。Router1 将这个报文进行链路层封装并将其从 S0/0 端口发送出去。然后 Router2 接收到报文后基本重复 Router1 同样的过程,最终将报文传送给 PC2。

6.1.3 路由器结构

路由器的种类很多,但它们的核心部件都是一样的。路由器由硬件和软件两部分构成,硬件包括 CPU、存储器(RAM、NVRAM、Flash Memory、ROM)和各种网络接口,软件部分主要包括自引导程序、IOS 操作系统、启动配置文件和路由器管理程序等。

ROM(只读内存):用于存储自检程序和引导程序。引导程序用于启动路由器并加载 IOS 操作系统。华为的引导程序为 BootRom,锐捷和思科的引导程序是 BootStrap。

Flash Memory(闪存):用于存储 IOS 操作系统,相当于计算机的硬盘。锐捷使用的是 RG0S,华为使用的是 VRP,Cisco 使用的是 IOS。

NVRAM(非易失性随机存储器):用于存储启动配置文件。升级 IOS 不会丢失以前的配置内容。在路由器中配置文件有两种:一种是启动配置文件(startup-config),该文件保存在 NVRAM 中;另一种是运行配置文件(running-config),该文件是由启动配置文件在系统启动时加载到 RAM 中产生的。保存配置的过程,其实就是将内存中的 running-config 写入 NVRAM 中去。

RAM(随机存取存储器):在运行期间,用于暂时存放一些中间数据等内容,相当于计算机的内存。关机掉电后,RAM 中的内容将丢失。

网络接口:路由器的网络接口有管理接口和业务接口两部分,管理接口就是用于连接交换机进行配置管理的 Console 口和 AUX 接口。业务接口主要是连接不同网络的接口,主要有两种类型:连接局域网的以太网口和连接广域网的同/异步串口等。

6.1.4 路由器的基本配置方式

路由器可以通过下面 5 种方式来进行配置。
- Console 口配置方式;
- AUX 口(备份口)远程方式;
- 远程 telnet 方式;
- 哑终端方式;
- FTP 下载配置文件方式。

在这 5 种方式中,远程 telnet 方式和 FTP 下载配置文件方式都需要预先在路由器上做相应的配置才能使用,AUX 口远程方式需要连接 Modem,所以当第一次对路由器进行配置时,Console 口配置方式是唯一的方式,其他的配置方式都需要先通过 Console 口配置方式预先进行相应的配置才能使用。

路由器的 Console 口配置方式和交换机的 Console 口配置方式基本上相同,同样需要用专用的配置线缆连接,并且使用 Windows 提供的超级终端软件进行配置。超级终端连接过程中计算机串口连接的参数也是相同的,每秒位数为 9600b/s;数据位为 8 位;奇偶校验为"无";停止位为 1 位;数据流控制为"无"。

6.1.5 路由器的 CLI 配置界面

路由器的常用命令视图如下。

路由器和交换机一样,也采用 CLI(命令行接口)配置界面,而且很多基本的设置命令也都相同。路由器中不同的命令也是在不同的命令视图下才能执行。

当用户和网络设备管理界面建立一个新会话连接时,用户首先进入设备的用户视图(User EXEC),可以使用用户视图下的命令。在用户视图下只有很少的命令可以使用,而且命令的功能也会受到一些限制。同时用户视图下的操作结果是不会被保存的。若想要对设备进行具体的配置或使用所有的命令,必须进入特权视图(Privileged EXEC,也称为系统视图)。在特权视图下,用户可以使用所有的命令,并且能够由此进入全局配置视图(Global Configuration)。

在各种配置视图(如接口配置视图、路由配置视图等)下,可以使用相应的配置命令,而且会对当前运行的配置产生影响,如果用户保存了配置信息,这些命令将会被保存下来,并在系统重新启动时再次执行。要进入各种配置视图,首先必须进入全局配置视图。从全局配置视图出发,可以进入接口配置视图等各种配置子视图。

6.1.6　路由器远程 telnet 登录配置

要对路由器进行 telnet 远程登录管理,需要先通过 Console 口对路由器做相应的配置。相应的配置要求如下。

(1) 配置路由器的管理 IP 地址:要保证路由器和配置用计算机具有网络连通性,必须保证路由器具有可以管理的 IP 地址。对于路由器来讲,任何一个接口上的 IP 地址都可以用远程 telnet 登录。

(2) 配置用户远程登录密码:在默认情况下,路由器允许 5 个 VTY 用户登录,但都没有设置密码,为了网络安全,路由器要求远程登录用户必须配置登录密码,否则不能登录。当不设置登录密码时尝试登录会得到"Password required,but none set"的信息提示,同时会和主机失去连接。

(3) 配置特权密码:当不配置特权密码时,通过 telnet 远程登录是无法进入特权模式的,所以必须要配置进入特权模式的密码。

6.2　项目实施

任务一:熟悉路由器的基本操作

1. 任务描述

熟悉路由器的命令行配置界面,熟悉各种配置视图,了解路由器的配置文件操作,掌握路由器的基本配置操作。

2. 实验网络拓扑图

实验网络拓扑图如图 6-2 所示。

图 6-2　路由器的 Console 口配置连接

3. 设备配置(思科 PT 模拟器)

```
Router > enable              //进入系统视图
Router # configure terminal  //进入全局配置视图
Enter configuration commands, one per line. End with CNTL/Z.
```

```
Router(config)#hostname R1          //修改路由器的设备名为 R1
R1(config)#interface f0/0           //进入路由器的以太网接口配置视图
R1(config-if)#exit                  //退出当前接口配置视图
R1(config)#interface s3/0           //进入路由器的同步串行口配置视图
R1(config-if)#exit
R1(config)#exit
R1#show version                     //显示路由器的版本信息
R1#dir                              //查看 flash 中的文件信息
R1#write                            //保存当前的配置信息,即将当前的配置信息写入 NVRAM
R1#erase startup-config             //删除 NVRAM 中的配置文件
R1#reload                           //重启路由器
```

4. 设备配置（华为 eNSP 模拟器）

```
<Huawei>system-view                 //进入系统视图
Enter system view, return user view with Ctrl+Z.
[Huawei]sysname R1                  //修改路由器的设备名为 R1
[R1]interface e0/0/0                //进入路由器的以太网接口配置视图
[R1-Ethernet0/0/0]quit              //退出当前接口配置视图
[R1]interface s0/0/0                //进入路由器的同步串行口配置视图
[R1-Serial0/0/0]quit
[R1]display version                 //显示路由器的版本信息
[R1]quit
<R1>save                            //保存当前的配置信息
The current configuration will be written to the device.
Are you sure to continue?[Y/N]y
Info: Please input the file name ( *.cfg, *.zip ) [vrpcfg.zip]:
Jul 13 2020 08:42:59-08:00 R1 %%01CFM/4/SAVE(l)[0]:The user chose Y when decidin
g whether to save the configuration to the device.
Now saving the current configuration to the slot 17.
Save the configuration successfully.
<R1>
<R1>reset saved-configuration       //清除保存的配置信息文件
Warning: The action will delete the saved configuration in the device.
The configuration will be erased to reconfigure. Continue? [Y/N]:y
Warning: Now clearing the configuration in the device.
Jul 13 2020 08:44:45-08:00 R1 %%01CFM/4/RST_CFG(l)[1]:The user chose Y when deci
ding whether to reset the saved configuration.
Info: Succeeded in clearing the configuration in the device.
<R1>
<R1>reboot                          //重启设备
Info: The system is now comparing the configuration, please wait.
Warning: All the configuration will be saved to the configuration file for the n
ext startup:, Continue?[Y/N]:n
Info: If want to reboot with saving diagnostic information, input 'N' and then e
xecute 'reboot save diagnostic-information'.
System will reboot! Continue?[Y/N]:y
Jul 13 2020 08:45:43-08:00 R1 %%01CMD/4/REBOOT(l)[2]:The user chose Y when decid
ing whether to reboot the system. (Task=co0, Ip=**, User=**)
<R1>
```

任务二：配置路由器的 telnet 远程登录

1. 任务描述

由于路由器放置的位置较远,网络管理员为了方便维护和管理,需要对路由器进行 telnet 远程登录管理配置(简单密码验证方式)。

2. 实验网络拓扑图

实验网络拓扑图如图 6-3 所示。

Router-PT
R1 F0/0
IP:192.168.1.1/24

PC-PT
RC0
IP:192.168.1.2/24
网关:192.168.1.1

图 6-3　路由器的 telnet 远程登录

3. 设备配置(思科 PT 模拟器)

```
R1#configure terminal                    //进入全局配置视图
Enter configuration commands, one per line. End with CNTL/Z.
R1(config)#interface f0/0                 //进入路由器的以太网接口配置视图
R1(config-if)#ip address 192.168.1.1 255.255.255.0 //配置接口 IP 地址
R1(config-if)#no shutdown                 //启用接口
R1(config-if)#exit
R1(config)#line vty 0 4                   //进入 VTY 用户配置视图
R1(config-line)#password 123456           //设置 telnet 远程登录密码为 123456
R1(config-line)#exit
R1(config)#enable password 123456         //设置特权视图密码为 123456
R1(config)#
```

4. 设备配置(华为 eNSP 模拟器)

华为 eNSP 模拟器中的设备配置如图 6-4 所示。

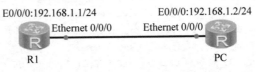

E0/0/0:192.168.1.1/24　　　　E0/0/0:192.168.1.2/24
Ethernet 0/0/0　　　Ethernet 0/0/0

R1　　　　　　　　　　PC

图 6-4　华为 eNSP 模拟器设备配置

//由于 eNSP 中的 PC 无法使用 telnet 命令,所以用路由来代替 PC 进行 telnet 测试

1) 路由器 R1 设置

```
<Huawei>system-view
Enter system view, return user view with Ctrl+Z.
[Huawei]sysname R1
[R1]interface e0/0/0
[R1-Ethernet0/0/0]ip address 192.168.1.1 24
[R1-Ethernet0/0/0]quit
[R1]user-interface vty 0 4
[R1-ui-vty0-4]authentication-mode password          //设置 VTY 用户登录验证模式
```

```
[R1-ui-vty0-4]set authentication password simple 123456    //设置登录验证密码 123456
[R1-ui-vty0-4]user privilege level 3                       //设置 VTY 登录用户的权限基本为管
理员级
[R1-ui-vty0-4]quit
[R1]
```

2）替代 PC 的路由器设置

```
< Huawei > system-view
Enter system view, return user view with Ctrl + Z.
[Huawei]sys
[Huawei]sysname PC
[PC]interface e0/0/0
[PC-Ethernet0/0/0]ip address 192.168.1.2 24
[PC-Ethernet0/0/0]quit
[PC]quit
< PC > telnet 192.168.1.1                                  //telnet 测试命令
```

6.3　拓　展　知　识

6.3.1　路由器的接口类型

路由器设备一般支持两种类型接口：物理接口和逻辑接口。物理接口意味着该接口在设备上有对应的、实际存在的硬件接口，如以太网接口、同步串行接口、异步串行接口、ISDN接口。逻辑接口意味着该接口在设备上没有对应的、实际存在的硬件接口，逻辑接口可以与物理接口关联，也可以独立于物理接口存在，如 Dialer 接口、NULL 接口、Loopback 接口、子接口等。实际上对于网络协议而言，无论是物理接口还是逻辑接口，都是一样对待的。常见的接口类型如表 6-1 所示。

表 6-1　设备常见的接口类型

接　口　类　型	接口配置名称
异步串口	Async
同步串口	Serial
快速以太网口	FastEthernet GigabitEthernet Aggregateport
E1/CE1 口	E1
ISDN S/T 口	BRI
ISDN U 口	BRI
Dialer 接口	Dialer
Loopback 接口	Loopback
NULL 接口	NULL
子接口	Serial0/0.1(示例)
异步串口组	Group-Aync

接口标识一般由两个部分组成：接口类型名称和接口号。接口号一般由槽号和端口号组成。例如，快速以太网口第 0 槽的第 0 个端口的接口标识为 FastEthernet0/0（可简写为

F0/0),同步串口第 1 槽的第 0 个端口的接口标识为 Serial1/0(可简写为 S1/0),在快速以太网口第 0 槽的第 1 个端口上编号为 10 的子接口的接口标识为 FastEthernet0/1.10(可简写为 F0/1.10)。

6.3.2 路由器或交换机系统的升级

路由器或交换机系统的升级是指在命令行界面下进行主程序或 Ctrl 程序的升级。通常使用的升级方式有两种:一种是本地串口(Xmodem 协议)升级方式,另一种是远程 FTP/TFTP 升级方式。

本地串口升级方式,由于串口传输速度有限,所以很耗时间,而且升级时要么必须到路由器的工作位置去升级,要么必须将路由器集中收回,一台一台地升级,很耗人力。FTP/TFTP 方式相对来说速度要快得多。华为设备升级时如果 Flash memory 空间不足,可以先完成 BOOTROM 的升级,然后将主机程序通过 FTP 上载到交换机来完成主机程序的升级。

1. FTP/TFTP 升级方式

升级的准备工作:
- 准备升级所需要的设备系统文件(一般可以从设备厂商的网站下载);
- 在采用 FTP 方式升级时需要配置 FTP 服务器(可以利用 IIS 中的)。

下面主要讲解使用 TFTP 方式进行升级的过程。

第一步:准备所需要的升级文件,锐捷的系统文件的文件名为 rgos.bin,该文件一般可以从设备供应商处获得。

第二步:架设 TFTP 服务器,这个可以使用的软件较多,一般使用 StartTFTP 或 Cisco TFTP Server。前者是锐捷公司的一个 TFTP Server 软件,后者是 Cisco 出品的 TFTP 服务器软件,常用于 CISCO 路由器的 IOS 升级与备份工作。这两个软件的使用都很简单,运行后只需要设置好服务器的根路径,并将升级所需要的系统文件放置在根路径下即可。StartTFTP 运行的界面如图 6-5 所示。

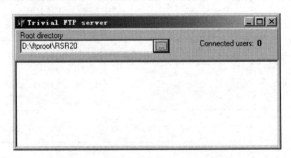

图 6-5 StartTFTP 运行的界面

Start TFTP 设置根路径的对话框如图 6-6 所示。

第三步:将升级文件从 TFTP 服务器上下载到路由器或者交换机上。具体操作如下。

启动路由器或交换机,在超级终端窗口显示至如下信息处按下 Ctrl+C 快捷键,进入 Boot Menu。

* Jun 27 10

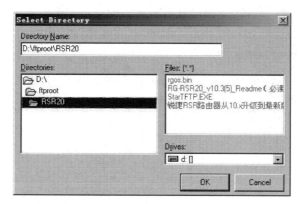

图 6-6　StartTFTP 设置根路径对话框

```
System bootstrap ...
Boot Version: RGOS 10.3(5), Release(73492)
Nor Flash ID: 0x00010049, SIZE: 2097152Bytes
MTD_DRIVER-5-MTD_NAND_FOUND: 1 NAND chips(chip size : 33554432) detected
MTD_DRIVER-5-MTD_NAND_FOUND: 1 nand chip(s) found on the target.
Press Ctrl + C to enter Boot Menu ...
```

此时 Boot Menu 显示如下。

```
====== BootLoader Menu("Ctrl + Z" to upper level) ======
************************************************
    TOP menu items.
************************************************
    0. Tftp utilities.
    1. XModem utilities.
    2. Run Main.
    3. Run an Executable file.
    4. File management utilities.
    5. SetMac utilities.
    6. Scattered utilities.
************************************************
Press a key to run the command:0
```

当使用 TFTP 方式升级时,选择输入"0",当使用 Xmodem 方式升级时,选择输入"1"。当输入"0"时,显示如下。

```
====== BootLoader Menu("Ctrl + Z" to upper level) ======
************************************************
    Tftp utilities.
************************************************
    0. Upgrade BOOT.
    1. Upgrade Main program.
    2. Download a file to filesystem.
    3. Down to memory and jump to run.
************************************************
Press a key to run the command:1
```

对企业路由器进行远程管理

当要升级 BOOT 时,输入"0",当要升级系统主程序时,输入"1",当只是从 TFTP 服务器上下载文件到路由器上时,输入"2"。这时输入"1"选择升级系统主程序后,会逐步显示如下内容(加粗部分为输入内容)。

Plz enter the Local IP:[192.168.0.3]:**192.168.0.3**
//为路由器配置一个 IP 地址,用于与 TFTP 服务器连接.IP 地址可以随意设置,但必须要跟 TFTP 服务器的 IP 地址在同一个网段中
Plz enter the Remote IP:[192.168.0.1]:**192.168.0.1**
//输入 TFTP 服务器的 IP 地址,这个 IP 地址要根据 TFTP 服务器的地址来输入
Plz enter the Filename:[test.txt]:**rgos.bin**
//输入要从服务器上下载的升级系统文件的文件名

输入要升级系统文件的文件名并按 Enter 键后,下载工具就开始和 TFTP 服务器建立连接。如果上面设置都正确且 TFTP 服务器的根目录也存在所需要的升级文件,就显示如下连接正确信息,并开始下载文件。

Now, begin download program through Tftp...
Host IP[192.168.0.1] Target IP[192.168.0.3] File name[rgos.bin] Read Mac Addr from norflash
= 00-1A-A9-39-E1-72

    % Now Begin Download File rgos.bin From 192.168.0.1 to 192.168.0.3

send download request.!!!
!!!
    % Mission Completion. FILELEN = 14295552
Tftp download OK, 14295552 bytes received!
Checking file, please wait for a few minutes ....
Check file success.

CURRENT PRODUCT INFORMATION :
    PRODUCT ID: 0x100D0020
    PRODUCT DESCRIPTION: Ruijie Router (RSR20-04) by Ruijie Network

SUCCESS: UPGRADING OK.

下载完成后,会显示文件下载任务完成及下载的文件大小,然后会自动检测文件,并给出文件相对应的设备信息,最后显示"SUCCESS:UPGRADING OK.",说明升级成功。

如果配置了错误的 IP 地址或错误的文件名,在和 TFTP 服务器连接过程中会提示相关错误信息。例如,当 TFTP 服务的根目录下不存在 rgos.bin 文件时,出错提示如下。

Now, begin download program through Tftp...

Host IP[192.168.0.1] Target IP[192.168.0.3] File name[rgos.bin] Read Mac Addr from norflash
= 00-1A-A9-39-E1-72

    % Now Begin Download File rgos.bin From 192.168.0.1 to 192.168.0.3

send download request.   **% Can not find this file!**

2. 本地串口升级

下面是华为的（S2016 交换机为例）本地串口（Xmodem 协议）的整个升级过程（锐捷的升级过程类似）。采用本地串口（Xmodem 协议）升级的操作过程如下。

第一步：查看交换机升级前的软硬件版本信息，命令如下。

```
<Quidway> disp ver
Huawei Versatile Routing Platform Software
VRP (R) Software, Version 3.10, RELEASE 0014
Copyright (c) 2000-2004 HUAWEI TECH CO., LTD.
Quidway S2016 uptime is 0 week, 0 day, 4 hours, 34 minutes

Quidway S2016 with 50M Arm7 Processor
32M bytes SDRAM
4096K bytes Flash Memory
Config Register points to FLASH

Hardware Version is REV. 0
CPLD Version is CPLD 003
Bootrom Version is 180
[Subslot 0] 18 FE        Hardware Version is REV. 0
```

第二步：重启交换机，这时终端屏幕上会显示如下信息。

```
****************************************
*                                      *
*      Quidway S2016 BOOTROM, Version 180    *
*                                      *
****************************************


Copyright(C) 2000-2004 by HUAWEI TECHNOLOGIES CO., LTD.
Creation Date    : Aug  4 2004, 15:52:26
CPU Type         : ARM
CPU Clock Speed  : 62.5MHz
Memory Size      : 24MB


Initialize LS45LTSU ......................OK!
SDRAM selftest.........................OK!
FLASH selftest.........................OK!
Switch chip selftest ....................OK!
CPLD selftest..........................OK!
Port 19 has no module
PHY selftest..........................OK!
Please check port leds............finished!


The switch Mac is: 00E0-FC2E-923C

Press Ctrl-B to enter Boot Menu... 5
Password :
```

此时，按下 Ctrl＋B 快捷键，系统将进入 BOOT 菜单。在按下 Ctrl＋B 快捷键后，系统

对企业路由器进行远程管理

会提示输入密码,要求输入 BOOTROM 密码,输入正确的密码后(交换机默认设置为没有密码),系统进入 BOOT 菜单。

```
                    BOOT MENU

    1. Download application file to flash      //下载应用程序到 flash 中
    2. Select application file to boot         //选择启动时的应用文件
    3. Display all files in flash              //显示 flash 中的所有文件
    4. Delete file from flash                  //删除 flash 中的文件
    5. Modify bootrom password                 //设置进入 boot 菜单的密码
    6. Set switch HGMP mode                    //设置 HGMP 启动模式
    0. Reboot                                  //重启交换机


Enter your choice(0-6):1
```

第三步:输入 1,选择下载应用程序到 flash 中。按 Enter 键进入下载程序菜单,显示如下。

```
Please set application file download protocol parameter:

    1. Set TFTP protocol parameter             //设置 TFTP 参数
    2. Set FTP protocol parameter              //设置 FTP 参数
    3. Set XMODEM protocol parameter           //设置 XMODEM 协议参数
    0. Return to boot menu                     //返回 boot 菜单


Enter your choice(0-3):3
```

第四步:输入 3,选择使用 Xmodem 协议下载,按 Enter 键进入 Xmodem 协议参数设置。显示如下。

```
Please select your download baudrate:
//选择下载使用的波特率
    1. 9600
    2. 19200
    3. 38400
    4. 57600
    5. * 115200
    0. Return


Enter your choice(0-5): 5
```

这时输入 5,设置 XMODEM 下载的波特率为 115 200,然后按 Enter 键确认。此时会显示下面的信息让用户确认是否下载文件到 flash 中,这时输入 y,按 Enter 键确认。

```
Are you sure to download file to flash? Yes or No(Y/N)y
Download baudrate is 115200 bps. Please change the terminal's baudrate to 115200
bps, and select XMODEM protocol.
Press enter key when ready.                    //修改终端波特率后按 Enter 键
```

这时根据上面提示改变配置终端设置的波特率,使其与所选的软件下载波特率一致(即 115 200),配置终端的波特率设置完成后,做一次终端的断开和连接操作,然后按 Enter 键即可开始程序的下载,终端显示如下信息。

```
Now please start transfer file use XMODEM protocol.
If you want to exit, Press < Ctrl + X >.
Waiting CC          //若想退出程序下载,请按 Ctrl + X 快捷键
```

注意:终端的波特率更改后,要做一次终端仿真程序的断开和连接操作,新的设置才能起作用。

第五步:从终端窗口选择"传送\发送文件",在弹出的"发送文件"对话框(如图 6-7 所示)中单击"浏览"按钮,选择需要下载的软件,并将下载使用的协议改为 Xmodem。

单击"发送"按钮,系统弹出如图 6-8 所示的对话框。

图 6-7 "发送文件"对话框

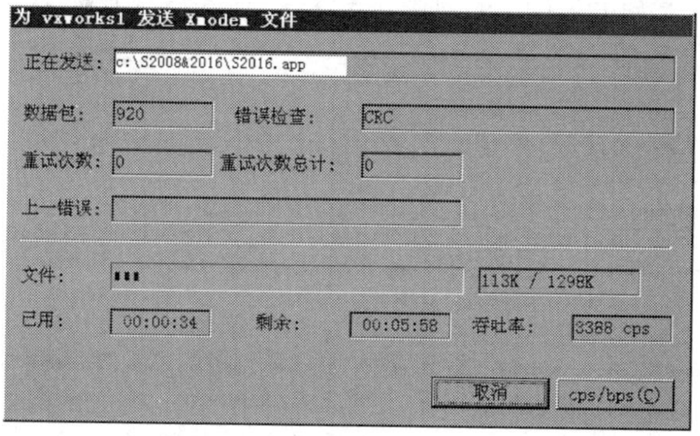

图 6-8 "为 vxworks1 发送 Xmodem 文件"对话框

程序下载完成后,系统界面显示信息如下。

```
Now please start transfer file use XMODEM protocol.
If you want to exit, Press < Ctrl + X >.
Loading.............done!                    //下载完成

Please change the terminal's baudrate back to 9600 bps.
Press enter key when ready.              //将终端波特率改回 9600b/s,然后按 Enter 键

Writing to flash...................................done!   //下载文件写入 flash
Free Flash Space : 2806784 bytes
Next time, S2016.app will become default boot file!
//下次启动,默认的启动文件是 S2016.app
```

3. 通过 FTP 方式升级

FTP 升级是常用的一种远程升级方式。通过 FTP 升级(以华为的 S2016 交换机为例)要先架设一台 FTP 服务器(可以在本机上架设),然后 telnet 远程登录到交换机上,利用 FTP 将升级文件传送到交换机上。所以通过 FTP 升级的方式需要做如下操作。

- 架设 FTP 服务器,并将相关升级文件放在服务器上。
- 配置交换机的 telnet 远程登录,并有最高权限。

远程 FTP 升级操作步骤如下。

第一步：架设 FTP 服务器(具体可以参照相关 FTP 服务器架设的内容)。

第二步：设置交换机的 telnet 远程登录。

第三步：telnet 远程登录交换机,终端显示如下。

```
***************************************************
*          All rights reserved (1997-2004)          *
*        Without the owner's prior written consent,        *
* no decompiling or reverse-engineering shall be allowed. *
***************************************************

Login authentication

Password:
```

此时输入远程登录密码,按 Enter 键确定登录。登录后在用户视图下执行 FTP 命令登录 FTP 服务器(FTP 服务器的地址是 192.168.1.100),显示如下。

```
< Quidway > ftp 192.168.1.100
Trying ...
Press CTRL + K to abort
Connected.
220-Microsoft FTP Service
220 个人 FTP 服务器
User(192.168.1.100:(none)):xuser        //输入用户名,该用户是 FTP 服务器上设置的用户
331 Password required for xuser.
Password:                               //输入用户密码
230-欢迎光临!这是一台个人 FTP 服务器
230 User xuser logged in.


[ftp]        //此时可以执行 FTP 服务相关的命令进行操作,同样可以用"?"来获取帮助


[ftp]ls                              //ls 是常用命令之一,用来查看 FTP 服务器上有哪些资源
200 PORT command successful.
150 Opening ASCII mode data connection for file list.
ftp.txt
S2000EI-V160.btm
S2000EI-VRP310-R0023P11.app
S2008_16-vrp310-r0020-180.app
wnm2.2.2-0004.zip
wnm2.2.2-0008.zip
226 Transfer complete.
FTP: 125 byte(s) received in 0.150 second(s) 833.00byte(s)/sec.

[ftp]get S2008_16-vrp310-r0020-180.app        //get 命令用来下载升级文件
200 PORT command successful.
150 Opening ASCII mode data connection for S2008_16-vrp310-r0020-180.app (442799 bytes).
226 Transfer complete.
FTP: 442799 byte(s) received in 13.483 second(s) 32.84Kbyte(s)/sec.
```

```
[ftp] bye                //下载完成后用 bye 命令与 FTP 服务器断开
<Quidway> reboot         //重启交换机
```

6.3.3　利用 IIS 架设 FTP 服务器

1. 安装 IIS

Window XP 默认安装是不安装 IIS 组件的，所以需要手工添加安装。进入控制面板，找到"添加/删除程序"，打开后选择"添加/删除 Windows 组件"，在弹出的"Windows 组件向导"对话框中，选中"Internet 信息服务(IIS)"项，如图 6-9 所示。在该选项前的"√"背景色是灰色的，这是因为 Windows XP 默认并不安装 FTP 服务组件。再单击右下角的"详细信息"按钮，在弹出的"Internet 信息服务(IIS)"对话框中选中"文件传输协议(FTP)服务"项，如图 6-10 所示，然后单击"确定"按钮即可。安装完后需要重启。

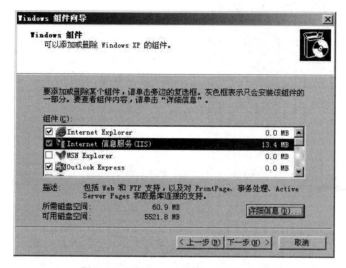

图 6-9　"Windows 组件向导"对话框

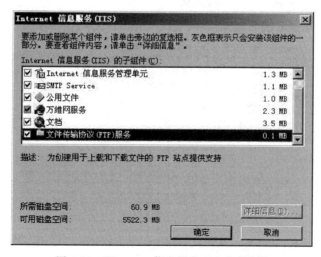

图 6-10　"Internet 信息服务(IIS)"对话框

对企业路由器进行远程管理

2. 设置

重启计算机后,FTP 服务器就开始运行了,但还要进行一些设置。单击"开始→所有程序→管理工具→Internet 信息服务",进入"Internet 信息服务"窗口后,找到"默认 FTP 站点",右击,在弹出的快捷菜单中选择"属性"选项,如图 6-11 所示。在"默认 FTP 站点属性"对话框中,可以设置 FTP 服务器的名称、IP 地址、端口、访问账户、FTP 目录位置、用户进入 FTP 时接收到的消息等,如图 6-12 所示。

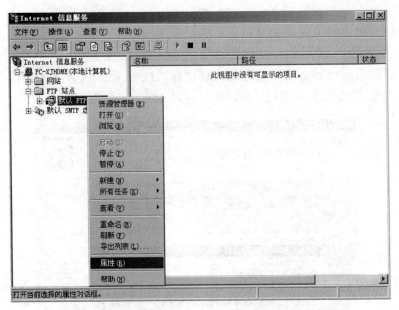

图 6-11 "Internet 信息服务"窗口

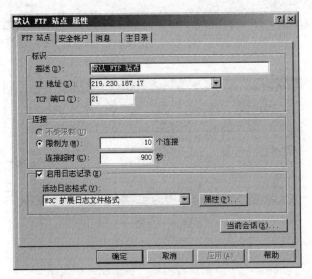

图 6-12 "默认 FTP 站点属性"对话框

经过上面的这些基本信息的简单设置,FTP 服务器就可以提供服务了。也可以使用第三方的 FTP 服务器软件来架设,如 Serv-U 软件。

升级设备的操作一般用于老旧的交换机或路由器上更新系统程序,该方法也可以用来修复一些系统程序损坏或误删除的网络设备。

6.4 项目实训

某企业在部门交换机 SW1 上利用 VLAN 实现了各部门之间广播的隔离,现要通过路由器 R1 实现各个 VLAN 之间的正常通信,完成设置并进行相关的网络测试。基于思科 PT 模拟器的拓扑图如图 6-13 所示,基于华为 eNSP 模拟器的拓扑图如图 6-14 所示。

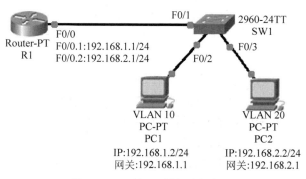

图 6-13 思科 PT 模拟器拓扑图

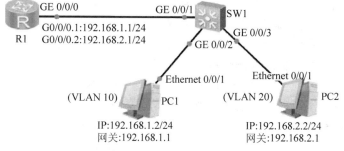

图 6-14 华为 eNSP 模拟器拓扑图

基本要求:

(1) 正确选择设备并使用线缆连接。

(2) 正确给 PC1 和 PC2 配置相关 IP 地址及子网掩码等参数。

(3) 在路由器 R1 上配置单臂路由。

(4) 在交换机 SW1 上正确划分 VLAN,并将相应的端口加入 VLAN 中。

(5) 在路由器 R1 上配置登录 telnet 远程,登录验证方式为简单密码验证。

(6) 从 PC1 和 PC2 上分别用 192.168.1.1 和 192.168.2.1 两个地址作为管理地址进行远程 telnet 登录测试(思科 PT 模拟器)。

拓展要求:

将路由器 R1 的登录 telnet 远程的验证方式改为本地用户验证,再从 PC1 和 PC2 上分别进行 telnet 登录测试。

项目 6 的考核表如表 6-2 所示。

对企业路由器进行远程管理

表 6-2 项目 6 考核表

序　号	项目考核知识点	参考分值	评　价
1	设备连接	2	
2	PC 的 IP 地址配置	2	
3	路由器 R1 的配置	4	
4	二层交换机 SW1 的配置	2	
5	拓展要求	4	
	合　计	14	

6.5 习　题

1. 选择题

(1) 路由器是工作在 OSI 参考模型哪一层的网络设备?(　　)

A. 物理层　　　　　B. 数据链路层　　　C. 网络层　　　　　D. 应用层

(2) 路由器的自检程序存放在下面哪一类存储器中?(　　)

A. ROM　　　　　　B. RAM　　　　　　C. FlashMemory　　D. VRAM

(3) 路由器中的启动配置文件存放在下面哪一类存储器中?(　　)

A. ROM　　　　　　B. RAM　　　　　　C. FlashMemory　　D. VRAM

(4) (思科)下面哪种视图具有密码保护?(　　)

A. 用户视图　　　　B. 特权视图　　　　C. 路由视图　　　　D. 接口视图

(5) 下面哪种视图是(思科)路由器中没有的?(　　)

A. 用户视图　　　　B. 特权视图　　　　C. VLAN 视图　　　D. 接口视图

(6) 路由器转发数据包时检测数据包中的哪部分?(　　)

A. 源 IP 地址　　　　B. 目的 IP 地址　　　C. 源端口　　　　　D. 目的端口

(7) 在什么视图下可以配置应用到整个设备的全局参数?(　　)

A. Router >　　　　　　　　　　　　　B. Router #

C. Router(config) #　　　　　　　　　D. Router(config-router) #

(8) 在默认情况下,路由器允许几个 VTY 用户远程登录?(　　)

A. 2 个　　　　　　B. 3 个　　　　　　C. 4 个　　　　　　D. 5 个

(9) 下面哪条命令可以了解 NVRAM 中存储的文件目录情况?(　　)

A. dir　　　　　　　　　　　　　　　B. dir running

C. show　　　　　　　　　　　　　　D. show running

(10) 通过本地串口 Xmodem 下载方式升级设备时的下载的波特率为多少?(　　)

A. 9600b/s　　　　　　　　　　　　　B. 11 200b/s

C. 19 200b/s　　　　　　　　　　　　D. 115 200b/s

2. 简答题

(1) 路由器的作用是什么?

(2) 简述路由器转发数据包的工作流程。

(3) 路由器的升级方式有哪些?

(4) 简述设置路由器 telnet 远程登录的步骤。

项目 7

通过路由协议实现企业总公司与分公司的联网

项目描述

某公司随着公司规模的扩大,成立了分公司,为了实现总公司和分公司网络的联网,公司购置了路由器,总公司和分公司各自用路由器连接各自的子网,并实现了各自子网的互访,现在要求将总公司的路由器和分公司的路由器连接,并实现总公司各子网和分公司各子网之间都能互访。

项目目标

- 理解路由表;
- 理解路由的匹配原则;
- 理解静态路由的工作原理;
- 掌握配置静态路由的方法;
- 理解 RIP 路由协议两个版本之间的区别;
- 掌握 RIP 路由协议的配置方法;
- 掌握 OSPF 路由协议的单区域配置方法;
- 掌握 OSPF 路由协议的多区域配置方法;
- 理解路由重分发。

7.1 预 备 知 识

7.1.1 路由的概念

在基于 TCP/IP 的网络中,所有数据的流向都是由 IP 地址来指定的,网络协议根据报文的目的地址将报文从适当的接口发送出去。而路由就是指导报文发送的路径信息。就像实际生活中交叉路口的路标一样,路由信息在网络路径的交叉点(路由器)上标明去往目标网络的正确途径,网络层协议可以根据报文的目的地查找到对应的路由信息,将报文按正确的途径发送出去。一般一条路由信息至少包含以下几方面内容:

目标网络,用以匹配报文的目的地址,进行路由选择;

下一跳,指明路由的发送路径;

Metric、路由权,标示路径的好坏,是进行路由选择的标准。

路由器就是能实现将一个数据包从一个网络发送到另外一个网络的网络设备。路由器根据收到的数据报头的目的地址选择一个合适的路径,将数据包传送到下一个路由器。路径上最后的路由器负责将数据包送给目的主机,如图 7-1 所示。

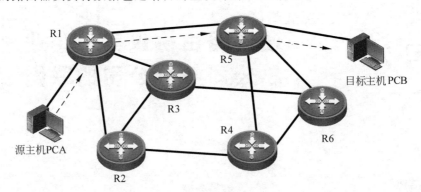

图 7-1 路由 IP 数据包路径

7.1.2 路由的类型

根据路由的来源不同,可以把路由分为 3 类:直连路由、静态路由和动态路由。

(1) 直连路由:路由器接口直接连接的子网的路由。直连路由是由链路层协议发现的,该路由信息不需要网络管理员维护,也不需要路由器通过某种算法进行计算获得,只要该接口处于活动状态(Active),路由器就会将通向该网段的路由信息填写到路由表中。

(2) 静态路由:是由系统管理员手动配置的路由,当网络结构发生变化时也必须由系统管理员手动修改配置。静态路由只适合网络拓扑结构简单、规模较小的网络。

默认路由:是由系统管理员手动配置的一种特殊的静态路由,也称为默认路由,可以将所有找不到匹配路由的报文转发到指定的目的地(默认网关)。

(3) 动态路由:是由动态路由协议从其他路由器学到的到达目标网络的路由,可以根据网络结构的变化动态地更新路由信息。

7.1.3 路由表

路由表是路由器转发数据的关键,路由表存储着指向特定网络地址的路径相关数据。路由表并不直接参与数据包的转发,但是路由器在转发数据包时需要路由表中的相关路径数据来决定数据包的转发路径。每个路由器中都保持着一张路由表,路由表由不同的路由信息构成。

下面是路由器上使用 show ip router 命令所显示的路由表的结构。

```
Router # show ip route
Codes: C-connected, S-static, I-IGRP, R-RIP, M-mobile, B-BGP
       D-EIGRP, EX-EIGRP external, O-OSPF, IA-OSPF inter area
       N1-OSPF NSSA external type 1, N2-OSPF NSSA external type 2
       E1-OSPF external type 1, E2-OSPF external type 2, E-EGP
       i-IS-IS, L1-IS-IS level-1, L2-IS-IS level-2, ia-IS-IS inter area
       * -candidate default, U-per-user static route, o-ODR
       P-periodic downloaded static route
Gateway of last resort is 10.1.1.2 to network 0.0.0.0
S* 0.0.0.0/0 [1/0] via 10.1.1.2
C  10.3.3.0/24 is directly connected, FastEthernet 0/1
```

```
C   10.3.3.1/32 is local host.
C   20.1.1.0/24 is directly connected, Serial 3/0
C   20.1.1.1/32 is local host.
O E2 192.168.1.0/24 [110/20] via 20.1.1.2, 00:08:28, Serial 3/0
O E2 192.168.2.0/24 [110/20] via 20.1.1.2, 00:08:28, Serial 3/0
S   192.168.5.0/24 [1/0] via 20.1.1.2
O   192.168.100.0/24 [110/2] via 10.3.3.2, 00:03:38, FastEthernet 0/1
R   192.168.101.0/24 [120/2] via 10.3.3.2, 00:03:32, FastEthernet 0/1
O   192.168.102.0/24 [110/2] via 10.3.3.2, 00:03:32, FastEthernet 0/1
Ruijie(config)#
```

路由表中的每条路由信息一般包含以下内容。

（1）路由类型标识：每条路由信息最前面的两项字符用于标识该路由的类型，常见的有："C"表示该条路由是直连路由；"O"表示该条路由是 OSPF 动态路由协议生成的；"R"表示该条路由是 RIP 动态路由协议生成的；"S"表示该条路由是手工设置的静态路由；"S＊"表示该条路由是默认路由。例如下面的路由信息。

```
C   10.3.3.0/24 is directly connected, FastEthernet 0/1
```

路由信息前面的字符为"C"，说明该条路由为直连路由。

（2）目的网络号和子网掩码：这两项内容用来表明目的网络，路由器将接收到的数据包中的目的 IP 地址和路由信息中的子网掩码进行相与操作，所获得的结果即为数据包的目的网络号，然后和路由信息中的目的网络号进行比对，如果匹配，则说明该路由信息可以使用，如果不匹配，则放弃该路由信息，继续比对其他的，直至路由表中所有的路由信息比对结束。下面路由信息中加粗部分即为目的网络号和子网掩码（用位数表示）。

```
O   192.168.100.0/24 [110/2] via 10.3.3.2, 00:03:38, FastEthernet 0/1
```

（3）路由度量值：度量值代表距离。它们用来在寻找路由时确定最优路由。每一种路由算法在产生路由表时，会为每一条通过网络的路径产生一个数值（度量值），最小的值表示最优路径。度量值的计算可以只考虑路径的一个特性，但更复杂的度量值是综合了路径的多个特性产生的。一些常用的度量值有跳数（报文要通过的路由器输出端口的个数）、数据链路的延时、链路的带宽、链路的可靠性和最大传输数据单元等。注意，不同的路由协议产生的路由之间的度量值没有可比性。下面路由信息中加粗部分即为路由度量值。

```
O   192.168.100.0/24 [110/2] via 10.3.3.2, 00:03:38, FastEthernet 0/1
```

（4）路由的优先级：也称为路由的管理距离。在某一时刻，到某一目的地的当前路由仅能由唯一的路由协议来决定。当存在多条到达同一目的地的路由时，该由哪一条来决定呢？这就由路由协议的优先等级来决定。下面路由信息中加粗部分即为路由的优先级。

```
O   192.168.100.0/24 [110/2] via 10.3.3.2, 00:03:38, FastEthernet 0/1
```

不同品牌的设备对路由的优先等级规定会有一些差异，相关路由的优先等级关系（优先级数字越小表示路由的等级越高）如表 7-1 所示。

通过路由协议实现企业总公司与分公司的联网

表 7-1　不同路由协议的路由优先级

华　　　为		Cisco/锐捷	
路 由 协 议	优　先　级	路 由 协 议	优　先　级
DIRECT(直连)	0	DIRECT(直连)	0
OSPF(动态)	10	STATIC(静态)	1
STATIC(静态)	60	OSPF(动态)	110
RIP(动态)	110	RIP(动态)	120

（5）下一跳 IP 地址：说明匹配该路由的 IP 包所经过的下一个路由器的接口地址。下面路由信息中加粗部分即为下一跳 IP 地址。

O　192.168.100.0/24 [110/2] via **10.3.3.2**, 00:03:38, FastEthernet 0/1

（6）转发接口：说明匹配该路由的 IP 数据包将从该路由器哪个接口转发。下面路由信息中加粗部分即为该路由的转发接口。

O　192.168.100.0/24 [110/2] via 10.3.3.2, 00:03:38, FastEthernet **0/1**

7.1.4　路由的匹配原则

一般情况下，路由器的匹配原则是进行最长最精确（掩码）匹配或使用默认路由进行匹配。也就是说当有多条匹配路由存在时，选用子网掩码最长的路由匹配，或者当没有具体路由匹配时，采用默认路由。

例如，路由器上有以下 3 条路由信息。

```
Router # show ip route
Codes: C-connected, S-static, I-IGRP, R-RIP, M-mobile, B-BGP
       D-EIGRP, EX-EIGRP external, O-OSPF, IA-OSPF inter area
       N1-OSPF NSSA external type 1, N2-OSPF NSSA external type 2
       E1-OSPF external type 1, E2-OSPF external type 2, E-EGP
       i-IS-IS, L1-IS-IS level-1, L2-IS-IS level-2, ia-IS-IS inter area
       * -candidate default, U-per-user static route, o-ODR
       P-periodic downloaded static route
Gateway of last resort is 10.1.1.2 to network 0.0.0.0
S* 0.0.0.0/0 [1/0] via 10.1.1.2
S  11.1.1.0/24 [1/0] via 20.1.1.2
S  11.0.0.0/8 [1/0] via 30.1.1.2
```

现在假设有一个报文的目的 IP 地址是 11.1.1.10，这时可以发现，上面 3 条路由信息都可以匹配这个数据包，那具体匹配哪一条呢？从路由表中可以看出第一条默认路由的子网掩码长度为 0，第二条路由的子网掩码长度为 24，第三条路由的子网掩码长度为 8，根据最长最精确（掩码）匹配原则，最后匹配的路由是第二条"S　　11.1.1.0/24 [1/0] via 20.1.1.2"，该数据将被发往 20.1.1.2。

7.1.5　静态路由

静态路由是指由网络管理员手工配置的路由信息。静态路由信息在默认情况下是私有的,不会传递给其他路由器。当然,网络管理员可以通过对路由器进行设置使之成为可共享的。静态路由一般适用于比较简单的网络环境。对于大型和复杂的网络环境,网络管理员难以全面了解整个网络的拓扑结构,而且当网络的拓扑结构和链路状态发生变化时,路由器中的静态路由信息需要大范围地调整,这一工作的难度和复杂度都很高。所以大型和复杂的网络环境一般不采用静态路由。

静态路由有一个好处就是网络安全保密性高。这是因为动态路由需要路由器之间频繁地交换路由表,而对路由表的分析可以了解网络的拓扑结构和网络地址等信息。而静态路由是私有的,不会传递给其他路由器。因此,出于安全考虑网络可以采用静态路由。

默认路由是一条特殊的静态路由,路由器如果配置了默认路由,则所有未明确指明目的网络的数据包都按默认路由进行转发,即路由器使用默认路由来发送那些目的网络没有包含在路由表中的数据包。

注意:在配置静态路由时,一定要保证路由的双向可达,即要配置到远端路由器路由,远端路由器也要配置到近端路由器回程路由。

7.1.6 RIP 路由协议

1. RIP 路由协议

RIP(Routing information Protocol,路由信息协议)是一种较为简单的内部网关协议(Interior Gateway Protocol,IGP),适用于规模较小的网络(路由跳数小于 15 的网络)中,是典型的距离矢量(Distance Vector)协议。

RIP 是当今应用最为广泛的内部网关协议,是一种动态路由协议,用于一个自治系统(AS:一种由一个管理实体管理,采用统一的内部选路协议的一组网络所组成的大范围的IP 网络。在一个自治系统中的所有路由器必须相互连接,运行相同的路由协议,同时分配同一个自治系统编号)内的路由信息的传递。

RIP 是基于距离矢量算法的,它使用"跳数",即 Metric 来衡量到达目的地址的路由距离。在 RIP 中,路由器到与它直接相连网络的跳数为 0,通过一个路由器可达的网络的跳数为 1,其余以此类推。这种协议的路由器只关心自己周围的世界,只与自己相邻的路由器交换信息。为了限制收敛时间,RIP 规定跳数范围为 0~15 跳,大于或等于 16 的跳数被定义为无穷大,即目的网络或主机不可达。由于这个限制,使得 RIP 不适合应用于大型网络中。

RIP 进程使用 UDP 的 520 端口来发送和接收 RIP 分组。RIP 分组每隔 30s 以广播的形式发送一次,为了防止出现"广播风暴",其后续的分组将做随机延时后发送。在 RIP 中,如果一个路由在 180s 内未被刷新,则相应的距离就被设定成无穷大,并从路由表中删除该表项。

2. RIPv1 和 RIPv2

RIP 有两个版本:RIPv1 和 RIPv2。RIPv1 有很多缺陷,RIPv1 使用广播的方式发送路由更新,而且不支持可变长子网掩码(Variable Length Subnet Mask,VLSM),因为它的路由更新信息中不携带子网掩码,所以 RIPv1 无法传达不同网络中可变长子网掩码的详细信息。RIPv2 进行了改进,RIPv2 支持子网路由选择,支持无类型域间选路(Classless Inter-Domain Routing,CIDR),支持组播,并提供了验证机制。RIPv1 采用广播形式发送报文;RIPv2 有两种传送方式:广播方式和多播方式,默认时采用多播方式发送报文。RIPv2 中

148

多播地址为 224.0.0.9。多播发送报文的好处是在同一网络中那些未运行 RIP 的主机可以避免接收 RIP 的广播报文。另外,多播发送报文还可以使运行 RIPv1 的主机避免错误地接收和处理 RIPv2 中带有子网掩码的路由。当接口运行 RIPv1 时,只接收和发送 RIPv1 和 RIPv2 广播报文,不接收 RIPv2 多播报文。当接口运行在 RIPv2 广播方式时,只接收与发送 RIPv1 与 RIPv2 广播报文,不接收 RIPv2 多播报文。当接口运行在 RIPv2 多播方式时,只接收和发送 RIPv2 多播报文,不接收 RIPv1 与 RIPv2 广播报文。默认情况下,接口运行 RIPv1 报文,即只能接收和发生 RIPv1 报文。

3. RIP 的工作过程及计数器

RIP 中有 3 个主要的计时器:更新计时器(Update Timer)、无效计时器(Invalid Timer)和刷新计时器(Flush Timer)。

1) 更新计时器(Update Timer)

在一个稳定工作的 RIP 网络中,所有启用了 RIP 的路由器接口将周期性地发生全部路由更新。这个周期性发生路由更新的时间由更新计时器来控制。更新计时器为 30s,即平均每 30s 路由器向外广播自己的路由表。但为了防止表的同步(即在共享广播网络中由于路由信息的同步更新导致冲突的现象),RIP 加入了一个随机变量用来防止表的同步,即每一次更新计时器复位时,随机加上一个小的变量(一般为 5s 以内),使得不同 RIP 路由器的更新周期在 25~35s 变化。

2) 无效计时器(Invalid Timer)

当路由器成功建立一条新的 RIP 路由后,将为它加上一个 180s 的无效计时器。当路由器再次收到同一条路由信息的更新后,无效计时器会被重置为初始值 180s,如果在 180s 到期后还未收到该条路由信息的更新,则该条路由的度量值将被标记为 16 跳,表示不可达。但此时并不会马上将该路由信息从路由表中删除。

3) 刷新计时器(Flush Timer)

刷新计时器也称为清除计时器(清除是指清除无效路由),当一条路由被标记为不可达时,RIP 路由器会立即启动刷新计时器,不同设备的刷新计时器的时间长短并不相同,锐捷路由器将这个时间设置为 120s。一条路由进入无效状态时,刷新计时器就开始计时,超时后仍处于无效状态的路由将从路由表中删除,如果在刷新计时器超时前收到了这条路由的更新信息,则路由会被重新标记成有效,刷新计时器将清零。

下面以图 7-2 所示的 RIP 网络为例来了解 RIP 的工作过程。

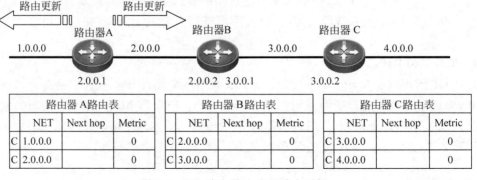

图 7-2 RIP 路由器 A 发送路由更新

首先,每台路由器初始的路由表只有自己的直连路由,当路由器 A 的更新计时器超时之后(即更新周期到达时),路由器 A 向外广播自己的路由表。这时路由器 A 发出的路由更新信息中只有直连网段的路由,其跳数在路由表中记录的基础上增加 1,即到达网段 1.0.0.0/8 和 2.0.0.0/8 的跳数为 1。

路由器 B 接收到这个路由更新后,它会将到达路由 1.0.0.0/8 添加到自己的路由表中,跳数为 1,而接收到的路由 2.0.0.0/8 的跳数 1 大于路由器 B 自身原有的跳数 0 而放弃更新。随后,当路由器 B 的更新计时器到达了更新时间,它同样会将自己的路由表向路由表 A 和 C 广播,如图 7-3 所示。

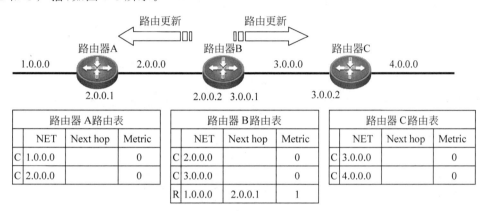

图 7-3　RIP 路由器 B 发送路由更新

此时,路由器 B 的路由更新信息中不只有直连路由,还有从路由器 A 处学习到的到达网段 1.0.0.0/8 的路由,同样发送时,跳数会在路由表中原有基础上加 1。当路由器 A 收到路由器 B 发送过来的路由更新后,和自己的路由表比较发现,到达网段 2.0.0.0/8 的路由条目的跳数 1 大于自身原有的路由条目的跳数 0,则放弃更新该路由条目,而到达网段 3.0.0.0/8 的路由条目是自身原先没有的,所有会将它写入自己的路由表。同样对于路由器 C,会放弃 3.0.0.0/8 网段的路由更新,而写入 1.0.0.0/8 和 2.0.0.0/8 网段的路由信息。

待到路由器 C 发送路由更新时,如图 7-4 所示,在路由器 C 的更新信息中,到达网段 3.0.0.0/8 和 4.0.0.0/8 的跳数为 1,到达网段 2.0.0.0/8 的跳数为 2,到达网段 1.0.0.0/8 的跳数为 3。

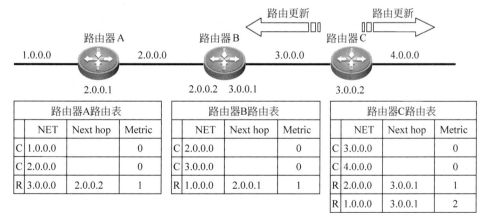

图 7-4　RIP 路由器 C 发送路由更新

通过路由协议实现企业总公司与分公司的联网

当路由器 B 接收到路由器 C 的更新信息后,通过比对,同样会放弃对到达网段 2.0.0.0/8、3.0.0.0/8 和 1.0.0.0/8 的相应路由信息的更新,而将到达网段 4.0.0.0/8 的路由信息加入路由表。

在下一个更新周期中,路由器 B 会将更新后的路由表再次发送给路由器 A 和 C,路由器 C 发现这个更新中没有自己不知道的路由了,就会放弃更新,而路由器 A 则会将到达网段 4.0.0.0/8 的路由信息添加到自己的路由器中。直至网络中所有的路由器都学习到了正确的路由,也就是 RIP 网络完成了收敛,如图 7-5 所示。在拓扑结构没有发生变化的情况下,路由器 A、B、C 以后每次更新发送的路由信息都将是相同的,直至拓扑结构发生变化为止。

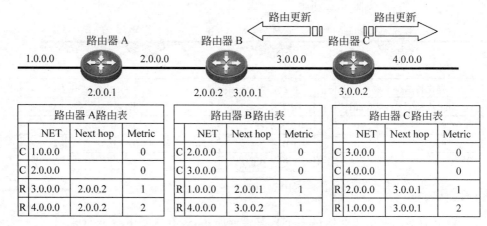

图 7-5 最终的路由表

4. RIP 配置

路由器上进行 RIP 配置可以分以下 3 个步骤。

步骤一:创建 RIP 路由进程。进行 RIP 相关配置时,必须先启动 RIP(即创建 RIP 路由进程,在全局配置视图下用 router rip 命令启动 RIP 并进入 RIP 配置视图),才能配置其他的功能特性。而配置与接口相关的功能特性不受 RIP 是否启动的限制。需要注意的是,在关闭 RIP 后,原来的接口参数也同时失效。

步骤二:添加关联网络。RIP 任务启动后还必须指定其工作网段,RIP 只在指定网段上的接口工作,对于不在指定网段上的接口,RIP 既不在它上面接收和发送路由,也不将它的接口路由转发出去,就好像这个接口不存在一样。

步骤三:其他相关参数的配置,如 RIP 的版本号。是否路由汇聚等。

5. 路由聚合

路由聚合是指同一自然网段内的不同子网的路由在向外(其他网段)发送时聚合成一条自然掩码的路由发送。例如,路由器中有两条如下路由。

```
10.1.1.0/24 [120/2] via 10.3.3.2
10.2.2.0/24 [120/2] via 10.3.3.2
```

经过路由聚合后,路由器对应的路由为:

```
10.0.0.0/8 [120/2] via 10.3.3.2
```

路由聚合减少了路由表中的路由信息量,也减少了路由交换的信息量。RIPv1 只发送自然掩码的路由,即总是以路由聚合形式向外发送路由,关闭路由聚合对 RIPv1 将不起作用。RIPv2 支持无类别路由(即传送路由更新时带有子网掩码),当需要将子网的路由广播出去时,可关闭 RIPv2 的路由聚合功能。默认情况下,允许 RIPv2 进行路由聚合。

7.1.7 OSPF 路由协议

1. OSPF 路由协议

OSPF(Open Shortest Path First,开放最短路径优先)是一种典型的链路状态路由协议。采用 OSPF 的路由器彼此交换并保存整个网络的链路信息,从而掌握全网的拓扑结构,独立计算路由。OSPF 作为一种内部网关协议,用于在同一个自治域中的路由器之间发布路由信息。区别于 RIP,OSPF 具有支持大型网络、路由收敛快、占用网络资源少等优点,在目前应用的路由协议中占有相当重要的地位。

与 RIP 相比,OSPF 是链路状态路由协议,而 RIP 是距离矢量路由协议。

OSPF 路由协议一般用于同一个路由域内。在这里,路由域是指一个自治系统(Autonomous System,AS),它是指一组通过统一的路由政策或路由协议互相交换路由信息的网络。在这个 AS 中,所有的 OSPF 路由器都维护一个相同的描述这个 AS 结构的数据库(Link State DataBase,LSDB),该数据库中存放的是路由域中相应链路的状态信息,OSPF 路由器正是通过这个数据库计算出其 OSPF 路由表的。作为一种链路状态的路由协议,OSPF 将链路状态广播数据包(Link State Advertisement,LSA)传送给在某一区域内的所有路由器,这一点与距离矢量路由协议不同(运行距离矢量路由协议的路由器是将部分或全部的路由表传递给与其相邻的路由器)当所有的路由器拥有相同的 LSDB 后,将自己放进 SPF(算法)树中的 Root 里,然后根据每条链路的耗费(Cost:OSPF 路由器到每一个目的地路由器的距离,称为 OSPF 的 Cost。OSPF 的 Cost 与链路的带宽成反比,带宽越高则 Cost 越小,表示 OSPF 到目的地的距离越近。例如,快速以太网的 Cost 为 1,2Mb/s 串行链路的 Cost 为 48,10Mb/s 以太网的 Cost 为 10 等),选出耗费最低的作为最佳路径,最后将最佳路径放进路由表中。

2. 链路状态算法

作为一种典型的链路状态的路由协议,OSPF 还需遵循链路状态路由协议的统一算法。链路状态的算法非常简单,在这里将链路状态算法概括为以下 4 个步骤。

(1)当路由器初始化或当网络结构发生变化(如增减路由器。链路状态发生变化等)时,路由器会产生链路状态广播数据包,该数据包中包含路由器上所有相连链路,即为所有端口的状态信息。

(2)所有路由器会通过一种被称为刷新(Flooding)的方法来交换链路状态数据。Flooding 是指路由器将其 LSA 传送给所有与其相邻的 OSPF 路由器,相邻路由器根据其接收到的链路状态信息更新自己的数据库,并将该链路状态信息转送给与其相邻的路由器,直至稳定的一个过程。

(3)当网络重新稳定下来,也可以说 OSPF 路由协议收敛下来时,所有的路由器会根据其各自的链路状态信息数据库计算出各自的路由表。该路由表中包含路由器到每一个可到达目的地的 Cost 及到达该目的地所要转发的下一个路由器。

（4）该步骤实际上是指 OSPF 路由协议的一个特性。当网络状态比较稳定时，网络中传递的链路状态信息是比较少的。这也正是链路状态路由协议区别与距离矢量路由协议的一大特点。

3. OSFP 协议的特点

（1）适应范围广。OSPF 支持各种规模的网络。RIP 路由协议中用于表示目的网络远近的参数为跳（hop），即到达目的网络要经过的路由器个数。在 RIP 路由协议中，该参数被限制为最大 15，对于 OSPF 路由协议，路由表中表示目的网络的参数为 Cost，该参数为一个虚拟值，与网络中链路的带宽等相关，也就是说 OSPF 路由信息不受物理跳数的限制。因此，OSPF 适合应用于大型网络中，支持几百台的路由器，甚至如果规划的合理可以支持 1000 台以上的路由器。

（2）快速收敛。如果网络的拓扑结构发生变化，OSPF 立即发送更新报文，使这一变化在自治系统中同步。RIP 路由协议周期性地将整个路由表作为路由信息广播至网络中，该广播周期为 30s。在一个较为大型的网络中，RIP 会产生很大的广播信息，占用较多的网络带宽资源，并且由于 RIP 30s 的广播周期，影响了 RIP 路由协议的收敛，甚至出现不收敛的现象。而 OSPF 是一种链路状态的路由协议，当网络比较稳定时，网络中的路由信息是比较少的，并且其广播也不是周期性的，因此 OSPF 路由协议在大型网络中也能够较快地收敛。

（3）无自环。由于 OSPF 通过收集到的链路状态用最短路径树算法计算路由，所以从算法本身保证了不会生成自环路由。

（4）子网掩码。由于 OSPF 在描述路由时携带网段的掩码信息，所以 OSPF 协议不受自然掩码的限制，对 VLSM 提供良好的支持。RIPv1 不支持 VLSM。

（5）区域划分。OSPF 允许自治系统的网络被划分成区域来管理。在 OSPF 路由协议中，一个网络，或者说是一个路由域可以划分为很多个区域（Area），每一个区域通过 OSPF 边界路由器相连，区域间可以通过路由汇聚（Summary）来减少路由信息，减小路由表，提高路由器的运算速度。

（6）等值路由。OSPF 支持到同一目的地址的多条等值路由。OSPF 路由协议支持多条 Cost 相同的链路上的负载分担，如果到同一个目的地址有多条路径，而且花费都相等，那么可以将这多条路由显示在路由表中。

（7）路由分级。OSPF 使用 4 类不同的路由，按优先顺序来分别是区域内路由、区域间路由、第一类外部路由、第二类外部路由。

（8）支持验证。它支持基于接口的报文验证以保证路由计算的安全性。

（9）组播发送。OSPF 在有组播发送能力的链路层上以组播地址发送协议报文。动态路由协议为了能够自动找到网络中的邻居，通常是以广播的地址来发送的。RIP 使用广播报文来发送给网络上所有的设备，所以在网络上的所有设备收到此报文后都需要做相应的处理，但是在实际应用中，并不是所有的设备都需要接收这种报文。因此，这种周期性以广播形式发送报文的形式对它产生了一定的干扰。同时，由于这种报文会定期地发送，在一定程度上也占用了宝贵的带宽资源。所以 OSPF 采用组播地址来发送，只有运行 OSPF 的设备才会接收发送来的报文，其他设备不参与接收。

4. OSPF 协议中的基本概念

1) Router ID

Router ID 可以看作一个 IP 地址,用于识别每台运行 OSPF 的路由器,它的作用就是标识一台设备在同一个自治系统内部是唯一的。在 OSPF 中,这个 Router ID 通常可以手工指定也可以让系统自己选择。如果没有手工指定 Router ID,那么系统会从当前配置的有效的 IP 地址中选择一个地址最小的来作为 Router ID。通常在配置 Router ID 时会选择 Loopback 接口。

2) OSPF 协议号

OSPF 使用的协议号是 89。OSPF 使用 IP 报文来封装,在 IP Header 中的 Protocol 字段为 89。当 IP 收到一个 IP 报文时,如果发现 IP Header 的 Protocol 字段为 89 就会知道这个报文是 OSPF 报文,然后转发给处理 OSPF 报文的模块。OSPF 发送报文使用 IP 来发送,并将 IP 报文中的 TTL 值设为 1。因此,OSPF 报文只能传递到一条的范围,即使 IP 中目的地址是可达的,但由于 TTL 值经过一条后已经为 0,所以不再向任何设备转发此报文。

3) OSPF 区域

OSPF 虽然理论上可以支持大规模的网络,但实际中要支持大规模网络是很复杂的,有些问题就会导致在实际组网中协议不能用的状态。例如,当大规模网络中的路由器数量太多时,会生成很多 LSA,会使整个 LSDB 变得非常大,这会占用大量的存储空间。同时,LSDB 的庞大会增加运行 SPF 算法的复杂度,造成 CPU 负担增大。网络规模增大后,网络拓扑结构发生变化的概率也会增大,为了同步这种变化,网络中会有大量的 OSPF 协议报文在传递,降低了网络的带宽利用率,同时每一次变化都会导致网络中所有的路由器重新进行路由计算。解决上述问题的关键就是减少 LSA 的数量,屏蔽网络变化波及的范围(这个有些类似于用 VLAN 来解决广播风暴)。OSPF 将一个自治系统分成若干区域(Area)来解决上述问题。区域是在逻辑上将路由器划分为不同的组。区域的边界是路由器,这样会有一些路由器属于不同的区域,这样的路由器称为区域边界路由器(Area Border Router,ABR)。每一个网段必须属于一个区域,或者说每个运行 OSPF 协议的接口必须指明属于某一个特定的区域,区域用区域号(Area ID)来标识。区域号是一个从 0 开始的 32 位整数。不同的区域之间通过 ABR 来传递路由信息,如图 7-6 所示。

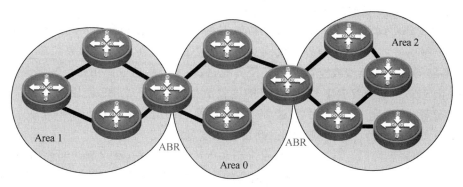

图 7-6　OSPF 多区域示意图

通过路由协议实现企业总公司与分公司的联网

OSPF 划分区域后,并非所有的区域都是平等的关系,其中有一个区域是与众不同的,它的区域号是 0,通常被称为骨干区域。所有的区域都必须和骨干区域相连,即每一个 ABR 连接的区域中至少有一个是骨干区域。划分区域之后,区域之间是通过 ABR 将一个区域内的已计算出的路由封装成 type3 类的 LSA 发送到另一个区域之中来传递路由信息的。此时的 LSA 中包含的已不再是链路状态信息,而是纯粹的路由信息了。

注意:如果自治系统被划分成一个以上的区域,则必须有一个区域是骨干区域,并且保证其他区域与骨干区域直接相连或逻辑相连(虚连接),且骨干区域自身必须是连通的。

5. OSPF 配置

在路由器上配置 OSPF 路由协议主要有以下 3 个步骤。

步骤一:创建 OSPF 路由进程。若想在路由器上配置 OSPF 路由协议,首先要创建 OSPF 路由进程。

步骤二:添加关联网络并指定该网络所属的 OSPF 区域。

步骤三:配置 OSPF 路由协议相关参数。

7.1.8 路由重分发

1. 路由重分发

路由重分发,也称为路由重分布,是路由器将学习到的一种路由协议的路由通过另一种路由协议广播出去。通俗地讲就是使不能互通的路由协议能相互学习对方的路由,如使 OSPF 进程能学习到 RIP 进程中的路由。在整个 IP 网络中,如果从配置管理和故障管理的角度看,通常更愿意运行一种路由选择协议,而不是多种路由选择协议。然而,在实际网络中又常常需要在一个网络中运行多种路由协议,如公司网络的合并、多个厂商不同设备之间的协调工作等。

为了实现重分发,路由器必须同时运行多种路由协议。路由重分发的是当前路由器"路由表"中的内容,注意,一定是路由表!

路由重分布只能在针对同一种第三层协议的路由选择进程之间进行,也就是说,OSPF、RIP、IGRP 等之间可以重分布,因为它们都属于 TCP/IP 协议栈的协议,而 AppleTalk 或 IPX 协议栈的协议与 TCP/IP 协议栈的路由选择协议就不能相互重分布路由了。

2. 影响路由重分发的协议特性

IP 路由选择协议之间的特性相差非常大,对路由重分发影响最大的协议特性是度量值和路由优先级的差异性,以及每种协议的有类和无类能力。在重分时如果忽略了对这些差异的考虑,将导致出现某些或全部路由交换失败,最坏情况将造成路由环路和黑洞。

如果向 OSPF 重分发 RIP 路由,RIP 的度量值是跳数,而 OSPF 使用的链路综合开销。在这种情况下,接收重分发路由的协议必须能够将自己的度量值与这些路由联系起来,即执行路由重分发的路由器必须为接收到的路由指派度量值。

例如,路由器上同时存在 OSPF 路由进程和 RIP 路由进程,在没有进行重分发之前,路由器在 OSPF 和 RIP 之间是不交换路由信息的。当将 RIP 重分发到 OSPF 时,OSPF 不能理解 RIP 的度量值(跳数),因为 OSPF 使用的链路综合开销。同样,当将 OSPF 重分发到 RIP 时,RIP 也无法理解 OSPF 的度量值(链路综合开销)。所以在向 OSPF 传递 RIP 路由之前,路由器的重分发进程必须为每一条 RIP 路由分配链路综合开销,同样,路由器在向 RIP 传递 OSPF 路由之前也必须为每一条 OSPF 路由分配跳数度量值。

这种路由重分发时必须给重分发而来的路由指定的度量值被称为默认度量值或种子度量值,它是在重分发配置期间定义的。可以使用命令 default-metric 配置重分发路由的种子度量值。RIP 默认种子度量值为 0,视为无穷大,度量值无穷大向路由器表明,该路由不可达。所以将路由重分发到 RIP 中时,必须手工指定其种子度量值,否则重分发而来的路由可能不会被通告。在 OSPF 中,重分发而来的路由默认为外部路由 2 类(E2),度量值为 20。

7.2 项目实施

任务一：利用静态路由实现总公司与分公司的网络互访

1. 任务描述

某公司有总公司和分公司两个不同区域的网络,每个区域的网络都有多个不同的子网,为了实现两个区域不同子网间的互访,总公司和分公司分别采用一台路由器连接各自的子网,并实现子网之间的访问,总公司的路由器和分公司的路由器之间采用专线连接。要求对路由器配置静态路由实现两区域网络各个子网之间的相互访问。两路由器接口 IP 地址分配情况如表 7-2 所示。

表 7-2　总公司和分公司两路由器接口 IP 地址分配表

路 由 器	接　　口	IP 地　址
总公司路由器 R1	S2/0	10.1.1.1/24
	F0/0	172.16.1.1/24
	F1/0	172.16.2.1/24
分公司路由器 R2	S2/0	10.1.1.2/24
	F0/0	192.168.1.1/24
	F1/0	192.168.2.1/24

2. 实验网络拓扑图

实验网络拓扑图如图 7-7 所示。

3. 设备配置(思科 PT 模拟器)

1) 总公司路由器 R1 的配置

```
//配置接口 IP 地址
R1 > enable
R1 # conf
Configuring from terminal, memory, or network [terminal]?
Enter configuration commands, one per line. End with CNTL/Z.
R1(config) # interface f0/0
R1(config-if) # ip address 172.16.1.1 255.255.255.0
R1(config-if) # no shutdown
R1(config-if) # exit
R1(config) # interface f1/0
R1(config-if) # ip address 172.16.2.1 255.255.255.0
```

156

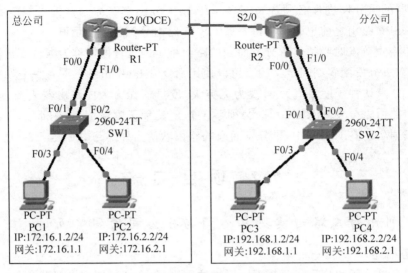

图 7-7　实验网络拓扑图

```
R1(config-if)#no shutdown
R1(config-if)#exit
R1(config)#interface s2/0
R1(config-if)#clock rate 64000        //DCE 端配置串口时钟速率为 64 000
R1(config-if)#ip address 10.1.1.1 255.255.255.0
R1(config-if)#no shutdown
R1(config-if)#exit
R1(config)#
```
//配置静态路由
```
R1(config)#ip route 192.168.1.0 255.255.255.0 10.1.1.2
```
//配置到分公司子网 192.168.1.0 的静态路由,采用下一跳方式
```
R1(config)#ip route 192.168.2.0 255.255.255.0 S2/0
```
//配置到分公司子网 192.168.2.0 的静态路由,采用发送端口方式
```
R1(config)#
```

2) 分公司路由器 R2 的配置

//配置路由器接口 IP 地址
```
R2>enable
R2#configure terminal
Enter configuration commands, one per line. End with CNTL/Z.
R2(config)#interface f0/0
R2(config-if)#ip address 192.168.1.1 255.255.255.0
R2(config-if)#no shutdown
R2(config-if)#exit
R2(config)#interface f1/0
R2(config-if)#ip address 192.168.2.1 255.255.255.0
R2(config-if)#no shutdown
R2(config-if)#exit
R2(config)#interface s2/0
R2(config-if)#ip address 10.1.1.2 255.255.255.0
R2(config-if)#no shutdown
```

```
R2(config-if)#exit
R2(config)#
//配置静态路由
R2(config)#ip route 172.16.1.0 255.255.255.0 10.1.1.1
//配置到分公司子网172.16.1.0的静态路由,采用下一跳方式
R2(config)#ip route 172.16.2.0 255.255.255.0 S2/0
//配置到分公司子网172.16.2.0的静态路由,采用发送端口方式
R2(config)#
```

3）查看路由表

（1）R1 路由表。

```
R1#show ip route
Codes: C-connected, S-static, I-IGRP, R-RIP, M-mobile, B-BGP
        D-EIGRP, EX-EIGRP external, O-OSPF, IA-OSPF inter area
        N1-OSPF NSSA external type 1, N2-OSPF NSSA external type 2
        E1-OSPF external type 1, E2-OSPF external type 2, E-EGP
        i-IS-IS, L1-IS-IS level-1, L2-IS-IS level-2, ia-IS-IS inter area
        * -candidate default, U-per-user static route, o-ODR
        P-periodic downloaded static route

Gateway of last resort is not set

     10.0.0.0/24 is subnetted, 1 subnets
C        10.1.1.0 is directly connected, Serial2/0
     172.16.0.0/24 is subnetted, 2 subnets
C        172.16.1.0 is directly connected, FastEthernet0/0
C        172.16.2.0 is directly connected, FastEthernet1/0
S     192.168.1.0/24 [1/0] via 10.1.1.2
S     192.168.2.0/24 is directly connected, Serial2/0
R1# R1(config)#
```

从上面路由表中可以看出采用下一跳方式和发送端口方式定义的静态路由的区别,当使用发送端口方式定义时,会显示成直连路由。

（2）R2 路由表。

```
R2#show ip route
Codes: C-connected, S-static, I-IGRP, R-RIP, M-mobile, B-BGP
        D-EIGRP, EX-EIGRP external, O-OSPF, IA-OSPF inter area
        N1-OSPF NSSA external type 1, N2-OSPF NSSA external type 2
        E1-OSPF external type 1, E2-OSPF external type 2, E-EGP
        i-IS-IS, L1-IS-IS level-1, L2-IS-IS level-2, ia-IS-IS inter area
        * -candidate default, U-per-user static route, o-ODR
        P-periodic downloaded static route

Gateway of last resort is not set

     10.0.0.0/24 is subnetted, 1 subnets
C        10.1.1.0 is directly connected, Serial2/0
     172.16.0.0/24 is subnetted, 2 subnets
S        172.16.1.0 [1/0] via 10.1.1.1
```

通过路由协议实现企业总公司与分公司的联网

```
S          172.16.2.0 is directly connected, Serial2/0
C      192.168.1.0/24 is directly connected, FastEthernet0/0
C      192.168.2.0/24 is directly connected, FastEthernet1/0
R2#
```

4. 思科相关命令介绍

1) 配置静态路由

视图：全局配置视图。

命令：

Router(config)# **ip route** *network net-mask* {*ip-address* ∣ *interface* } [*distance*] [**tag** *tag*] [**permanent**] [**weight** *number*] [**disable** ∣ **enable**]

Router(config)# **no ip route network** *net-mask* {*ip-address* ∣ *interface* } [*distance*]

参数：

network：目的网络的网络号。

net-mask：目的网络的掩码。

ip-address：静态路由的下一跳地址。

interface：静态路由的发送接口。

distance：静态路由的管理距离(即路由的优先级)。

tag：静态路由的 Tag 值。

permanent：永久路由标识，一般路由在相应的接口 down 掉以后，就会被删除。加上该参数后，就算相应的接口关掉路由不会被删除。

number：静态路由的权重值。

disable/enable：静态路由的使能标识。

说明：该命令中最主要的参数有 3 个：*network*(目的网络的网络号)、*net-mask*(目的网络的掩码)和(*ip-address*)下一跳地址。一般在配置静态路由时主要使用这 3 个参数，当不知道对端 IP 地址(即下一跳地址)时，可以使用 *interface*(静态路由的发送接口)来替代下一跳地址。注意，下一跳地址是远端路由器上接口的 IP 地址，而 *interface* 是该路由器(近端路由器)本身的接口。其他一些参数都是可选参数，在没有特殊要求时，一般都可以不用。用 no 选项可以删除设置的静态路由。

distance 参数是用来设置静态路由的管理距离(路由的优先级)的，在默认情况下，静态路由的管理距离为 1，在正常情况下，在锐捷的设备上，动态路由学习到的路由的管理距离要大于静态路由，也就是动态路由的优先级要低于静态路由。路由器对应相同的路由只好选用优先等级高的，所以当需要把动态路由作为首先路由，而静态路由作为备用路由时，可以通过设置静态路由的管理距离来实现。此时的静态路由也称为浮动路由。例如，OSPF路由协议的管理距离为 110，可以将静态路由的管理距离设置为 125，这样当跑 OSPF 的线路故障时，数据流量自然就可以切换到静态路由的线路上。所以浮动路由也是保证链路稳定的一种手段。

静态路由的使能标志用来控制静态路由是否有效，如果无效则不会用于转发。永久路由标志配置后，除非通过网络管理员来删除，否则将一直存在。

要通过以太网接口配置静态路由时，尽量避免下一跳直接为接口(如 ip route0.0.0.0

0.0.0.0 f0/0)。这样会使设备认为所有未知目标网络都是直连在 F0/0 接口上的,因此对每个目标主机都发生一个 ARP 请求,会占用许多 CPU 和内存资源。因为如果静态路由下一跳指定是下一个路由的 IP 地址,则路由器认为是一条管理距离为 1 开销为 0 的静态路由。如果下一跳指定是本路由器发送接口,则路由器认为是一条直连的路由。这个可以通过查看路由表发现。

例如,配置一条到 192.168.10.0/24 目的网络的静态路由,下一跳为 10.1.1.1。

Router(config)♯ ip route 192.168.1.0 255.255.255.0 10.1.1.1

例如,配置一条到 172.10.10.0/24 目的网络的静态路由,下一跳为串口 S0/0。

Router(config)♯ ip route 172.10.10.0 255.255.255.0 S0/0

例如,配置一条到 192.168.10.0/24 目的网络的静态路由,下一跳为 10.1.1.1,管理距离为 125。

Router(config)♯ ip route 192.168.1.0 255.255.255.0 10.1.1.1 125

2) 设置默认路由
视图:全局配置视图。
命令:

Router(config) ♯ **ip route** 0.0.0.0 0.0.0.0 { *ip-address* │ *interface* } [*distance*] [**tag** *tag*]
[**permanent**] [**weight** *number*] [**disable** │ **enable**]
Router(config) ♯ **no ip route** 0.0.0.0 0.0.0.0 { *ip-address* │ *interface* } [*distance*]

参数:
跟配置静态路由中的参数相同。

说明:此处的"默认"并非一般指的设备出厂时就已经设置好的意思,而是指数据包在路由表中没有找到匹配的路由的情况下才使用该路由。默认路由是一种特殊的静态路由,默认路由的目的网络号和子网掩码全为 0(即网络号为 0.0.0.0,子网掩码也为 0.0.0.0),同样需要手工进行设置。

默认路由一般在 stub 网络(称为末端网络)中使用,stub 网络是只有一条出口路径的网络。如图 7-8 所示,路由器 RA 连接一个末端网络,末端网络中的流量都是通过路由器 RA 到达 Internet,路由器 RA 就是一个边缘路由器。默认路由一般就设置在路由器 RA 上。

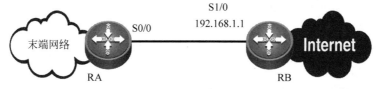

图 7-8　配置默认路由

例如,在路由器 RA 上设置默认路由。

Router(config)♯ ip route 0.0.0.0 0.0.0.0 192.168.1.1

或者

通过路由协议实现企业总公司与分公司的联网

```
Router(config)#ip route 0.0.0.0 0.0.0.0 S0/0
```

3）显示路由表

视图：所有视图。

命令：

```
Router#show ip route [protocol[process-id]]
```

参数：

protocol：显示特定协议的路由。

process-id：路由协议进程号。

说明：该命令用来查看路由器上的路由表信息。后面的参数都是可选的，通过选择不同的参数来显示特定的路由信息。

例如，显示路由器的路由表信息。

```
Router(config)#show ip route
Codes: C-connected, S-static, I-IGRP, R-RIP, M-mobile, B-BGP
       D-EIGRP, EX-EIGRP external, O-OSPF, IA-OSPF inter area
       N1-OSPF NSSA external type 1, N2-OSPF NSSA external type 2
       E1-OSPF external type 1, E2-OSPF external type 2, E-EGP
       i-IS-IS, L1-IS-IS level-1, L2-IS-IS level-2, ia-IS-IS inter area
       * -candidate default, U-per-user static route, o-ODR
       P-periodic downloaded static route

Gateway of last resort is 10.1.1.2 to network 0.0.0.0
S*    0.0.0.0/0 [1/0] via 10.1.1.2
C     10.1.1.0/24 is directly connected, FastEthernet 0/0
C     10.1.1.1/32 is local host.
C     20.1.1.0/24 is directly connected, Serial 3/0
C     20.1.1.1/32 is local host.
O E2 192.168.1.0/24 [110/20] via 20.1.1.2, 00:08:28, Serial 3/0
S     192.168.5.0/24 [1/0] via 20.1.1.2
O     192.168.100.0/24 [110/2] via 10.3.3.2, 00:03:38, FastEthernet 0/1
R     192.168.101.0/24 [120/2] via 10.3.3.2, 00:03:32, FastEthernet 0/1
Router(config)#
```

5. 设备配置（华为 eNSP 模拟器）

实验网络拓扑图如图 7-9 所示。

1）总公司路由器 R1 的配置

```
//配置路由器的设备名和接口 IP 地址
<Huawei>system-view
Enter system view, return user view with Ctrl+Z.
[Huawei]sysname R1
[R1]interface e0/0/0
[R1-Ethernet0/0/0]ip address 172.16.1.1 255.255.255.0
[R1-Ethernet0/0/0]quit
[R1]interface e0/0/1
[R1-Ethernet0/0/1]ip address 172.16.2.1 255.255.255.0
```

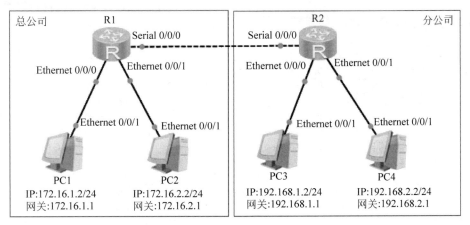

图 7-9　实验网络拓扑图(华为 eNSP 模拟器)

```
[R1-Ethernet0/0/1]quit
[R1]interface s0/0/0
[R1-Serial0/0/0]ip address 10.1.1.1 255.255.255.0
[R1-Serial0/0/0]quit
//配置静态路由(子网掩码采用点分十进制形式,采用下一跳地址)
[R1]ip route-static 192.168.1.0 255.255.255.0 10.1.1.2
//配置静态路由(子网掩码采用长度形式,采用转发接口)
[R1]ip route-static 192.168.2.0 24 s0/0/0
[R1]
```

2)分公司路由器 R2 的配置

```
//配置路由器的设备名和接口 IP 地址
< Huawei > sys
Enter system view, return user view with Ctrl + Z.
[Huawei]sysname R2
[R2]interface e0/0/0
[R2-Ethernet0/0/0]ip address 192.168.1.1 255.255.255.0
[R2-Ethernet0/0/0]quit
[R2]interface e0/0/1
[R2-Ethernet0/0/1]ip address 192.168.2.1 255.255.255.0
[R2-Ethernet0/0/1]quit
[R2]interface s0/0/0
[R2-Serial0/0/0]ip address 10.1.1.2 255.255.255.0
[R2-Serial0/0/0]quit
//配置静态路由(子网掩码采用长度表示,使用下一跳地址)
[R2]ip route-static 172.16.1.0 24 10.1.1.1
[R2]ip route-static 172.16.2.0 24 10.1.1.1
```

3)查看路由表

(1) R1 路由器。

```
< R1 > disp ip routing-table
Route Flags: R-relay, D-download to fib
------------------------------------------------------------------------
Routing Tables: Public
         Destinations : 11        Routes : 11
```

通过路由协议实现企业总公司与分公司的联网

Destination/Mask	Proto	Pre	Cost	Flags	NextHop	Interface
10.1.1.0/24	Direct	0	0	D	10.1.1.1	Serial0/0/0
10.1.1.1/32	Direct	0	0	D	127.0.0.1	Serial0/0/0
10.1.1.2/32	Direct	0	0	D	10.1.1.2	Serial0/0/0
127.0.0.0/8	Direct	0	0	D	127.0.0.1	InLoopBack0
127.0.0.1/32	Direct	0	0	D	127.0.0.1	InLoopBack0
172.16.1.0/24	Direct	0	0	D	172.16.1.1	Ethernet0/0/0
172.16.1.1/32	Direct	0	0	D	127.0.0.1	Ethernet0/0/0
172.16.2.0/24	Direct	0	0	D	172.16.2.1	Ethernet0/0/1
172.16.2.1/32	Direct	0	0	D	127.0.0.1	Ethernet0/0/1
192.168.1.0/24	**Static**	**60**	**0**	**RD**	**10.1.1.2**	**Serial0/0/0**
192.168.2.0/24	**Static**	**60**	**0**	**D**	**10.1.1.1**	**Serial0/0/0**

< R1 >

(2) R2 路由器。

< R2 > disp ip routing-table
Route Flags: R-relay, D-download to fib

Routing Tables: Public
      Destinations : 11   Routes : 11

Destination/Mask	Proto	Pre	Cost	Flags	NextHop	Interface
10.1.1.0/24	Direct	0	0	D	10.1.1.2	Serial0/0/0
10.1.1.1/32	Direct	0	0	D	10.1.1.1	Serial0/0/0
10.1.1.2/32	Direct	0	0	D	127.0.0.1	Serial0/0/0
127.0.0.0/8	Direct	0	0	D	127.0.0.1	InLoopBack0
127.0.0.1/32	Direct	0	0	D	127.0.0.1	InLoopBack0
172.16.1.0/24	**Static**	**60**	**0**	**RD**	**10.1.1.1**	**Serial0/0/0**
172.16.2.0/24	**Static**	**60**	**0**	**RD**	**10.1.1.1**	**Serial0/0/0**
192.168.1.0/24	Direct	0	0	D	192.168.1.1	Ethernet0/0/0
192.168.1.1/32	Direct	0	0	D	127.0.0.1	Ethernet0/0/0
192.168.2.0/24	Direct	0	0	D	192.168.2.1	Ethernet0/0/1
192.168.2.1/32	Direct	0	0	D	127.0.0.1	Ethernet0/0/1

< R2 >

6. 华为相关命令说明

1) 设置静态路由

视图：系统视图。

命令：

[Router]**ip route-static** *network net-mask* { *interface* | *ip-address* } [*preference*]

参数：

network：目的网络号。

net-mask：子网掩码(有点分十进制和长度两种表示方式)。

interface：出接口。

ip-address：下一跳地址。

preference：路由的优先级，可用于设置浮动路由或进行负载均衡。

例如，设置静态路由目的网络为 10.1.1.0/24，下一跳为 20.1.1.1。

[Router]ip route-static 10.1.1.0 24 20.1.1.1

或者

[Router]ip route-static 10.1.1.0 255.255.255.0 20.1.1.1

例如，设置静态路由目的网络为 10.1.1.0/24，出接口为 e0/0/0，下一跳为 20.1.1.1。

[Router]ip route-static 10.1.1.0 24 e0/0/0 20.1.1.1

转发接口和下一跳的使用说明：

在配置静态路由时，可指定出接口，也可指定下一跳地址，视具体情况而定。实际上，所有的路由项都必须明确下一跳地址。这是因为在发送报文时，首先根据报文的目的地址寻找路由表中与之匹配的路由。只有指定了下一跳地址，链路层才能找到对应的链路层地址，并转发报文。对于点到点接口，指定出接口即隐含指定了下一跳地址，这时认为与该接口相连的对端接口地址就是路由的下一跳地址。例如，POS 封装 PPP，通过 PPP 协商获取对端的 IP 地址，这时可以不指定下一跳地址，只需指定出接口即可。对于 NBMA 接口，它支持点到多点网络，这时除了配置 IP 路由外，还需在链路层建立二次路由，即 IP 地址到链路层地址的映射，这种情况下应配置下一跳 IP 地址。以太网接口必须指定下一跳。因为以太网接口是广播类型的接口，会导致出现多个下一跳，无法唯一确定下一跳。因此如果必须指定广播接口（如以太网接口）或 NBMA 接口作为出接口，则应同时指定通过该接口发送时对应的下一跳地址。

只配置下一跳的静态路由首先需要经过下一跳迭代，迭代成功才可以参与选路，否则路由无法被优选，而同时配置下一跳和出接口的静态路由可以直接参与选路，只有在选路过程中被优选的路由才能下刷 FIB，指导报文转发。对于 BGP 路由（直连 EBGP 路由除外）、静态路由（配置了下一跳）及多跳 RIP 路由而言，其所携带的下一跳信息可能并不是直接可达，需要找到到达下一跳的直连出接口。路由迭代的过程就是通过路由的下一跳信息来找到直连出接口的过程。

2）查看路由表的命令

< Router > **disp ip routing-table**

任务二：利用 RIP 动态路由实现总公司与分公司的网络互访

1. 任务描述

某公司有总公司和分公司两个不同区域的网络，每个区域的网络都多个不同的子网。为了实现两个区域不同子网间的互访，总公司和分公司分别采用一台路由器连接各自的子网，并实现子网之间的访问，总公司的路由器和分公司的路由器之间采用专线连接。为了便于网络管理员在以后扩充子网数量时，不需要同时更改路由器的配置，要求对路由器配置 RIPv2 动态路由，以实现两区域网络各个子网之间的相互访问。两路由器接口 IP 地址分配情况如表 7-3 所示。

表 7-3　总公司和分公司两路由器接口 IP 地址分配表

路 由 器	接　　口	IP 地　址
总公司路由器 R1	S2/0	10.1.1.1/24
	F0/0	172.16.1.1/24
	F1/0	172.16.2.1/24
分公司路由器 R2	S2/0	10.1.1.2/24
	F0/0	192.168.1.1/24
	F1/0	192.168.2.1/24

2. 实验网络拓扑图

实验网络拓扑图如图 7-10 所示。

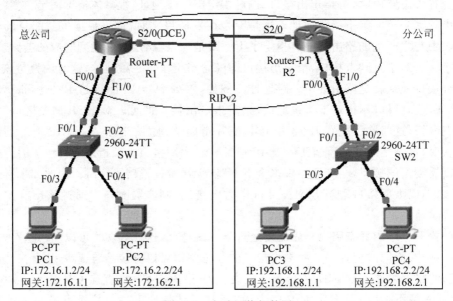

图 7-10　实验网络拓扑图

3. 设备配置(思科 PT 模拟器)

1) 总公司路由器 R1 的配置

```
//配置接口 IP 地址
R1 > enable
R1 # configure terminal
Enter configuration commands, one per line. End with CNTL/Z.
R1(config) # interface f0/0
R1(config-if) # ip address 172.16.1.1 255.255.255.0
R1(config-if) # no shutdown
R1(config-if) # exit
R1(config) # interface f1/0
R1(config-if) # ip address 172.16.2.1 255.255.255.0
R1(config-if) # no shutdown
R1(config-if) # exit
```

```
R1(config)#interface s2/0
R1(config-if)#clock rate 64000
R1(config-if)#ip address 10.1.1.1 255.255.255.0
R1(config-if)#no shutdown
R1(config-if)#exit
R1(config)#
//配置 RIP 路由
R1(config)#router rip                         //创建 RIP 路由进程
R1(config-router)#version 2                   //设置 RIP 路由协议版本为 2
R1(config-router)#no auto-summary             //关闭路由自动汇聚
R1(config-router)#network 172.16.1.0          //通告相关网络
R1(config-router)#network 172.16.2.0
R1(config-router)#network 10.1.1.0
R1(config-router)#exit
R1(config)#
```

2）分公司路由器 R2 的配置

```
//配置路由器接口 IP 地址
R2>enable
R2#configure terminal
Enter configuration commands, one per line. End with CNTL/Z.
R2(config)#interface f0/0
R2(config-if)#ip address 192.168.1.1 255.255.255.0
R2(config-if)#no shutdown
R2(config-if)#exit
R2(config)#interface f1/0
R2(config-if)#ip address 192.168.2.1 255.255.255.0
R2(config-if)#no shutdown
R2(config-if)#exit
R2(config)#interface s2/0
R2(config-if)#ip address 10.1.1.2 255.255.255.0
R2(config-if)#no shutdown
R2(config-if)#exit
R2(config)#
//配置 RIP 路由
R2(config)#router rip
R2(config-router)#version 2
R2(config-router)#no auto-summary
R2(config-router)#network 192.168.1.0
R2(config-router)#network 192.168.2.0
R2(config-router)#network 10.1.1.0
R2(config-router)#exit
R2(config)#
```

3）查看路由表
（1）R1 路由表。

```
R1#show ip route
Codes: C-connected, S-static, I-IGRP, R-RIP, M-mobile, B-BGP
       D-EIGRP, EX-EIGRP external, O-OSPF, IA-OSPF inter area
```

通过路由协议实现企业总公司与分公司的联网

N1-OSPF NSSA external type 1, N2-OSPF NSSA external type 2
E1-OSPF external type 1, E2-OSPF external type 2, E-EGP
i-IS-IS, L1-IS-IS level-1, L2-IS-IS level-2, ia-IS-IS inter area
* -candidate default, U-per-user static route, o-ODR
P-periodic downloaded static route

Gateway of last resort is not set

```
     10.0.0.0/24 is subnetted, 1 subnets
C        10.1.1.0 is directly connected, Serial2/0
     172.16.0.0/24 is subnetted, 2 subnets
C        172.16.1.0 is directly connected, FastEthernet0/0
C        172.16.2.0 is directly connected, FastEthernet1/0
R     192.168.1.0/24 [120/1] via 10.1.1.2, 00:00:11, Serial2/0
R     192.168.2.0/24 [120/1] via 10.1.1.2, 00:00:11, Serial2/0
R1#
```

(2) R2 路由表。

```
R2#show ip route
Codes: C-connected, S-static, I-IGRP, R-RIP, M-mobile, B-BGP
       D-EIGRP, EX-EIGRP external, O-OSPF, IA-OSPF inter area
       N1-OSPF NSSA external type 1, N2-OSPF NSSA external type 2
       E1-OSPF external type 1, E2-OSPF external type 2, E-EGP
       i-IS-IS, L1-IS-IS level-1, L2-IS-IS level-2, ia-IS-IS inter area
       * -candidate default, U-per-user static route, o-ODR
       P-periodic downloaded static route

Gateway of last resort is not set

     10.0.0.0/24 is subnetted, 1 subnets
C        10.1.1.0 is directly connected, Serial2/0
     172.16.0.0/24 is subnetted, 2 subnets
R        172.16.1.0 [120/1] via 10.1.1.1, 00:00:01, Serial2/0
R        172.16.2.0 [120/1] via 10.1.1.1, 00:00:01, Serial2/0
C     192.168.1.0/24 is directly connected, FastEthernet0/0
C     192.168.2.0/24 is directly connected, FastEthernet1/0
R2#
```

4. 思科相关命令介绍

1) 创建 RIP 路由进程

视图：全局配置视图。

命令：

```
Router(config)#router rip
Router(config)#no router rip
```

说明：设备要运行 RIP 路由协议，首先需要创建 RIP 路由进程，并定义与 RIP 路由进程关联的网络。可以通过 no 选项删除 RIP 路由进程。

例如，创建 RIP 路由进程。

```
Router(config)#router rip
```

2）配置 RIP 版本

视图：RIP 路由配置视图。

命令：

```
Router(config-router)#version { 1|2 }
Router(config-router)#no version
```

参数：

1：定义 RIP 版本号为 1。

2：定义 RIP 版本号为 2。

说明：该命令用来定义整个设备 RIP 版本号，默认情况下，可以接收 RIPv1 和 RIPv2 的数据包，但是只发送 RIPv1 的数据包，可以通过该命令设置设备只接收和发送 RIPv1 的数据包，也可以只接收和发送 RIPv2 的数据包。通过 no 选项可以恢复默认值。

由于 RIPv1 不支持子网掩码，当需要传递带可变长子网掩码的信息时，需要定义为 RIPv2 版本。

例如，定义 RIP 版本号为 2。

```
Router(config)##router rip
Router(config-router)#version 2
```

3）配置路由自动汇聚

视图：RIP 路由配置视图。

命令：

```
Router(config-router)#auto-summary
Router(config-router)#no auto-summary
```

说明：RIP 路由自动汇聚是指当子网路由穿越有类网络边界时，将自动汇聚成有类别网络路由。RIPv2 默认情况下将进行路由自动汇聚，RIPv1 不支持该功能。路由汇聚后，在路由表中将看不到包含在汇聚路由内的子路由，这样可以大大缩小路由表的规模。当然有些时候希望学到具体的子网路由，而不愿意只看到汇聚后的网络路由，这时需要用 no 选项关闭路由自动汇总功能。

在如图 7-9 所示的网络中，当整个网络使用 RIPv1 版本路由协议时，R2 路由器上生成的路由表如下。

```
R2#show ip route
Codes: C-connected, S-static, I-IGRP, R-RIP, M-mobile, B-BGP
        D-EIGRP, EX-EIGRP external, O-OSPF, IA-OSPF inter area
        N1-OSPF NSSA external type 1, N2-OSPF NSSA external type 2
        E1-OSPF external type 1, E2-OSPF external type 2, E-EGP
        i-IS-IS, L1-IS-IS level-1, L2-IS-IS level-2, ia-IS-IS inter area
        * -candidate default, U-per-user static route, o-ODR
        P-periodic downloaded static route

Gateway of last resort is not set
```

通过路由协议实现企业总公司与分公司的联网

```
        10.0.0.0/24 is subnetted, 1 subnets
C          10.1.1.0 is directly connected, Serial2/0
R       172.16.0.0/16 [120/1] via 10.1.1.1, 00:00:00, Serial2/0
C       192.168.1.0/24 is directly connected, FastEthernet0/0
C       192.168.2.0/24 is directly connected, FastEthernet1/0
R2#
```

而当整个网络使用 RIPv2 版本路由协议并关闭路由自动汇集时,R2 路由器上生成的路由表如下。

```
R2# show ip route
Codes: C-connected, S-static, I-IGRP, R-RIP, M-mobile, B-BGP
       D-EIGRP, EX-EIGRP external, O-OSPF, IA-OSPF inter area
       N1-OSPF NSSA external type 1, N2-OSPF NSSA external type 2
       E1-OSPF external type 1, E2-OSPF external type 2, E-EGP
       i-IS-IS, L1-IS-IS level-1, L2-IS-IS level-2, ia-IS-IS inter area
       * -candidate default, U-per-user static route, o-ODR
       P-periodic downloaded static route

Gateway of last resort is not set

        10.0.0.0/24 is subnetted, 1 subnets
C          10.1.1.0 is directly connected, Serial2/0
        172.16.0.0/24 is subnetted, 2 subnets
R          172.16.1.0 [120/1] via 10.1.1.1, 00:00:01, Serial2/0
R          172.16.2.0 [120/1] via 10.1.1.1, 00:00:01, Serial2/0
C       192.168.1.0/24 is directly connected, FastEthernet0/0
C       192.168.2.0/24 is directly connected, FastEthernet1/0
R2#
```

4) 配置 RIP 路由进程通告的网络

视图:RIP 路由配置视图。

命令:

```
Router(config-router)network network-number
Router(config-router)no network network-number
```

参数:

network-number:路由器所要通告的直连网络的网络号,可以是某个接口的 IP 地址。

说明:该命令是用来配置 RIP 路由进程要通告出去的网络,在使用的时候可以用接口的 IP 地址来代替网络号,因为路由器只按照自然网络的网络号(即 A、B、C 3 类的标准网络号)来处理,所以输入 10.1.1.1 和输入 10.0.0.0 的效果是一样的。

例如,通告网络 192.168.1.0/24。

```
Router(config)# router rip
Router(config-router)# network 192.168.1.0
```

在进行网络规划时,经常使用划分的子网,如 10.1.1.0/24 和 10.2.2.0/24,这是两个不同的网络,但是在 RIP 通告出去时,只会使用自然网络号 10.0.0.0/8。这时别的路由器

只是学到自然网络号 10.0.0.0/8 的网络路由,如果需要按划分的子网通告,必须定义 RIP
的版本号为 2,并关闭自动汇聚。

5. 设备配置(华为 eNSP 模拟器)

实验网络拓扑图如图 7-11 所示。

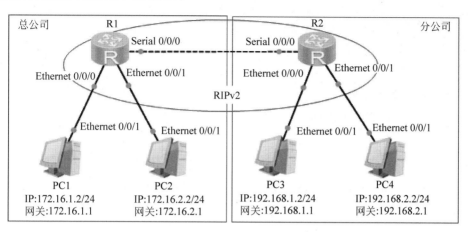

图 7-11　实验网络拓扑图(华为 eNSP 模拟器)

1) 总公司路由器 R1 的配置

```
//配置路由器的设备名和接口 IP 地址
< Huawei > system-view
Enter system view, return user view with Ctrl + Z.
[Huawei]sysname R1
[R1]interface e0/0/0
[R1-Ethernet0/0/0]ip address 172.16.1.1 255.255.255.0
[R1-Ethernet0/0/0]quit
[R1]interface e0/0/1
[R1-Ethernet0/0/1]ip address 172.16.2.1 255.255.255.0
[R1-Ethernet0/0/1]quit
[R1]interface s0/0/0
[R1-Serial0/0/0]ip address 10.1.1.1 255.255.255.0
[R1-Serial0/0/0]quit
//配置 RIP 路由
[R1]rip                              //创建 RIP 路由进程,进程号默认为 1
[R1-rip-1]version 2                  //设置 RIP 版本为 2
[R1-rip-1]network 172.16.0.0         //通告相关网络
[R1-rip-1]network 10.0.0.0
```

2) 分公司路由器 R2 的配置

```
//配置路由器的设备名和接口 IP 地址
< Huawei > sys
Enter system view, return user view with Ctrl + Z.
[Huawei]sysname R2
[R2]interface e0/0/0
[R2-Ethernet0/0/0]ip address 192.168.1.1 255.255.255.0
[R2-Ethernet0/0/0]quit
[R2]interface e0/0/1
[R2-Ethernet0/0/1]ip address 192.168.2.1 255.255.255.0
```

通过路由协议实现企业总公司与分公司的联网

```
[R2-Ethernet0/0/1]quit
[R2]interface s0/0/0
[R2-Serial0/0/0]ip address 10.1.1.2 255.255.255.0
[R2-Serial0/0/0]quit
//配置 RIP 路由
[R2]rip
[R2-rip-1]version 2
[R2-rip-1]network 192.168.1.0
[R2-rip-1]network 192.168.2.0
[R2-rip-1]network 10.0.0.0
```

6. 华为相关命令说明

1) 创建/关闭 RIP 路由进程

视图: 系统视图。

命令:

[Router]**rip** [n]　　//创建 RIP 路由进程

参数:

n 为进程号,取值范围为 1~655 35,默认为 1。

关闭 RIP 路由进程的命令如下。

[Router]**undo rip** n

2) 设置 RIP 路由版本

视图: RIP 路由视图。

命令:

[Router-rip-1]**version** n

参数:

n 为版本号,取值为 1 或 2,默认情况为版本 1。在华为设备上,在启动 RIP 进程的时候,如果没有指定版本,则系统是默认是对 version 1 和 version 2 都支持的,且系统在向外发送 RIP 路由信息的时候,是以 RIPv1 发布的,而对接收到的 RIPv1 和 RIPv2 的路由都可以识别。

假设 A、B 两台路由器互连,使用 RIP,在版本的设定上有以下几种情况。

情况一: A 指定 version 1,B 指定 version 2。A 将以 version 1 向外发送 RIP 路由信息,对接收到的非 version 1 的路由信息不予接收;B 将以 version 2 向外发送 RIP 路由信息,对接收到的非 version 2 的路由信息不予接收。因此在这种情况下,A、B 之间彼此都不能学到对方的 RIP 路由信息。

情况二: A 指定 version 1,B 未指定具体版本。A 将以 version 1 向外发送 RIP 路由信息,对接收到的非 version 1 的路由信息不予接收;B 将以 version 1 向外发送 RIP 路由信息,对接收到的 version 1 和 version 2 的路由信息都可以正常学习。因此在这种情况下,A、B 之间彼此都可以学到对方的 RIP 路由信息。

情况三: A 指定 version 2,B 未指定具体版本。A 将以 version 2 向外发送 RIP 路由信息,对接收到的非 version 2 的路由信息不予接收;B 将以 version 1 向外发送 RIP 路由信息,对接收到的 version 1 和 version 2 的路由信息都可以正常学习。因此在这种情况下,A

学不到 B 发布的 RIP 路由,B 可以学到 A 发布的 RIP 路由。

情况四:A 指定 version 1(或 version 2),B 指定运行 version 1(或 version 2)。A 将以 version 1(或 version 2)向外发送 RIP 路由信息,对接收到的非 version 1(或 version 2)的路由信息不予接收;B 将以 version 1(或 version 2)向外发送 RIP 路由信息,对接收到的非 version 1(或 version 2)的路由信息不予接收。因此在这种情况下,A、B 之间彼此都可以学到对方的 RIP 路由信息。

所以在启用 RIP 的时候,要保证与对端的 RIP 版本配置一致,这样可以减少出现路由学不到的情况。

3) 设置路由汇聚

视图:RIP 路由视图/接口视图。

命令:

[Router-rip-1]**summary [always]**

参数:

always 表示"总是汇聚",使用该参数后在不关闭接口的水平分割功能的情况下也会发送汇聚路由。

说明:华为设备中路由汇聚包括基于 RIPv2 进程的有类汇聚和基于接口的聚合。基于 RIPv2 进程的有类聚合即实现自动聚合。基于接口的聚合即实现手动聚合。关闭基于 RIPv2 进程路由汇聚的命令如下。

[Router-rip-1]**undo summary**

华为设备上 RIP 默认版本为 1,只识别自然网段,无法识别划分的子网。也就是说只有版本 2 是可以识别划分的子网的,支持路由汇聚,使用版本 2 时,默认不进行路由汇聚(因为接口启用了水平分割,如果关闭接口上的水平分割(命令[R1-Serial0/0/0]**undo rip split-horizon**)就会生成汇总路由)。

基于接口的路由聚合命令如下。

[R1-Serial0/0/0]**rip summary-address** *network netmask* [avoid-feedback]

参数:

network:汇聚后的网络号。

netmask:汇聚后的子网掩码,指定 avoid-feedback 关键字,本接口将不再学习到和已发布的汇聚 IP 地址相同的汇聚路由,从而可以起到防止产生路由环路的作用。

4) RIP 中通告相关网络

视图:RIP 路由视图。

命令:

[Router-rip-1]**network** *network*

参数:

network 为通告的网络地址,这个指定的网络地址只能为按自然网段划分的且与路由器直接连接的网络地址,不能包括子网信息。如果路由器连接了一个自然网段的多个子网,

也只需用一条对应自然网段的命令使能 RIP。一个接口只能与一个 RIP 进程相关联。

任务三：利用 OSPF 动态路由实现总公司与分公司的网络互访

1. 任务描述

某公司有总公司和分公司两个不同区域的网络,每个区域的网络有多个不同的子网,为了实现两个区域不同子网间的互访,总公司和分公司分别采用一台路由器连接各自的子网,并实现子网之间的访问,总公司的路由器和分公司的路由器之间采用专线连接。要求对路由器配置 OSPF 动态路由,以实现两区域网络各个子网之间的相互访问。两路由器接口 IP 地址分配情况如表 7-4 所示。

表 7-4　总公司和分公司两路由器接口 IP 地址分配表

路　由　器	接　　口	IP　地　址
总公司路由器 R1	S2/0	10.1.1.1/24
	F0/0	172.16.1.1/24
	F1/0	172.16.2.1/24
分公司路由器 R2	S2/0	10.1.1.2/24
	F0/0	192.168.1.1/24
	F1/0	192.168.2.1/24

2. 实验网络拓扑图

实验网络拓扑图如图 7-12 所示。

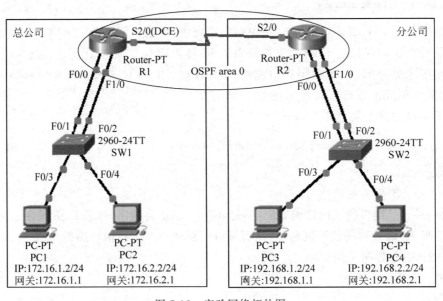

图 7-12　实验网络拓扑图

3. 设备配置(思科 PT 模拟器)

1)总公司路由器 R1 的配置

```
//配置接口 IP 地址
R1 > enable
```

```
R1♯configure terminal
Enter configuration commands, one per line. End with CNTL/Z.
R1(config)♯interface f0/0
R1(config-if)♯ip address 172.16.1.1 255.255.255.0
R1(config-if)♯no shutdown
R1(config-if)♯exit
R1(config)♯interface f1/0
R1(config-if)♯ip address 172.16.2.1 255.255.255.0
R1(config-if)♯no shutdown
R1(config-if)♯exit
R1(config)♯interface s2/0
R1(config-if)♯clock rate 64000
R1(config-if)♯ip address 10.1.1.1 255.255.255.0
R1(config-if)♯no shutdown
R1(config-if)♯exit
R1(config)♯
//配置 OSPF 路由
R1(config)♯router ospf 1
R1(config-router)♯network 172.16.1.0 0.0.0.255 area 0
R1(config-router)♯network 172.16.2.0 0.0.0.255 area 0
R1(config-router)♯network 10.1.1.0 0.0.0.255 area 0
```

2）分公司路由器 R2 的配置

```
//配置路由器接口 IP 地址
R2 > enable
R2♯configure terminal
Enter configuration commands, one per line. End with CNTL/Z.
R2(config)♯interface f0/0
R2(config-if)♯ip address 192.168.1.1 255.255.255.0
R2(config-if)♯no shutdown
R2(config-if)♯exit
R2(config)♯interface f1/0
R2(config-if)♯ip address 192.168.2.1 255.255.255.0
R2(config-if)♯no shutdown
R2(config-if)♯exit
R2(config)♯interface s2/0
R2(config-if)♯ip address 10.1.1.2 255.255.255.0
R2(config-if)♯no shutdown
R2(config-if)♯exit
R2(config)♯
//配置 OSPF 路由
R2(config)♯router ospf 1                                    //创建 OSPf 路由进程,进程号为 1
R2(config-router)♯network 192.168.1.0 0.0.0.255 area 0      //添加相关网络到区域 0
R2(config-router)♯network 192.168.2.0 0.0.0.255 area 0
R2(config-router)♯network 10.1.1.0 0.0.0.255 area 0
```

3）查看路由表
（1）R1 路由表。

```
R1♯show ip route
```

```
Codes: C-connected, S-static, I-IGRP, R-RIP, M-mobile, B-BGP
       D-EIGRP, EX-EIGRP external, O-OSPF, IA-OSPF inter area
       N1-OSPF NSSA external type 1, N2-OSPF NSSA external type 2
       E1-OSPF external type 1, E2-OSPF external type 2, E-EGP
       i-IS-IS, L1-IS-IS level-1, L2-IS-IS level-2, ia-IS-IS inter area
       * -candidate default, U-per-user static route, o-ODR
       P-periodic downloaded static route

Gateway of last resort is not set

     10.0.0.0/24 is subnetted, 1 subnets
C       10.1.1.0 is directly connected, Serial2/0
     172.16.0.0/24 is subnetted, 2 subnets
C       172.16.1.0 is directly connected, FastEthernet0/0
C       172.16.2.0 is directly connected, FastEthernet1/0
O    192.168.1.0/24 [110/65] via 10.1.1.2, 00:00:59, Serial2/0
O    192.168.2.0/24 [110/65] via 10.1.1.2, 00:00:59, Serial2/0
R1#
```

（2）R2 路由表。

```
R2#show ip route
Codes: C-connected, S-static, I-IGRP, R-RIP, M-mobile, B-BGP
       D-EIGRP, EX-EIGRP external, O-OSPF, IA-OSPF inter area
       N1-OSPF NSSA external type 1, N2-OSPF NSSA external type 2
       E1-OSPF external type 1, E2-OSPF external type 2, E-EGP
       i-IS-IS, L1-IS-IS level-1, L2-IS-IS level-2, ia-IS-IS inter area
       * -candidate default, U-per-user static route, o-ODR
       P-periodic downloaded static route

Gateway of last resort is not set

     10.0.0.0/24 is subnetted, 1 subnets
C       10.1.1.0 is directly connected, Serial2/0
     172.16.0.0/24 is subnetted, 2 subnets
O       172.16.1.0 [110/65] via 10.1.1.1, 00:00:47, Serial2/0
O       172.16.2.0 [110/65] via 10.1.1.1, 00:00:47, Serial2/0
C    192.168.1.0/24 is directly connected, FastEthernet0/0
C    192.168.2.0/24 is directly connected, FastEthernet1/0
R2#
```

4. 思科相关命令介绍

1）创建 OSPF 路由进程

视图：全局配置视图。

命令：

```
Router(config)#router ospf process-id
Router(config)#no router ospf process-id
```

参数：

process-id：OSPF 进程号，范围为 1～65 535。该值只在本地有效。

说明：在用该命令创建 OSPF 路由进程时，进程号是必需的。在同一使用 OSPF 路由协议的网络中，不同的路由器可以使用不同的进程号，进程号只在本地有效。一台路由器也可以启用多个 OSPF 进程，不同的进程之间互不影响，彼此独立，不同 OSPF 进程之间的路由交换相当于不同路由协议之间的路由交互。路由器的一个接口只能属于某一个 OSPF 进程。使用 no 选项可以关闭路由进程。

例如，创建 OSPF 路由进程，进程号为 10。

```
Router(config)# router ospf 10
```

2）添加关联网络并指定区域

视图：OSPF 路由配置视图。

命令：

```
Router(config)# network ip-address wildcard area area-id
Router(config)# no network ip-address wildcard area area-id
```

参数：

ip-address：要关联的网络号，可以用路由器上相应的接口 IP 地址代替。

wildcard："反掩码"，即子网掩码的反码形式。例如，子网掩码为 255.255.255.0，则对应的反掩码为 0.0.0.255。

area-id：OSPF 区域标识，用来标识指定的网络与哪一个 OSPF 区域关联。它可以是一个十进制数或用 IP 地址的点分十进制格式书写。

说明：当要在一个接口上运行 OSPF 路由协议时，必须将该接口的所在的网络号或接口的主 IP 地址添加到关联网络中，并指定 OSPF 区域。如果定义的 OSPF 是一个单一区域，*area-id* 的值必须为 0，因为 OSPF 将区域 0 作为连接到所有其他 OSPF 区域的主干区域。如果存在不同的区域，则 *area-id* 值可以不同。使用 no 选项可以删除添加的关联网络。

例如，添加关联网络 192.168.1.0/24 到区域 0。

```
Router(config)# router ospf 1
Router(config-router)# network 192.168.1.0 0.0.0.255 area 0
```

例如，添加关联网络 10.1.1.0/24 到区域 1.1.1.1。

```
Router(config)# router ospf 1
Router(config-router)# network 10.1.1.0 0.0.0.255 area 1.1.1.1
```

3）配置 router-id

视图：OSPF 路由配置视图。

命令：

```
Router(config-router)# router-id router-id
Router(config-router)# no router-id
```

参数：

router-id：要设置的路由设备的 ID，以 IP 地址形式表示。默认由 OSPF 路由进程选举

通过路由协议实现企业总公司与分公司的联网

接口 IP 地址最大的作为路由设备的 ID。

说明：*router-id* 在 OSPF 中起到了一个表明身份的作用,不同的 *router-id* 表明了在一个 OSPF 进程中不同路由器的身份。一般如果不手工指定,会默认用 loopback 口来作为 *router-id*,因为 loopback 口非常的稳定,不会受链路的 up/down 的影响,如果 loopback 口没有地址,会用物理接口上最大的 IP 地址作为 *router-id*。可以配置任何一个 IP 地址作为该路由设备的 ID,但是每台路由设备的路由设备标识必须唯一。no 选项可以删除所设置的 *router-id*,恢复使用默认的 *router-id*。

例如,配置路由器的 *router-id* 为 0.0.0.1。

```
Router(config)♯ router ospf 1
Router(config-router)♯ router-id 0.0.0.1
```

4) 显示 OSPF 信息

视图：特权视图。

命令：

Router♯ **show ip ospf** [*process-id*]

参数：

process-id：OSPF 进程号,范围为 1～65 535。该值只在本地有效。

说明：应用该命令可以显示 OSPF 路由进程的运行信息概要。

例如,显示 OSPF 路由进程运行信息。

```
R2♯ show ip ospf 1
Routing Process "ospf 1" with ID 192.168.2.1
Supports only single TOS(TOS0) routes
Supports opaque LSA
SPF schedule delay 5 secs, Hold time between two SPFs 10 secs
Minimum LSA interval 5 secs. Minimum LSA arrival 1 secs
Number of external LSA 0. Checksum Sum 0x000000
Number of opaque AS LSA 0. Checksum Sum 0x000000
Number of DCbitless external and opaque AS LSA 0
Number of DoNotAge external and opaque AS LSA 0
Number of areas in this router is 1. 1 normal 0 stub 0 nssa
External flood list length 0
    Area BACKBONE(0)
        Number of interfaces in this area is 3
        Area has no authentication
        SPF algorithm executed 3 times
        Area ranges are
        Number of LSA 2. Checksum Sum 0x009f99
        Number of opaque link LSA 0. Checksum Sum 0x000000
        Number of DCbitless LSA 0
        Number of indication LSA 0
        Number of DoNotAge LSA 0
        Flood list length 0

    R2♯
```

5. 设备配置(华为 eNSP 模拟器)

实验网络拓扑图如图 7-13 所示。

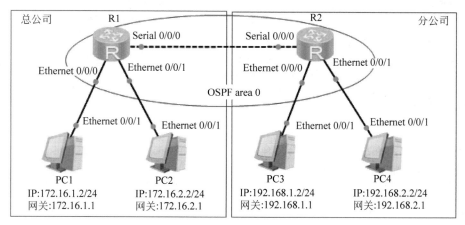

图 7-13 实验网络拓扑图(华为 eNSP 模拟器)

1) 总公司路由器 R1 的配置

```
//配置路由器的设备名和接口 IP 地址
< Huawei > system-view
Enter system view, return user view with Ctrl + Z.
[Huawei]sysname R1
[R1]interface e0/0/0
[R1-Ethernet0/0/0]ip address 172.16.1.1 255.255.255.0
[R1-Ethernet0/0/0]quit
[R1]interface e0/0/1
[R1-Ethernet0/0/1]ip address 172.16.2.1 255.255.255.0
[R1-Ethernet0/0/1]quit
[R1]interface s0/0/0
[R1-Serial0/0/0]ip address 10.1.1.1 255.255.255.0
[R1-Serial0/0/0]quit
//配置 OSPF 路由
[R1]ospf                             //创建 OSPF 路由进程
[R1-ospf-1]area 0                    //创建主干区域 0
[R1-ospf-1-area-0.0.0.0]network 172.16.1.0 0.0.0.255   //添加网络
[R1-ospf-1-area-0.0.0.0]network 172.16.2.0 0.0.0.255
[R1-ospf-1-area-0.0.0.0]network 10.1.1.0 0.0.0.255
```

2) 分公司路由器 R2 的配置

```
//配置路由器的设备名和接口 IP 地址
< Huawei > sys
Enter system view, return user view with Ctrl + Z.
[Huawei]sysname R2
[R2]interface e0/0/0
[R2-Ethernet0/0/0]ip address 192.168.1.1 255.255.255.0
[R2-Ethernet0/0/0]quit
[R2]interface e0/0/1
[R2-Ethernet0/0/1]ip address 192.168.2.1 255.255.255.0
[R2-Ethernet0/0/1]quit
[R2]interface s0/0/0
```

通过路由协议实现企业总公司与分公司的联网

```
[R2-Serial0/0/0]ip address 10.1.1.2 255.255.255.0
[R2-Serial0/0/0]quit
//配置 OSPF 路由
[R2]ospf
[R2-ospf-1]area 0
[R2-ospf-1-area-0.0.0.0]network 192.168.1.0 0.0.0.255
[R2-ospf-1-area-0.0.0.0]network 192.168.2.0 0.0.0.255
[R2-ospf-1-area-0.0.0.0]network 10.1.1.0 0.0.0.255
```

3）查看路由表

（1）R1 路由表。

```
<R1> disp ip routing-table
Route Flags: R-relay, D-download to fib
----------------------------------------------------------------
Routing Tables: Public
        Destinations : 11        Routes : 11

Destination/Mask     Proto    Pre   Cost   Flags NextHop       Interface

      10.1.1.0/24   Direct   0     0      D     10.1.1.1      Serial0/0/0
      10.1.1.1/32   Direct   0     0      D     127.0.0.1     Serial0/0/0
      10.1.1.2/32   Direct   0     0      D     10.1.1.2      Serial0/0/0
     127.0.0.0/8    Direct   0     0      D     127.0.0.1     InLoopBack0
     127.0.0.1/32   Direct   0     0      D     127.0.0.1     InLoopBack0
   172.16.1.0/24    Direct   0     0      D     172.16.1.1    Ethernet0/0/0
   172.16.1.1/32    Direct   0     0      D     127.0.0.1     Ethernet0/0/0
   172.16.2.0/24    Direct   0     0      D     172.16.2.1    Ethernet0/0/1
   172.16.2.1/32    Direct   0     0      D     127.0.0.1     Ethernet0/0/1
  192.168.1.0/24    OSPF     10    1563   D     10.1.1.2      Serial0/0/0
  192.168.2.0/24    OSPF     10    1563   D     10.1.1.2      Serial0/0/0

<R1>
```

（2）R2 路由表。

```
<R2> disp ip routing-table
Route Flags: R-relay, D-download to fib
----------------------------------------------------------------
Routing Tables: Public
        Destinations : 11        Routes : 11

Destination/Mask     Proto   Pre  Cost   Flags NextHop       Interface

      10.1.1.0/24   Direct  0    0      D     10.1.1.2      Serial0/0/0
      10.1.1.1/32   Direct  0    0      D     10.1.1.1      Serial0/0/0
      10.1.1.2/32   Direct  0    0      D     127.0.0.1     Serial0/0/0
     127.0.0.0/8    Direct  0    0      D     127.0.0.1     InLoopBack0
     127.0.0.1/32   Direct  0    0      D     127.0.0.1     InLoopBack0
   172.16.1.0/24    OSPF    10   1563   D     10.1.1.1      Serial0/0/0
   172.16.2.0/24    OSPF    10   1563   D     10.1.1.1      Serial0/0/0
  192.168.1.0/24    Direct  0    0      D     192.168.1.1   Ethernet0/0/0
  192.168.1.1/32    Direct  0    0      D     127.0.0.1     Ethernet0/0/0
  192.168.2.0/24    Direct  0    0      D     192.168.2.1   Ethernet0/0/1
```

```
      192.168.2.1/32 Direct 0    0    D    127.0.0.1    Ethernet0/0/1
```

<R2>

6. 华为相关命令说明

1）创建/删除 OSPF 路由进程

视图：系统视图。

命令：

```
[Router]ospf [ n ] [router-id rid]
[Router]undo ospf n
```

参数：

n 为进程号，取值范围为 1～65 535。不带参数时，默认为 1；在创建的进程的同时可以指定 router-id，router-id 的格式为 IP 地址格式；undo 可以删除相应的路由进程。

例如，创建 OSPF 路由进程，进程号为 1，router-id 为 1.1.1.1。

```
[Router]ospf 1 router-id 1.1.1.1
```

一台设备如果要运行 OSPF 协议，必须存在 Router ID。设备的 Router ID 是一个 32 比特无符号整数，是一台设备在自治系统中的唯一标识。为保证 OSPF 运行的稳定性，在进行网络规划时应该确定 Router ID 的划分并手工配置。默认情况下，设备系统会从当前接口的 IP 地址中自动选取一个最大值作为 Router ID。手动配置 Router ID 时，必须保证自治系统中任意两台 Router ID 都不相同。通常的做法是将 Router ID 配置为与该设备某个接口的 IP 地址一致。每个 OSPF 进程的 Router ID 要保证在 OSPF 网络中唯一，否则会导致邻居不能正常建立、路由信息不正确的问题。建议在 OSPF 设备上单独为每个 OSPF 进程配置全网唯一的 Router ID。

2）创建区域号

视图：OSPF 路由视图。

命令：

```
[Router-ospf-1]area n
[Router-ospf-1]undo area n
```

参数：

n 有两种格式，第一种是整数，取值范围为 0～4 294 967 295，第二种是 IP 地址格式。华为设备上的区域设置跟思科的不同，思科是直接作为 network 命令的一个参数来进行设置的，华为设备上是在 network 命令之前用单独的 area 命令设置的。

例如，创建主干区域。

```
[Router-ospf-1]area 0
```

或者

```
[Router-ospf-1]area 0.0.0.0
```

通过路由协议实现企业总公司与分公司的联网

3）OSPF 区域中添加/删除网络

视图：OSPF 区域视图。

命令：

[Router-ospf-1-area-0.0.0.0]**network** *ip-address wildcard*
[Router-ospf-1-area-0.0.0.0]**undo network** *ip-address wildcard*

参数：

ip-address：要添加的网络号，可以用路由器上相应的接口 IP 地址代替。

wildcard：对应网络的"反掩码"。

任务四：利用路由重分布实现总公司与分公司的网络互访

1. 任务描述

某公司 A(总公司)合并了另外一个公司 B(分公司)，A 公司原网络采用了 OSPF 路由协议，B 公司原网络采用了 RIP 路由协议，现要求网络管理员通过路由重分布实现两个网络的合并。两路由器接口 IP 地址分配情况如表 7-4 所示。

表 7-4　A 公司和 B 公司两路由器接口 IP 地址分配表

路　由　器	接　　口	IP　地　址
A 公司路由器 R1	S2/0	10.1.1.1/24
	F0/0	172.16.1.1/24
	F1/0	172.16.2.1/24
B 公司路由器 R2	S2/0	10.1.1.2/24
	F0/0	192.168.1.1/24
	F1/0	192.168.2.1/24

2. 实验网络拓扑图

实验网络拓扑图如图 7-14 所示。

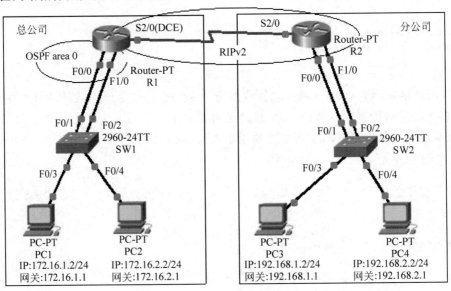

图 7-14　实验网络拓扑图

3. 设备配置（思科 PT 模拟器）

1）总公司路由器 R1 的配置

```
//配置接口 IP 地址
R1 > enable
R1#configure terminal
Enter configuration commands, one per line. End with CNTL/Z.
R1(config)#interface f0/0
R1(config-if)#ip address 172.16.1.1 255.255.255.0
R1(config-if)#no shutdown
R1(config-if)#exit
R1(config)#interface f1/0
R1(config-if)#ip address 172.16.2.1 255.255.255.0
R1(config-if)#no shutdown
R1(config-if)#exit
R1(config)#interface s2/0
R1(config-if)#clock rate 64000
R1(config-if)#ip address 10.1.1.1 255.255.255.0
R1(config-if)#no shutdown
R1(config-if)#exit
R1(config)#
//配置 OSPF 路由
R1(config)#router ospf 1
R1(config-router)#network 172.16.1.0 0.0.0.255 area 0
R1(config-router)#network 172.16.2.0 0.0.0.255 area 0
R1(config-router)#exit
//配置 RIPv2 路由
R1(config)#router rip
R1(config-router)#version 2
R1(config-router)#no auto-summary
R1(config-router)#network 10.1.1.0
R1(config-router)#exit
R1(config)#
//配置路由重发布(RIP 中重发布 OSPF 路由)
R1(config)#router rip
R1(config-router)#redistribute ospf 1 metric 3
R1(config-router)#exit
//配置路由重发布(OSPF 中重发布 RIP 路由)
R1(config)#router ospf 1
R1(config-router)#redistribute rip subnets
R1(config-router)#exit
```

2）分公司路由器 R2 的配置

```
//配置路由器接口 IP 地址
R2 > enable
R2#configure terminal
Enter configuration commands, one per line. End with CNTL/Z.
R2(config)#interface f0/0
R2(config-if)#ip address 192.168.1.1 255.255.255.0
R2(config-if)#no shutdown
```

```
R2(config-if)#exit
R2(config)#interface f1/0
R2(config-if)#ip address 192.168.2.1 255.255.255.0
R2(config-if)#no shutdown
R2(config-if)#exit
R2(config)#interface s2/0
R2(config-if)#ip address 10.1.1.2 255.255.255.0
R2(config-if)#no shutdown
R2(config-if)#exit
R2(config)#
//配置 RIPv2 路由
R2(config)#router rip
R2(config-router)#version 2
R2(config-router)#no auto-summary
R2(config-router)#network 192.168.1.0
R2(config-router)#network 192.168.2.0
R2(config-router)#network 10.1.1.0
```

3) 查看路由表

(1) R1 路由表。

```
R1#show ip route
Codes: C-connected, S-static, I-IGRP, R-RIP, M-mobile, B-BGP
       D-EIGRP, EX-EIGRP external, O-OSPF, IA-OSPF inter area
       N1-OSPF NSSA external type 1, N2-OSPF NSSA external type 2
       E1-OSPF external type 1, E2-OSPF external type 2, E-EGP
       i-IS-IS, L1-IS-IS level-1, L2-IS-IS level-2, ia-IS-IS inter area
       * -candidate default, U-per-user static route, o-ODR
       P-periodic downloaded static route


Gateway of last resort is not set

     10.0.0.0/24 is subnetted, 1 subnets
C       10.1.1.0 is directly connected, Serial2/0
     172.16.0.0/24 is subnetted, 2 subnets
C       172.16.1.0 is directly connected, FastEthernet0/0
C       172.16.2.0 is directly connected, FastEthernet1/0
R    192.168.1.0/24 [120/1] via 10.1.1.2, 00:00:18, Serial2/0
R    192.168.2.0/24 [120/1] via 10.1.1.2, 00:00:18, Serial2/0
R1#
```

(2) R2 路由表。

```
R2#show ip route
Codes: C-connected, S-static, I-IGRP, R-RIP, M-mobile, B-BGP
       D-EIGRP, EX-EIGRP external, O-OSPF, IA-OSPF inter area
       N1-OSPF NSSA external type 1, N2-OSPF NSSA external type 2
       E1-OSPF external type 1, E2-OSPF external type 2, E-EGP
       i-IS-IS, L1-IS-IS level-1, L2-IS-IS level-2, ia-IS-IS inter area
       * -candidate default, U-per-user static route, o-ODR
       P-periodic downloaded static route
```

Gateway of last resort is not set

```
      10.0.0.0/24 is subnetted, 1 subnets
C        10.1.1.0 is directly connected, Serial2/0
      172.16.0.0/24 is subnetted, 2 subnets
R        172.16.1.0 [120/3] via 10.1.1.1, 00:00:20, Serial2/0
R        172.16.2.0 [120/3] via 10.1.1.1, 00:00:20, Serial2/0
C     192.168.1.0/24 is directly connected, FastEthernet0/0
C     192.168.2.0/24 is directly connected, FastEthernet1/0
R2#
```

4. 思科相关命令介绍

1）路由重分发

视图：RIP 路由配置视图、OSPF 路由配置视图。

命令：

Router(config-router)#**redistribute** *protocol* [**metric** *value*] [subnets]
Router(config-router)#**no redistribute** *protocol* [**metric** *value*]

参数：

protocol：路由重分发的源路由协议：OSPF、RIP、connected、static、bgp。当为 OSPF 时要带上相应的进程号。

value：重分发的路由的度量值。不配置时将使用 default-metric 命令设置的度量值。

subnets：在 OSPF 进程下配置重分发时使用的一个参数，用来支持无类别路由。

说明：该命令在 OSPF 路由配置视图和 RIP 路由配置视图都可以用，只是后面相应的参数会有一些区别。在 RIP 进程下使用，表示将命令中指定路由协议类型的路由重分发到 RIP 中，当重分发到 RIP 中时，除了静态路由和直连路由，其他重分发路由的默认度量值为无穷大，静态路由和直连路由的默认度量值为 1。当重分发到 OSPF 中时，除了静态路由和直连路由，其他重分发路由的默认度量值为 20，默认度量值类型为 2，且默认不重分发子网，如果要重分发子网，需要加上 subnets 关键字。

例如，如图 7-15 所示，在路由器 RA 上进行路由重分发，使得整个网络中所有的网段都能相互访问。

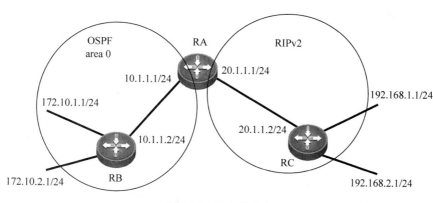

图 7-15　路由重分布

通过路由协议实现企业总公司与分公司的联网

在路由重分发之前各路由器的路由表如下。

(1) RA 路由器路由表。

```
RA(config)#show ip route

Codes: C-connected, S-static, R-RIP, B-BGP
       O-OSPF, IA-OSPF inter area
       N1-OSPF NSSA external type 1, N2-OSPF NSSA external type 2
       E1-OSPF external type 1, E2-OSPF external type 2
       i-IS-IS, su-IS-IS summary, L1-IS-IS level-1, L2-IS-IS level-2
       ia-IS-IS inter area, *-candidate default

Gateway of last resort is no set
C    10.1.1.0/24 is directly connected, FastEthernet 0/0
C    10.1.1.1/32 is local host.
C    20.1.1.0/24 is directly connected, Serial 3/0
C    20.1.1.1/32 is local host.
O    172.10.1.0/24 [110/2] via 10.1.1.2, 00:04:58, FastEthernet 0/0
O    172.10.2.0/24 [110/2] via 10.1.1.2, 00:04:58, FastEthernet 0/0
R    192.168.1.0/24 [120/1] via 20.1.1.2, 01:49:34, Serial 3/0
R    192.168.2.0/24 [120/1] via 20.1.1.2, 01:49:29, Serial 3/0
RA(config)#
```

(2) RB 路由器路由表。

```
RB(config)#show ip route

Codes: C-connected, S-static, R-RIP, B-BGP
       O-OSPF, IA-OSPF inter area
       N1-OSPF NSSA external type 1, N2-OSPF NSSA external type 2
       E1-OSPF external type 1, E2-OSPF external type 2
       i-IS-IS, su-IS-IS summary, L1-IS-IS level-1, L2-IS-IS level-2
       ia-IS-IS inter area, *-candidate default

Gateway of last resort is no set
C    10.1.1.0/24 is directly connected, FastEthernet 0/0
C    10.1.1.2/32 is local host.
C    172.10.1.0/24 is directly connected, FastEthernet 0/1
C    172.10.1.1/32 is local host.
C    172.10.2.0/24 is directly connected, FastEthernet 0/2
C    172.10.2.1/32 is local host.
RB(config)#
```

(3) RC 路由器路由表。

```
RC(config)#show ip route

Codes: C-connected, S-static, R-RIP, B-BGP
       O-OSPF, IA-OSPF inter area
       N1-OSPF NSSA external type 1, N2-OSPF NSSA external type 2
       E1-OSPF external type 1, E2-OSPF external type 2
       i-IS-IS, su-IS-IS summary, L1-IS-IS level-1, L2-IS-IS level-2
```

```
        ia-IS-IS inter area, *-candidate default

Gateway of last resort is no set
C    20.1.1.0/24 is directly connected, Serial 3/0
C    20.1.1.2/32 is local host.
C    192.168.1.0/24 is directly connected, FastEthernet 0/0
C    192.168.1.1/32 is local host.
C    192.168.2.0/24 is directly connected, FastEthernet 0/1
C    192.168.2.1/32 is local host.
RC(config)#
```

从上面路由器 RB 和路由器 RC 的路由表中可以看出,在重分发路由之前,RB 和 RC 都无法学习到对方的相关路由。

首先在路由器 RA 上配置下面的命令,将 OSPF 路由协议重分发到 RIP 进程中去。

```
RA(config)#router rip
RA(config-router)#redistribute ospf 1
RA(config-router)#exit
RA(config)#
```

此时再来查看路由器 RC 的路由表,可以发现多了 3 条 RIP 路由。

```
RC(config)#show ip route

Codes: C-connected, S-static, R-RIP, B-BGP
       O-OSPF, IA-OSPF inter area
       N1-OSPF NSSA external type 1, N2-OSPF NSSA external type 2
       E1-OSPF external type 1, E2-OSPF external type 2
       i-IS-IS, su-IS-IS summary, L1-IS-IS level-1, L2-IS-IS level-2
       ia-IS-IS inter area, *-candidate default

Gateway of last resort is no set
R    10.1.1.0/24 [120/1] via 20.1.1.1, 00:01:47, Serial 3/0
C    20.1.1.0/24 is directly connected, Serial 3/0
C    20.1.1.2/32 is local host.
R    172.10.1.0/24 [120/1] via 20.1.1.1, 00:01:47, Serial 3/0
R    172.10.2.0/24 [120/1] via 20.1.1.1, 00:01:47, Serial 3/0
C    192.168.1.0/24 is directly connected, FastEthernet 0/0
C    192.168.1.1/32 is local host.
C    192.168.2.0/24 is directly connected, FastEthernet 0/1
C    192.168.2.1/32 is local host.
RC(config)#
```

而此时路由器 RB 的路由表情况并没有发生变化。

```
RB(config)#show ip route

Codes: C-connected, S-static, R-RIP, B-BGP
       O-OSPF, IA-OSPF inter area
       N1-OSPF NSSA external type 1, N2-OSPF NSSA external type 2
       E1-OSPF external type 1, E2-OSPF external type 2
       i-IS-IS, su-IS-IS summary, L1-IS-IS level-1, L2-IS-IS level-2
```

通过路由协议实现企业总公司与分公司的联网

```
     ia-IS-IS inter area,  * -candidate default
```

Gateway of last resort is no set
```
C    10.1.1.0/24 is directly connected, FastEthernet 0/0
C    10.1.1.2/32 is local host.
C    172.10.1.0/24 is directly connected, FastEthernet 0/1
C    172.10.1.1/32 is local host.
C    172.10.2.0/24 is directly connected, FastEthernet 0/2
C    172.10.2.1/32 is local host.
RB(config)#
```

接下来在路由器 RA 上配置如下命令,将 RIP 路由重分发到 OSPF 进程中去。

```
RA(config)#router ospf 1
RA(config-router)#redistribute rip subnets
RA(config-router)#exit
RA(config)#
```

此时再来查看 RB 路由器的路由表时,可以发现多了 3 条 OSPF 的 E2 类路由。

```
RB(config)#show ip route
```

```
Codes: C-connected, S-static, R-RIP, B-BGP
       O-OSPF, IA-OSPF inter area
       N1-OSPF NSSA external type 1, N2-OSPF NSSA external type 2
       E1-OSPF external type 1, E2-OSPF external type 2
       i-IS-IS, su-IS-IS summary, L1-IS-IS level-1, L2-IS-IS level-2
       ia-IS-IS inter area,  * -candidate default
```

Gateway of last resort is no set
```
C     10.1.1.0/24 is directly connected, FastEthernet 0/0
C     10.1.1.2/32 is local host.
O E2 20.1.1.0/24 [110/20] via 10.1.1.1, 00:00:08, FastEthernet 0/0
C     172.10.1.0/24 is directly connected, FastEthernet 0/1
C     172.10.1.1/32 is local host.
C     172.10.2.0/24 is directly connected, FastEthernet 0/2
C     172.10.2.1/32 is local host.
O E2 192.168.1.0/24 [110/20] via 10.1.1.1, 00:00:08, FastEthernet 0/0
O E2 192.168.2.0/24 [110/20] via 10.1.1.1, 00:00:08, FastEthernet 0/0
RB(config)#
```

上面路由器 RA 和路由器 RB 中路由表的变化就是路由重分发的结果。

5. 设备配置(华为 eNSP 模拟器)

实验网络拓扑图如图 7-16 所示。

1) 总公司路由器 R1 的配置

```
//配置路由器的设备名和接口 IP 地址
<Huawei>system-view
Enter system view, return user view with Ctrl + Z.
[Huawei]sysname R1
[R1]interface e0/0/0
```

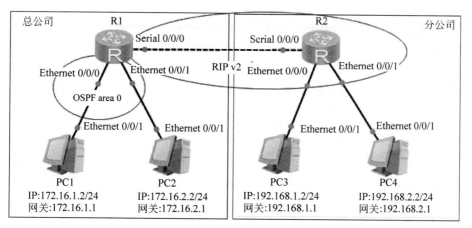

图 7-16　实验网络拓扑图（华为 eNSP 模拟器）

```
[R1-Ethernet0/0/0]ip address 172.16.1.1 255.255.255.0
[R1-Ethernet0/0/0]quit
[R1]interface e0/0/1
[R1-Ethernet0/0/1]ip address 172.16.2.1 255.255.255.0
[R1-Ethernet0/0/1]quit
[R1]interface s0/0/0
[R1-Serial0/0/0]ip address 10.1.1.1 255.255.255.0
[R1-Serial0/0/0]quit
```
//配置 OSPF 路由
```
[R1]ospf
[R1-ospf-1]area 0
[R1-ospf-1-area-0.0.0.0]network 172.16.1.0 0.0.0.255
[R1-ospf-1-area-0.0.0.0]network 172.16.2.0 0.0.0.255
[R1-ospf-1-area-0.0.0.0]quit
[R1-ospf-1]quit
```
//配置 RIP 路由
```
[R1]rip
[R1-rip-1]version 2
[R1-rip-1]network 10.0.0.0
[R1-rip-1]quit
[R1]
```
//配置路由重分发
```
[R1]rip
[R1-rip-1]import-route ospf 1
```

2）分公司路由器 R2 的配置

//配置路由器的设备名和接口 IP 地址
```
<Huawei>sys
Enter system view, return user view with Ctrl + Z.
[Huawei]sysname R2
[R2]interface e0/0/0
[R2-Ethernet0/0/0]ip address 192.168.1.1 255.255.255.0
[R2-Ethernet0/0/0]quit
[R2]interface e0/0/1
[R2-Ethernet0/0/1]ip address 192.168.2.1 255.255.255.0
[R2-Ethernet0/0/1]quit
[R2]interface s0/0/0
```

通过路由协议实现企业总公司与分公司的联网

```
[R2-Serial0/0/0]ip address 10.1.1.2 255.255.255.0
[R2-Serial0/0/0]quit
//配置 RIP 路由
[R2]rip
[R2-rip-1]version 2
[R2-rip-1]network 192.168.1.0
[R2-rip-1]network 192.168.2.0
[R2-rip-1]network 10.0.0.0
[R2-rip-1]quit
[R2]
```

3）查看路由表

（1）R1 路由表。

```
<R1> disp ip routing-table
Route Flags: R-relay, D-download to fib
------------------------------------------------------------------
Routing Tables: Public
          Destinations : 11          Routes : 11

Destination/Mask    Proto   Pre   Cost     Flags NextHop      Interface

      10.1.1.0/24   Direct  0     0        D     10.1.1.1     Serial0/0/0
      10.1.1.1/32   Direct  0     0        D     127.0.0.1    Serial0/0/0
      10.1.1.2/32   Direct  0     0        D     10.1.1.2     Serial0/0/0
     127.0.0.0/8    Direct  0     0        D     127.0.0.1    InLoopBack0
     127.0.0.1/32   Direct  0     0        D     127.0.0.1    InLoopBack0
    172.16.1.0/24   Direct  0     0        D     172.16.1.1   Ethernet0/0/0
    172.16.1.1/32   Direct  0     0        D     127.0.0.1    Ethernet0/0/0
    172.16.2.0/24   Direct  0     0        D     172.16.2.1   Ethernet0/0/1
    172.16.2.1/32   Direct  0     0        D     127.0.0.1    Ethernet0/0/1
   192.168.1.0/24   RIP     100   1        D     10.1.1.2     Serial0/0/0
   192.168.2.0/24   RIP     100   1        D     10.1.1.2     Serial0/0/0

<R1>
```

（2）R2 路由表。

```
<R2> disp ip routing-table
Route Flags: R-relay, D-download to fib
------------------------------------------------------------------
Routing Tables: Public
          Destinations : 11          Routes : 11

Destination/Mask    Proto   Pre   Cost     Flags NextHop      Interface

      10.1.1.0/24   Direct  0     0        D     10.1.1.2     Serial0/0/0
      10.1.1.1/32   Direct  0     0        D     10.1.1.1     Serial0/0/0
      10.1.1.2/32   Direct  0     0        D     127.0.0.1    Serial0/0/0
     127.0.0.0/8    Direct  0     0        D     127.0.0.1    InLoopBack0
     127.0.0.1/32   Direct  0     0        D     127.0.0.1    InLoopBack0
    172.16.1.0/24   RIP     100   1        D     10.1.1.1     Serial0/0/0
    172.16.2.0/24   RIP     100   1        D     10.1.1.1     Serial0/0/0
   192.168.1.0/24   Direct  0     0        D     192.168.1.1  Ethernet0/0/0
```

```
192.168.1.1/32 Direct 0    0         D    127.0.0.1      Ethernet0/0/0
192.168.2.0/24 Direct 0    0         D    192.168.2.1    Ethernet0/0/1
192.168.2.1/32 Direct 0    0         D    127.0.0.1      Ethernet0/0/1
```

<R2>

6. 华为的相关命令说明

视图：RIP、OSPF 等路由配置视图。

命令：

import-route { limit *limit-number* | { **direct** | **unr** | **rip** [*process-id-rip*] | **static** | **ospf** [*process-id-ospf*] } [**cost** *cost* | **type** *type* | **tag** *tag* | **route-policy** *route-policy-name*] }

undo import-route { limit | **direct** | **unr** | **rip** [*process-id-rip*] | **static** | **ospf** [*process-id-ospf*] }

参数：

limit：指定一个 OSPF 进程中可引入的最大外部路由数量。

direct：引入直连路由。

unr：引入 UNR 路由。

rip：引入 RIP 路由。

static：引入为静态路由。

ospf：引入 OSPF 路由。

cost：指定的路由开销值。

type：指定外部路由的类型,取值为 1 或 2,默认 2。

tag：指定外部 LSA 中的标记,取值范围为 0～4 294 967 295,默认为 1。

route-policy：只能引入符合指定路由策略的路由。

7.3 拓 展 知 识

7.3.1 路由环路

RIP 是一种基于距离矢量算法的路由协议,由于它向邻居通告的是自己的路由表,存在发生路由环路的可能性。由于网络故障可能会引起路径与实际网络拓扑结构不一致而导致网络不能迅速收敛,这时,可能会发生路由环路现象。为了提高性能,防止产生路由环路,RIP 支持水平分割与路由中毒,并在路由中毒时采用触发更新。另外,RIP 允许引入其他路由协议所得到的路由。

以图 7-17 的网络拓扑结构为例,当路由器 A 一侧的目的网络 X 发生故障时,则路由器 A 收到故障信息,并将目的网络 X 设置为不可达,等待更新周期来通知相邻的路由器 B。但是,如果相邻的路由器 B 的更新周期先来了,则路由器 A 将从路由器 B 那里学习到达目的网络 X 的路由,就是错误路由,因为此时的目的网络 X 已经损坏,而路由器 A 却在自己的路由表内增加了一条经过路由器 B 到达目的网络 X 的路由。然后路由器 A 还会继续将该错误路由通告给路由器 B,路由器 B 更新路由表,认为到达目的网络 X 须经过路由器 A,然后继续通知相邻的路由器,至此路由环路形成,路由器 A 认为到达目的网络 X 经过路由器 B,而路由器 B 则认为到达目的网络 X 经过路由器 A。

下面就来分析一下该现象的产生原因与过程。

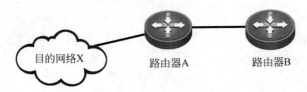

图 7-17 网络拓扑

在正常情况下,如图 7-18 所示,对于目的网络 X,路由器 A 中相应路由的 Metric 值为 1,路由器 B 中相应路由的 Metric 值为 2。当目标网络 X 与路由器 A 之间的链路发生故障而断掉后,如图 7-19 所示。

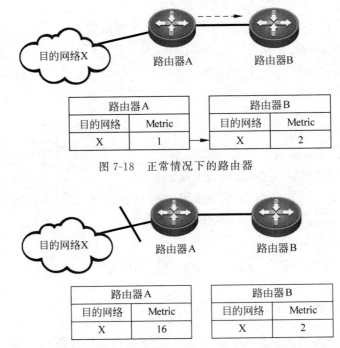

路由器A	
目的网络	Metric
X	1

路由器B	
目的网络	Metric
X	2

图 7-18 正常情况下的路由器

路由器A	
目的网络	Metric
X	16

路由器B	
目的网络	Metric
X	2

图 7-19 目标网络与路由器 A 之间的链路断掉

路由器 A 会将针对目的网络 X 的路由表项的 Metric 值置为 16,即标记为目标网络不可达,并准备在每 30s 进行一次的路由表更新中发送出去,如果在这条信息还未发出的时候,路由器 A 收到了来自路由器 B 的路由更新报文,而路由器 B 中包含关于目标网络 X 的 Metric 为 2 的路由信息,根据前面提到的路由更新方法,路由器 A 会错误地认为有一条通过路由器 B 的路径可以到达目标网络 X,从而更新其路由表,将对于目的网络 X 的路由表项的 Metric 值由 16 改为 3,如图 7-20 所示,而对应的端口变为与路由器 B 相连接的端口。

很明显,路由器 A 会将该条信息发给路由器 B,路由器 B 将无条件更新其路由表,将 Metric 值改为 4;该条信息又从路由器 B 发向路由器 A,路由器 A 将 Metric 值改为 5……

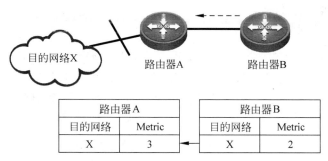

图 7-20　改变对目标网络的路由表项的 Metric 值

最后双发的路由表关于目的网络 X 的 Metric 值都变为 16,如图 7-21 所示。此时,才真正得到了正确的路由信息,这种现象称为"计数到无穷大"现象,虽然最终完成了收敛,但是收敛速度很慢,而且浪费了网络资源来发送这些循环的分组。

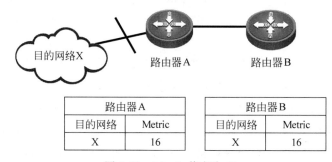

图 7-21　Metric 值变为 16

7.3.2　路由环路的解决方法

1. 定义一个最大值

如上所述,路由环路形成时,路由器 A 和 B 相互不断更新到目的网络 X 的路由表,跳数不断增加,网络一直无法收敛。所以给跳数定义一个最大值,当跳数达到这个最大值时,则目的网络 X 被认为是不可达的。但是定义最大值不能避免环路产生,而且最大跳数不能定义太大,否则会耗费大量时间进行收敛,也不能定义太小,如果太小则只局限于一个小型的网络中。

2. 水平分割

产生路由环路的原因是路由器 A 从路由器 B 处收到到达 X 网络的路由信息,接着又将该信息发给 B 网络,从而引起相互不断的更新,而水平分割就是不允许路由器将路由更新信息再次传回传出该路由信息的端口,即路由器 A 从路由器 B 收到路由信息后,路由器 A 不能把该信息再次回传给路由器 B,这就在一定程度上避免了环路的产生。

水平分割保证路由器记住每一条路由信息的来源,并且不在收到这条信息的接口上再次发送它。这是保证不产生路由环路的最基本措施。锐捷路由器的接口上默认启用水平分割。

通过路由协议实现企业总公司与分公司的联网

3. 路由中毒和抑制时间

这两者结合起来可以在一定程度上避免路由环路的产生,并且抑制复位接口引起的网络振荡。路由中毒即在网络故障或接口复位时,让相应的路由项中毒,即将路由项的度量值设为无穷大,表示该路由项已经失效,一般在这个时候都会同时启动抑制时间。抑制是指当某条路由被认为失效后,路由器会让这条路由保持 down 状态一段时间(180s),以确保每台路由器都学到了这条信息。在抑制期间这条失效路由不接受任何信息,除非信息是从原始通告这条路由的路由器发来的。例如,上面的 X 网络出现故障,则路由器 A 到 X 网络的路由表的度量值会被设置为最大,表示 X 网络已经不可达,并启动抑制时间。如果在抑制时间结束前,在 X 网络侧接收到到达 X 网络的路由,则更新路由项,因为此时的 X 网络故障已经排除,并且删除抑制时间。如果从路由器 B 或有其他的路由器 C 接收到到达 X 网络的路由,并且新的度量值比旧的好,则更新路由项,删除抑制时间,因为此时可能有另一条不经过路由器 A 但可以到达 X 网络侧的路由器的路径。但是如果度量值没有以前的好,则不进行更新。

4. 触发更新

回顾路由环路产生的原因,路由器 A 接收到 X 网络故障信息后,等待更新周期的到来后再通知路由器 B,结果路由器 B 的更新周期更早到来,掩盖了 X 网络的故障信息,从而形成环路。触发更新的机制正是用来解决这个问题的,即在收到故障信息后,不等待更新周期的到来,立即发送路由更新信息。但是还是有一个问题,如果在触发更新刚要启动时却收到了来自路由器 B 的更新信息,就会进行错误的更新。可以将抑制时间和触发更新相结合,当收到故障信息后,立即启动抑制时间,在这段时间内,不会轻易接收路由更新信息,这个机制就可以确保触发信息有足够的时间在网络中传播。

7.3.3 路由黑洞

黑洞路由便是将所有无关路由吸入其中,使它们有来无回的路由,一般是网络管理员主动建立的路由条目。黑洞路由最大的优势是充分利用了路由器的包转发能力,对系统负载影响非常小。在路由器中配置路由黑洞完全是出于安全因素,设有黑洞的路由会默默地抛弃掉数据包而不指明原因。一个黑洞路由器是指一个不支持 PMTU 且被配置为不发送"Destination Unreachable——目的不可达"回应消息的路由器。

7.3.4 有类路由协议与无类路由协议

有类路由协议和无类路由协议的本质区别就是在发送路由更新时是否发送子网掩码。有类路由协议在传递路由更新时不带子网掩码,而无类路由协议在传递路由更新时带有子网掩码,即支持 VLSM(可变长子网掩码)。有类路由协议包括 RIPv1、IGRP;无类路由协议包括 RIPv2、OSPF、EIGRP、ISIS 等。

7.3.5 浮动静态路由

浮动静态路由和其他路由有些不同,它是作为正常链路的备份路由存在的,在正常情况下,浮动静态路由在路由表中是不显示的。只有在正常链路出现故障时,它才会在路由表中出现。

例如,在如图 7-22 所示的网络中,路由器 RA 去往路由器 RD 的 30.1.1.0/24 网络有两条路径,假设其首选的路径为 RA-RC-RD,而另一路径 RA-RB-RD 作为备份链路来使用。当首选链路出现问题时,数据可以通过备份链路到达目的网络。此时就需要在路由器 RA 上配置浮动静态路由。

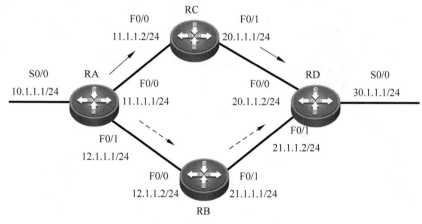

图 7-22　浮动静态路由

路由器 RA 上路由具体配置如下。

```
RA(config)#ip route 20.1.1.0 255.255.255.0 11.1.1.2
RA(config)#ip route 21.1.1.0 255.255.255.0 12.1.1.2
RA(config)#ip route 30.1.1.0 255.255.255.0 11.1.1.2
RA(config)#ip route 30.1.1.0 255.255.255.0 12.1.1.2   20
```

从上面的配置命令中可以看出,第三条静态路由是正常的首选路径,而最后一条为从备份链路去往目的网络的路由,这条路由跟上面一条相比,最后多了一个数字 20,这个数字为路由的管理距离,也即路由的优先级。路由的管理距离数值越小,则路由的优先级就越高,指向下一跳地址的静态路由的管理距离默认为 1,所以,上面第三条路由的优先级要高于最后一条。所以当首选链路 RA—RC—RD 正常的情况下,在路由表中是看不到最后一条路由的。只有在首选链路出现故障断开时,才会在路由表中看到后面一条路由。这就是浮动静态路由,简单来说就是通过路由的优先级来实现路由的备份。

7.4　项目实训

公司原有两个独立的网络,一个网络采用了 OSPF 动态路由协议,另一个采用了 RIP 动态路由协议,现通过新添加的路由器 RA 将两个网络合并起来,如图 7-23 和图 7-24 所示,并由路由器 RA 作为 Internet 的出口和 ISP 连接,完成设置并进行相关的网络测试。设备接口地址分配表如表 7-5 所示。

通过路由协议实现企业总公司与分公司的联网

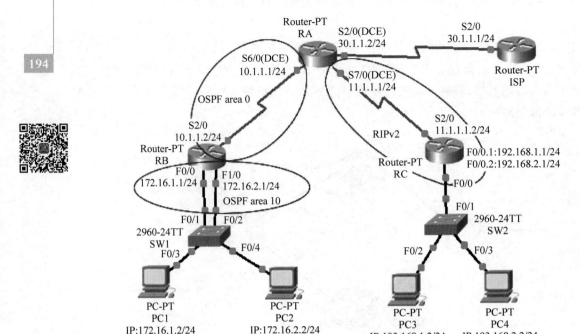

图 7-23 思科 PT 模拟器拓扑图

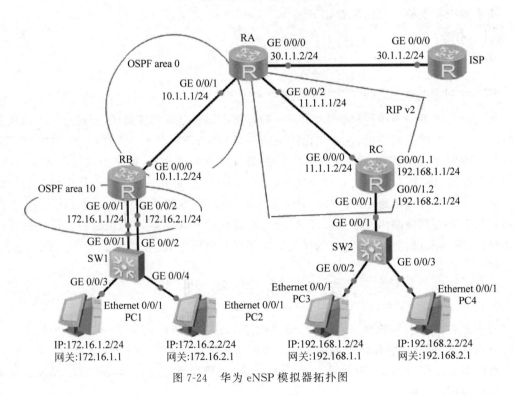

图 7-24 华为 eNSP 模拟器拓扑图

表 7-5 设备接口地址分配表

设 备 名 称	接 口	IP 地 址	说 明
路由器 ISP	S2/0	30.1.1.1/24	模拟 ISP 的接入端
路由器 RA	S2/0	30.1.1.2/24	
	S6/0	10.1.1.1/24	OSPFarea 0
	S7/0	11.1.1.1/24	RIPv2
路由器 RB	S2/0	10.1.1.2/24	OSPFarea 0
	F0/0	172.16.1.1/24	OSPFarea 10
	F1/0	172.16.2.1/24	OSPFarea 10
路由器 RC	S2/0	11.1.1.2/24	RIPv2
	F0/0.1	192.168.1.1/24	RIPv2
	F0/0.2	192.168.2.1/24	RIPv2
PC1		172.16.1.2/24	网关：172.16.1.1
PC2		172.16.2.2/24	网关：172.16.2.1
PC3	VLAN 10	192.168.1.2/24	网关：192.168.1.1
PC4	VLAN 20	192.168.2.2/24	网关：192.168.2.1

基本要求：

（1）正确选择设备并使用线缆连接。

（2）正确给各路由器的相关接口配置 IP 地址。

（3）正确配置各 PC 的 IP 地址、子网掩码和网关等参数。

（4）在路由器 RA 的 S6/0 口上创建 OSPF 路由进程，区域号为 0；在 S7/0 口上创建 RIPv2 路由进程；在 OSPF 和 RIP 之间进行双向的路由重分发；配置默认路由指向路由器 ISP。

（5）在路由器 RB 的 S2/0 口上创建 OSPF 路由进程，区域号为 0；在 F0/0 和 F1/0 口上创建 OSPF 路由进程，区域号为 10。

（6）在路由器 RC 的 S2/0 和 F0/0 口上创建 RIPv2 路由进程；在 F0/0 口上配置单臂路由。

（7）用 ping 命令在各 PC 上相互测试全网是否能相互访问。

拓展要求：

在路由器 RB 和 RC 上配置浮动静态路由，将路由器 RB 的接口 S3/0 和路由器 RC 的接口 S3/0 之间的链路配置成路由器 RC 访问路由器 RD 的备份路由链路。同时要保证在启用备份链路的情况下全网仍能相互访问。

项目 7 的考核表如表 7-6 所示。

表 7-6 项目 7 考核表

序 号	项目考核知识点	参考分值	评 价
1	设备连接	3	
2	PC 机的 IP 地址配置	2	
3	路由器的 IP 地址配置	5	
4	OSPF 路由配置	3	

续表

序　号	项目考核知识点	参 考 分 值	评　价
5	RIP 路由配置	3	
6	路由重分发配置	2	
7	单臂路由配置	3	
8	拓展要求	3	
合　计		24	

7.5　习　　题

1. 选择题

(1) 下面哪种路由是由网络管理员手动输入的？(　　)

　　A. 直连路由　　　　　　B. 静态路由　　　　　C. 动态路由　　　　　D. RIP 路由

(2) 下面多路由概念描述错误的是(　　)？

　　A. 路由就是指导报文发送的路径信息

　　B. 网络层协议可以根据报文的源地址查找到对应的路由信息，将报文按正确的途径发送出去

　　C. 路由器上的路由信息标明去往目标网络的正确途径

　　D. 路由信息在路由器中以路由表的形式存在

(3) 路由器性能的主要决定因素是(　　)。

　　A. 路由算法的效率　　　　　　　　　　B. 路由协议的效率

　　C. 路由地址复用的程度　　　　　　　　D. 网络安全技术的提高

(4) 关于路由器，下列说法中错误的是(　　)。

　　A. 路由器可以隔离子网，抑制广播风暴

　　B. 路由器可以实现网络地址转换

　　C. 路由器可以提供可靠性不同的多条路由选择

　　D. 路由器只能实现点对点的传输

(5) 在路由器上设置了以下 3 条路由：

```
ip route 0.0.0.0 0.0.0.0 192.168.10.1
ip route 10.10.10.0 255.255.255.0 192.168.11.1
ip route 10.10.0.0 255.255.0.0 192.168.12.1
```

当这台路由器收到源地址为 10.10.10.1 的数据包时，它应该被转发给哪个下一跳地址？(　　)

　　A. 192.168.10.1　　　　　　　　　　　B. 192.168.11.1

　　C. 192.168.12.1　　　　　　　　　　　D. 丢弃该数据包

(6) 当要查看(思科)路由器上路由表时可以使用下面哪条命令？(　　)

　　A. ip route　　　　　　　　　　　　　B. show ip table

　　C. show ip route　　　　　　　　　　　D. show route table

(7) 下面哪一项不会在路由表中出现？（　　　）

    A. 路由类型标识　　　　　　　　　　B. 网络号和子网掩码长度

    C. 下一跳 IP 地址　　　　　　　　　　D. MAC 地址

(8) 在锐捷的路由器中，不同路由协议的路由优先级为（　　　）。

    A. 直连路由＞静态路由＞OSPF 路由＞RIP 路由

    B. 直连路由＞OSPF 路由＞RIP 路由＞静态路由

    C. 直连路由＞静态路由＞RIP 路由＞OSPF 路由

    D. 直连路由＞RIP 路由＞OSPF 路由＞静态路由

(9) 下面对 RIP 路由协议描述错误的是（　　　）。

    A. RIP 是一种典型的距离矢量路由协议

    B. RIP 使用跳数来衡量到达目的网络的距离，当超过 15 就认为目的网络不可达

    C. RIPv2 支持可变长子网掩码，而 RIPv1 不支持

    D. 当接口运行在 RIPv2 广播方式时，只接收与发送 RIPv2 广播报文

(10) 下面对 OSPF 路由协议描述错误的是（　　　）。

    A. OSPF 路由信息不受物理跳数的限制

    B. OSPF 在描述路由时携带网段的掩码信息，支持可变长子网掩码

    C. OSPF 只适用于规模较小的网络

    D. OSPF 是一种典型的链路状态路由协议

2. 简答题

(1) 路由的类型有哪些？

(2) 静态路由和动态路由的区别有哪些？

(3) 路由表中包含哪些信息？

(4) 什么是路由环路？防止路由环路的技术有哪些？

(5) 什么是路由重分发？

(6) RIP 路由协议和 OSPF 路由协议的主要区别有哪些？

项目 8

在企业总公司与分公司之间进行广域网协议封装

项目描述

某企业总公司在上海,分公司在天津,总公司与分公司之间通过申请的一条广域网专线进行连接。作为企业的网络管理员,需要了解企业现有路由器对广域网协议的支持情况,并进行相应的配置。

项目目标

- 了解广域网接入技术;
- 了解广域网中的数据链路层协议;
- 了解 PPP 的工作过程;
- 理解 PAP 和 CHAP 验证;
- 掌握 PPP 的配置方法;
- 掌握 PAP 和 CHAP 验证配置方法。

8.1 预 备 知 识

8.1.1 广域网

广域网(Wide Area Network,WAN)是一种用来实现不同地区的局域网或城域网的互连,可提供不同地区、城市和国家之间的计算机通信的远程计算机网。广域网通常由广域网服务提供商建设,用户租用服务,来实现企业内部网络与其他外部网络的连接及远程用户的连接,如图 8-1 所示。对于一般的企业用户来讲,主要涉及的是广域网的接入问题。

企业要访问 Internet 或与远程分支机构实现互联,必须借助广域网的技术手段。企业接入广域网通常采用路由器,常用的接入方式有 PSTN、X.25、帧中继、DDN、ISDN 及 ATM等。选择何种广域网接入,首先需要了解广域网连接类型和数据传输方式。图 8-2 描述了广域网的几种数据传输方式。

1. 专线连接

专线连接即租用一条专用线路连接两个设备。这条连接被两个连接设备独占,是一种比较常见的广域网连接方式,如图 8-3 所示,这种连接形式简单,是点到点的直接连接,所以也称为点到点的连接。这种连接的特点是比较稳定,但线路利用率较低,即使在线路空闲的时候,别的用户也不能使用该线路。常见的点到点连接的主要形式有 DDN 专线、E1 线路

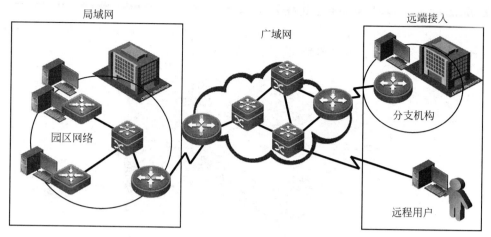

图 8-1　广域网位置

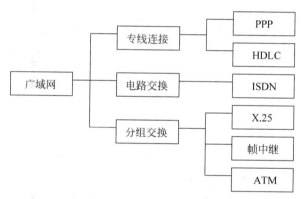

图 8-2　广域网数据传输方式

等。在这种点到点连接的线路上数据链路层的封装协议主要有两种：PPP 和 HDLC(High-Level Data Link Control，高级数据链路控制)。

图 8-3　专线(点到点)连接示意图

2. 电路交换

电路交换是一种广域网的数据交换方式(传输方式)，该方式在每次数据传输前先要建立(如通过拨号等方式)一条从发生端到接收端的物理线路(如图 8-4 所示)，供通信双方使用，在通信的全部时间里，一直占用着这条线路，双方通信结束后才会拆除通信线路。电路

在企业总公司与分公司之间进行广域网协议封装

交换被广泛应用于电话网络中,其操作方式类似于普通的电话呼叫。PSTN(Public Switched Telephone Network,公共电话交换网)和 ISDN(Integrated Services Digital Network,综合业务数字网)就是典型的电路交换。

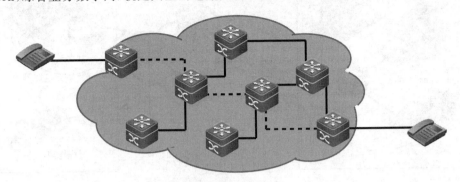

图 8-4   电路交换

3. 分组交换

分组交换将数据流分割成分组,再通过共享网络进行传输。分组交换网络不需要建立电路,允许不同的数据流通过同一个信道传输,也允许同一个数据流经过不同的信道传输,如图 8-5 所示。分组交换网络中的交换机根据每个分组中的地址信息确定通过哪条链路发送分组。分组交换的连接包括 X.25、帧中继和 ATM。

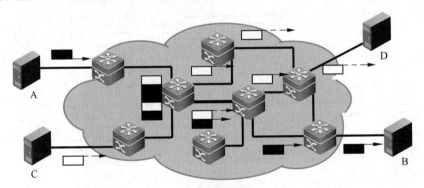

图 8-5   分组交换

数据在广域网中传输时,必须按照传输的类型选择相应的数据链路层协议将数据封装成帧,保障数据在物理链路上的可靠传送。常用的广域网链路层协议有 PPP、HDLC、X.25,帧中继和 ATM 等。专线连接方式和电路交换方式一般采用 HDLC 和 PPP 来进行封装,而 X.25、帧中继和 ATM 在分组交换中使用。HDLC 也是锐捷和 Cisco 路由器的同步串口上默认的封装协议。华为路由器的同步串口上默认封装的是 PPP。X.25 是一种 ITU-T 标准,定义了如何维护 DTE(Data Terminal Equipment,数据终端设备)和 DCE(Data Communication Equipment,数据通信设备)之间的连接,以便通过公共数据网络实现远程终端访问和计算机通信。X.25 是帧中继的前身。帧中继是一种行业标准的处理多条虚电路的交换数据链路层协议。ATM 是信元中继的国际标准,设备使用固定长度(53 字节)的信元发送多种类型的服务,如语言、视频和数据。

8.1.2 PPP 简介

PPP(Point to Point Protocol,点到点协议)是目前 TCP/IP 网络中最主要的点到点数据链路层协议,是一种面向比特的数据链路层协议。PPP 定义了一整套的协议,包括链路控制协议(LCP)、网络层控制协议(NCP)和验证协议(PAP 和 CHAP)。PPP 的协议栈结构如图 8-6 所示。由于 PPP 易于扩充、支持同异步且能够提供用户验证,因而获得了较广泛的应用。

LCP 主要用于建立、拆除和监控 PPP 数据链路;NCP 主要用于协商在该数据链路上所传输的数据包的格式与类型,建立、配置不同网络层协议。NCP 有 IPCP 和 IPXCP 两种,IPCP 用于在 LCP 上运行 IP;IPXCP 用于在 LCP 上运行 IPX 协议。PAP 和 CHAP 主要用于网络安全方面的验证。

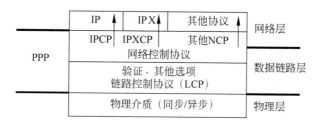

图 8-6　PPP 协议栈结构

8.1.3 PPP 的协商过程

PPP 链路的建立是通过一系列的协商完成的。整个协商过程大致可以分为以下几个阶段:Dead 阶段、Establish 阶段、Authenticate 阶段、Network 阶段、Terminate 阶段,如图 8-7 所示。

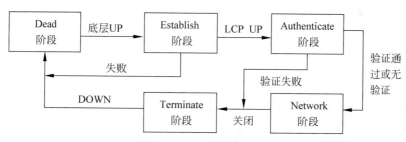

图 8-7　PPP 的协商过程

(1) Dead 阶段是指连接死亡阶段,可以简单地看成 PPP 开始协商之前的一种状态,PPP 从这个阶段开始并终止于这个阶段。当物理层链路准备好以后,立即进入 Establish 阶段。

(2) 在 Establish 阶段,两端通过交换 LCP 协议报文配置具体的链路参数(内容包括验证方式、最大传输单元和工作方式等项目),协商结束后,LCP 状态转变为 UP,表明链路已经建立。如果 LCP 协商表明需要进行验证,则进入 Authenticate 阶段开始验证,否则直接进入 Network 阶段。

在企业总公司与分公司之间进行广域网协议封装

202

（3）在 Authenticate 阶段,根据在 Establish 阶段协商好的验证协议进行验证(远端验证本地或本地验证远端),目前可选的验证协议包括 PAP 和 CHAP。如果验证通过则进入 Network 阶段,开始网络协议协商(NCP),此时 LCP 状态仍为 opened,而 IPCP 从 closed 状态转到 opened。否则拆除链路,LCP 状态转为 closed,进入 Terminate 阶段。

（4）在 Network 阶段 NCP 协议完成网络层参数的一些协商工作以后(对于典型的 NCP 协议 IPCP 来说,这里的网络层参数主要是 IP 地址协商和压缩协议的协商),通过 NCP 协商选择和配置一个或多个网络层协议。每个选中的网络层协议配置成功后,该网络层协议就可以通过这条链路进行数据传输了。此链路将一直保持通信,直到有明确的 LCP 或 NCP 帧关闭这条链路,或者发生了某些外部事件。

（5）PPP 可能在任何阶段终止连接而进入 Terminate 状态。如物理线路故障、验证失败或网络管理员关闭链路等。当链路进入 Terminate 阶段后会立即进入 Dead 阶段。

8.1.4　PPP 的验证

PPP 包含通信双方身份认证的安全性协议,即在网络层协商 IP 地址之前,首先必须通过身份认证。PPP 的验证有两种方式:PAP 验证和 CHAP 验证。

1. PAP 验证

密码验证协议(Password Authentication Protocol,PAP)是一种很简单的认证协议,验证过程分为两步(也称为二次握手),如图 8-8 所示。

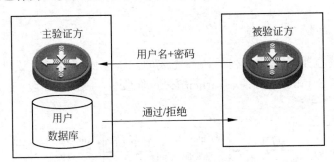

图 8-8　PAP 验证过程

PAP 验证由被验证方发起,被验证方将自己的用户名和密码一起发送给主验证方,当主验证方收到被验证方发送过来的用户名和密码后,在自己的数据库中查找是否有该用户名和密码。如果有该用户名和密码,则主验证方会向被验证方发送一个报文告诉其通过验证,如果没有该用户名和密码,或者密码错误等情况,则主验证方会向被验证方发送一个报文告诉其验证失败,拒绝连接。PAP 也可以进行双向验证,即主验证方同时也作为被验证方,被验证方也作为主验证方。

PAP 的特点是在网络上以明文的方式传递用户名及密码,如果在传输过程中被截获,便有可能对网络安全造成极大的威胁。因此,它适用于对网络安全要求不高的环境。PAP 验证仅在连接建立阶段进行,在数据传输阶段不进行 PAP 验证。

2. CHAP 验证

挑战握手验证协议(Challenge-Handshake Authentication Protocol,CHAP)相对 PAP 安全性更高。它的验证分 3 步进行(也称为三次握手),如图 8-9 所示。

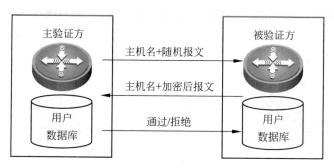

图 8-9　CHAP 验证过程

和 PAP 验证不同,CHAP 验证过程由主验证方法发起,CHAP 验证时只在网络上传输用户名而不传输密码。CHAP 验证开始时由主验证方向被验证方发送一段随机的报文(发送时会保留报文的相关信息),并加上自己的主机名,当被验证方收到主验证方发送过来的报文后,从该报文中取出发送过来的主机名,然后根据该主机名在被验证方设备的数据库中查找该用户的记录。找到该用户后,使用该用户所对应的密码、报文的 ID和报文的随机数用 MD5 加密算法进行加密,被验证方将加密后的密文和自己的主机名一起发送给主验证方。同样主验证方收到被验证方发送回来的密文和主机名后,将主机名取出,然后查找本地数据库中是否有该用户名,找到后同样取出该用户名对应的密码和事先保留的报文 ID 和随机数用 MD5 加密,用生成的密文和从被验证方处接收到的密文进行比对,相同则发送一个同意连接的报文给被验证方,不相同则发送一个拒绝连接的报文给被验证方。

下面来看具体的 CHAP 验证过程,假设路由器 R1 为主验证方,路由器 R2 为被验证方。如图 8-10 所示,路由器 R2 首先使用 LCP 与路由器 R1 协商链路连接,确定使用CHAP 身份验证。

图 8-10　CHAP 验证的 LCP 协商

链路建立以后,主验证方路由器 R1 向被验证方路由器 R2 发送一个挑战报文,如图 8-11所示,该挑战报文中包含报文类型识别符(01)、报文的序列号(ID)、一个随机数及主验证方的用户名。同时路由器 R1 会保存该挑战报文中的序列号(ID)和随机数。

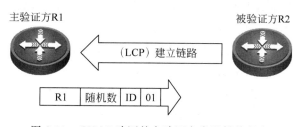

图 8-11　CHAP 验证的主验证方发送挑战报文

当被验证方路由器 R2 收到主验证方路由器 R1 发送过来的挑战报文后,从报文中取出用户名 R1,然后在本地数据库中找出 R1 对应的密码,将密码和报文中的随机数、序列号(ID)进行 MD5 算法加密,生成一个密文 HASH,如图 8-12 所示。

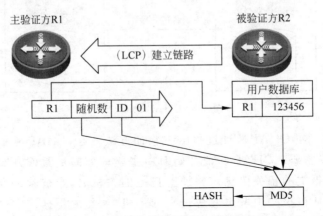

图 8-12　CHAP 验证的被验证方接收报文处理

被验证方路由器 R2 将生成的密文 HASH 放在回应报文中发送给主验证方路由器 R1。回应报文中除了密文 HASH 还包括报文类型识别符(02)、序列号(ID,直接从接收到的报文中复制过来)和被验证方的用户名,如图 8-13 所示。

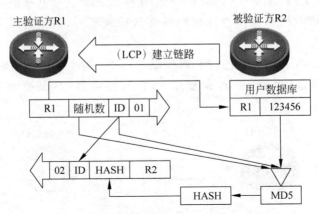

图 8-13　CHAP 验证的被验证方发送回应报文

当主验证方路由器 R1 接收到被验证方路由器 R2 发送过来的回应报文后,会取出回应报文中的被验证方的用户名 R2,然后在本地数据库中查找用户名 R2 并取出对应的密码。将密码和先前保存的随机数和报文序列号(ID)也进行 MD5 加密,如图 8-14 所示,将加密后的密文跟回应报文中的密文 HASH 进行比较。

当主验证方计算出来的密文 HASH 与被验证方发送过来的密文 HASH 相同时,那么 CHAP 验证就成功了。此时,主验证方路由器 R1 会发送一个 CHAP 验证成功的报文,报文包含 CHAP 验证成功的类型标识符(03)、报文序列号(ID,直接从回应报文中复制过来)及某种简单的文本信息(OK),以便用户读取,如图 8-15 所示。

如果验证失败,主验证方会发送一个 CHAP 验证失败的报文,报文包含 CHAP 验证失败类型标识符(04)、报文序列号(ID,直接从回应报文中复制过来)及某种简单的文本信息(NO),以便用户读取,如图 8-16 所示。

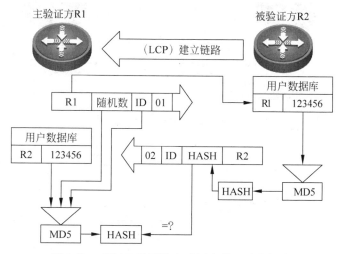

图 8-14　CHAP 验证的主验证方处理回应报文

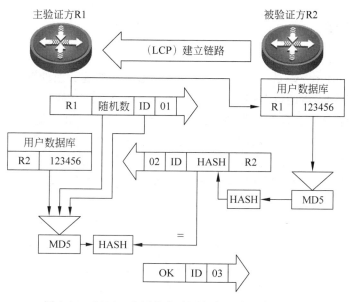

图 8-15　CHAP 验证的主验证方发送验证成功报文

CHAP 验证不仅在连接建立阶段进行,在以后的数据传输阶段也可以按随机间隔继续进行,但每次主验证方发送给被验证方的随机数都应不同,以防被第三方猜出密钥。如果主验证方发现发送回来的密文结果不一致,将立即切断线路。由于 CHAP 验证只在网络上传输用户名,所以安全性要比 PAP 验证高。

无论是 PAP 验证还是 CHAP 验证,都是有方向性的,即链路两端一方为主验证方,一方为被验证方,在实际配置过程中,可以进行单向的验证(一方只作为主验证方,另一方只作为被验证方),也可以进行双向的验证(双方都是主验证方,同时又都是被验证方)。

在企业总公司与分公司之间进行广域网协议封装

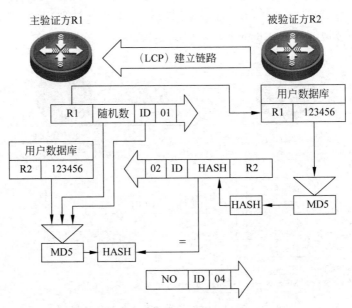

图 8-16 CHAP 验证的主验证方发送验证失败报文

8.1.5 帧中继

1. 帧中继概述

帧中继(Frame-Relay)是在 X.25 基础上发展起来的快速交换的链路层协议,它是不可靠连接,而且是点到多点的链路层协议。它主要用在公共或专用网上的局域网互联及广域网连接。大多数公共电信局会提供帧中继服务,将它作为建立高性能的虚拟广域连接的一种途径。帧中继是从综合业务数字网中发展起来的,并在 1984 年被推荐为国际电报电话咨询委员会(Consultative Committee on International Telegraph and Telephone,CCITT)的一项标准。帧中继提供的是数据链路层和物理层的协议规范,任何高层协议都独立于帧中继协议。

分组方式是将传送的信息划分为一定长度的包,称为分组,以分组为单位进行存储转发。在分组交换网中,一条实际的电路上能够传输许多对用户终端间的数据而不互相混淆,因为每个分组中含有区分不同起点、终点的编号,称为逻辑信道号。分组方式对电路带宽采用了动态复用技术,效率明显提高。为了保证分组的可靠传输,防止分组在传输和交换过程中的丢失、错发、漏发和出错,分组通信制定了一套严密的且较为烦琐的通信协议。例如,在分组网与用户设备间的 X.25 规程就起到了上述作用,因此人们又称分组网为"X.25 网"。帧中继是一种先进的广域网技术,实质上也是分组通信的一种形式,只不过它将 X.25 分组网中分组交换机之间的恢复差错、防止阻塞的处理过程进行了简化。

帧中继采用虚电路技术,能充分利用网络资源,具有吞吐量高、时延低和适合突发性业务等特点。

2. 帧中继的帧格式

帧中继的帧结构中只有标识字段、地址字段、信息字段和帧校验序列字段,如图 8-17所示。

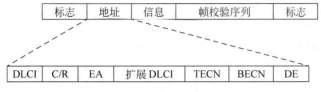

图 8-17 帧中继的帧格式

标志字段:是一个特殊的八比特组 01111110,它的作用是标志一帧的开始和结束。

地址字段:主要用来区分同一通路上的多个数据链路连接,以便实现帧的复用/分路。长度一般为 2 字节,必要时最多可扩展到 4 字节。地址字段通常包含以下信息:

- 数据链路链接标识符 DLCI:唯一标识一条虚电路的多比特字段,用于区分不同的帧中继链接。
- 命令/响应指示 C/R:一个比特字段,指示该帧为命令帧或响应帧。
- 扩展地址比特 EA:一个比特字段,地址字段中的最优 1 字节设为 1,前面字节设为 0。
- 扩展的 DLCI。
- 前向拥塞指示比特 FECN:一个比特字段,通知用户端网络在与发送该帧相同的方向正处于拥塞状态。
- 后向拥塞指示比特 BECN:一个比特字段,通知用户端网络在与发送该帧相反的方向正处于拥塞状态。
- 优先丢弃比特 DE:一个比特字段,用于指示在网络拥塞情况下可丢弃该信息帧。

信息字段:包含的是用户数据,可以是任意的比特序列,长度必须是整数字节。

帧校验序列:用于检测数据是否被正确地接收。

3. 帧中继相关概念

帧中继连接图如图 8-18 所示。

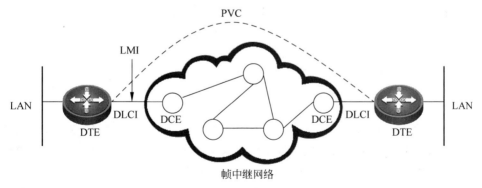

图 8-18 帧中继连接图

1) DTE 和 DCE

帧中继建立连接时是非对等的,在用户端的一般是数据终端设备(DTE),而提供帧中继网络服务的设备是数据电路终接设备(DCE)。一般 DCE 端由帧中继运营商提供。

在企业总公司与分公司之间进行广域网协议封装

2) 虚电路和 DLCI

虚电路(VC)是两个端用户之间互通信息之前必须建立的一条逻辑连接。帧中继中的虚电路分为交换式虚电路(SVC)和永久性虚电路(PVC)。交换式虚电路是一种临时连接,它只在 DTE(终端)设备之间需要跨过帧中继网络传输突发性数据时使用。永久性虚拟电路是为了频繁、持续地传输数据,帧中继网络在 DTE 设备之间建立的一个永久的连接,它总是处于空闲或数据传输状态。

帧中继协议是一种统计方式的多路复用服务,它允许在同一物理连接共存多个逻辑连接(通常也称为信道),也就是说,它能够在单一物理传输线路上提供多条虚电路,如图 8-19 所示。每条虚电路是用 DLCI 来标识的,DLCI 只在本地接口有效,具有本地的意义,也就是在 DTE-DCE 之间有效,不具有端到端的 DTE-DTE 之间的有效性。例如,在路由器串口 1 上配置一条 DLCI 为 100 的 PVC,在串口 2 上也可以配置一条 DLCI 为 100 的 PVC,因为在不同的物理接口上,这两个 PVC 尽管有相同的 DLCI,但并不是同一个虚连接,即在帧中继网络中,不同的物理接口上相同的 DLCI 并不表示是同一个虚连接。帧中继网络用户接口最多可支持 1024 条虚电路,其中,用户可用的 DLCI 范围是 16~991。由于帧中继虚电路是面向连接的,本地不同的 DLCI 连接到不同的对端设备,因此可以认为 DLCI 就是 DCE 提供的"帧中继地址"。

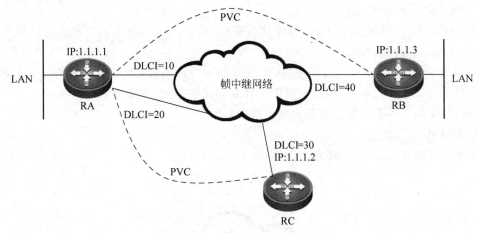

图 8-19　通过帧中继互联局域网

3) 帧中继地址映射

帧中继的地址映射(MAP)是将对端设备的 IP 地址与本地的 DLCI 相关联,以使得网络层协议能够寻址到对端设备。帧中继主要用来承载 IP,在发送 IP 报文时,根据路由表指导报文的下一跳 IP 地址。发送前必须由下一跳 IP 地址确定它对应的 DLCI。这个过程通过查找帧中继地址映射表来完成,因为地址映射表中存放的是下一跳 IP 地址和下一跳的 DLCI 的映射关系。地址映射表的每一项可以由手工配置。如图 8-19 所示,网络管理员配置一条 MAP,在 RA 上建立了 IP 地址为 1.1.1.3 和 DLCI 值为 10 的 PVC 的映射。

4) 本地管理接口

在永久虚电路方式下,需要检测虚电路是否可用。本地管理接口(Local Management Interface,LMI)协议用来检测虚电路是否可用。

8.2 项目实施

任务一：配置广域网链路 PPP 封装

1. 任务描述

公司因为业务发展的需要,申请了专线接入,公司端路由器 RA 与 ISP 端路由器 RB 之间采用 PPP 封装,不需要身份验证。

2. 实验网络拓扑图

实验网络拓扑图如图 8-20 所示。

3. 设备配置(思科 PT 模拟器)

公司路由器 RA 配置如下:

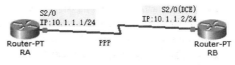

图 8-20　实验网络拓扑图(无验证)

```
Router(config)♯ hostname RA
RA(config)♯ interface s2/0
RA(config-if)♯ ip address 10.1.1.1 255.255.255.0
RA(config-if)♯ no shutdown
RA(config-if)♯ encapsulation ppp          //接口封装 PPP
RA(config-if)♯ exit
RA(config)♯
```

ISP 路由器 RB 配置如下:

```
Router(config)♯ hostname RB
RB(config)♯ interface s2/0
RB(config-if)♯ clock rate 64000
RB(config-if)♯ ip address 10.1.1.2 255.255.255.0
RB(config-if)♯ no shutdown
RB(config-if)♯ encapsulation ppp          //接口封装 PPP
RB(config-if)♯ exit
RB(config)♯
```

4. 思科相关命令介绍

1) 接口封装 PPP

视图：接口配置视图。

命令：

```
Router(config-if)♯ encapsulation ppp
Router(config-if)♯ no encapsulation ppp
```

说明：该命令用于在同步串口上封装 PPP,思科路由器同步串口默认封装的是 HDLC 协议(华为的路由器同步串口默认的封装为 PPP)。当要了解一个接口上封装了何种协议时,可以使用 show interfaces 接口号命令来查看。在进行广域网协议封装时,链路的两端必须封装相同的协议,否则将无法建立链路。当要恢复链路的默认封装或取消 PPP 的封装时,可以使用该命令的 no 选项。

例如,在同步串口 S3/0 上封装 PPP。

在企业总公司与分公司之间进行广域网协议封装

```
Router(config)♯ interface s3/0
Router(config-if)♯encapsulation ppp
```

例如,查看同步串口 S2/0 的协议封装情况。

```
Router♯ show interfaces s3/0
Serial3/0 is administratively down, line protocol is down (disabled)
  Hardware is HD64570
  MTU 1500 bytes, BW 128 Kbit, DLY 20000 usec,
      reliability 255/255, txload 1/255, rxload 1/255
  Encapsulation HDLC, loopback not set, keepalive set (10 sec)
  Last input never, output never, output hang never
  Last clearing of "show interface" counters never
  Input queue: 0/75/0 (size/max/drops); Total output drops: 0
  Queueing strategy: weighted fair
  Output queue: 0/1000/64/0 (size/max total/threshold/drops)
      Conversations 0/0/256 (active/max active/max total)
      Reserved Conversations 0/0 (allocated/max allocated)
      Available Bandwidth 96 kilobits/sec
  5 minute input rate 0 bits/sec, 0 packets/sec
  5 minute output rate 0 bits/sec, 0 packets/sec
      0 packets input, 0 bytes, 0 no buffer
      Received 0 broadcasts, 0 runts, 0 giants, 0 throttles
      0 input errors, 0 CRC, 0 frame, 0 overrun, 0 ignored, 0 abort
      0 packets output, 0 bytes, 0 underruns
      0 output errors, 0 collisions, 1 interface resets
      0 output buffer failures, 0 output buffers swapped out
      0 carrier transitions
      DCD = down DSR = down DTR = down RTS = down CTS = down
Router♯
```

任务二:配置广域网链路 PAP 验证

1. 任务描述

公司因为业务发展的需要,申请了专线接入,公司端路由器 RA 与 ISP 端路由器 RB 之间采用 PPP 封装,ISP 端路由器 RB 要求对公司端路由器 RA 进行 PAP 验证(即 ISP 端为主验证方,公司端为被验证方)。

2. 实验网络拓扑图

实验网络拓扑图如图 8-21 所示。

3. 设备配置(思科 PT 模拟器)

PAP 验证时主要配置过程如下。

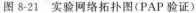

图 8-21   实验网络拓扑图(PAP 验证)

- 双方接口封装 PPP 并配置 IP 地址。
- 主验证方建立本地用户数据库。
- 主验证方接口配置要求进行 PAP 认证。
- 被验证方接口配置发送的用户名和密码。

公司路由器 RA 配置如下:

```
Router(config)♯ hostname RA
RA(config)♯ interface s2/0
```

```
RA(config-if)♯ip address 10.1.1.1 255.255.255.0
RA(config-if)♯encapsulation ppp                    //接口封装 PPP
RA(config-if)♯ppp pap sent-username abc password 123456
                                    //将用户名 abc 和密码 123456 传送给主验证方
RA(config-if)♯exit
RA(config)♯
```

ISP 路由器 RB 配置如下：

```
Router(config)♯hostname RB
RB(config)♯username abc password 123456     //创建本地用户 abc 和密码 123456
RB(config)♯ interface s2/0
RB(config-if)♯ip address 10.1.1.2 255.255.255.0
RB(config-if)♯encapsulation ppp                    //接口封装 PPP
RB(config-if)♯ppp authentication pap               //设置验证模式为 PAP
RB(config-if)♯exit
RB(config)♯
```

4. 思科相关命令介绍

1）配置 PPP 验证模式

视图：接口配置视图。

命令：

```
Router(config-if)♯ppp authentication {chap | pap }
Router(config-if)♯no ppp authentication {chap | pap}
```

参数：

chap：在接口上使用 CHAP 验证模式。

pap：在接口上使用 PAP 验证模式。

说明：该命令用来配置接口上 PPP 的验证模式为 CHAP 或 PAP。该命令用于主验证方的接口上，可以简单看成主验证方对被验证方的接入要求验证通告。

例如，在接口 S3/0 上启用 CHAP 验证。

```
Router(config)♯ interface s3/0
Router(config-if)♯ppp authentication chap
```

2）创建本地用户数据库

视图：系统配置视图。

命令：

```
Router(config)♯username name { password encryption-type password }
Router(config)♯no username name
```

参数：

name：要创建的用户名，习惯用设备名，只能为一个词，不允许有空格和句号。

encryption-type：密码的加密类型，有 0 和 7 两个数值，0 表示后面的密码不加密，7 表示后面的密码是加密的密文。

password：创建用户的密码。

说明：该命令用来建立本地用户数据库，用于认证。该命令基本的使用是用来指定用户名和密码。该命令还可以通过其他一些选项对用户进行一些基本的设置,如用户级别控制等。用 no 选择可以删除已经创建的本地用户。注意,用户名识别大小写。

例如,创建一个本地用户,用户名为 usera,用户密码为 123456。

```
Router(config)#username usera password 123456
```

3) 配置 PAP 被验证方发送的用户名和密码

视图:接口视图。

命令:

```
Router(config-if)#ppp pap sent-username username [password encryption-type password ]
Router(config-if)#no ppp pap sent-username
```

参数:

username:在 PAP 验证模式中被验证方发送的用户名。

encryption-type:在 PAP 验证模式中被验证方发送的密码的加密类型。

password:在 PAP 验证模式中被验证方发送的密码。

说明:该命令用于 PAP 验证模式中的被验证方,是被验证方用来设置发送给主验证方用于验证的用户名和密码。密码可以采用加密形式,默认密码是不加密的,即采用明文传输。该命令设置的用户名和密码必须与主验证方设置的本地用户数据库中的用户名和密码相同才能通过验证。

例如,配置 PAP 验证过程中发送的用户名为 usera,密码为 test。

```
Router(config)# interface s3/0
Router(config-if)#ppp pap sent-username usera password test
```

5. 设备配置(华为 eNSP 模拟器)

实验网络拓扑图如图 8-22 所示。

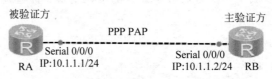

图 8-22 实验网络拓扑图(华为 eNSP 模拟器)

公司路由器 RA 配置如下:

```
[RA]interface s0/0/0
[RA-Serial0/0/0]ip address 10.1.1.1 24
[RA-Serial0/0/0]ppp pap local-user abc password simple 123456
                //被验证方发送用户名 abc 和密码 123456
```

ISP 路由器 RB 配置如下:

```
[RB]interface s0/0/0
[RB-Serial0/0/0]ip address 10.1.1.2 24
[RB-Serial0/0/0]ppp authentication-mode pap      //设置验证模式为 PAP
[RB]aaa
[RB-aaa]local-user abc password cipher 123456    //创建本地用户 abc 密码为 123456
```

[RB-aaa]local-user abc service-type ppp　　　　　　//设置用户使用的服务为 PPP

6. 华为相关命令说明

1）接口封装协议

视图：接口视图。

命令：

[Router-Serial0/0/0]**link-protocol { atm | fr | hdlc | ppp | tdm }**

华为的串口默认封装的是 PPP。

例如，设置接口 S0/0/0 封装 HDLC 协议。

[Router-Serial0/0/0]link-protocol hdlc

2）接口启用 PAP/CHAP 验证

视图：接口视图。

命令：

[Router-Serial0/0/0]**ppp authentication-mode { chap | pap }**
[Router-Serial0/0/0]**undo ppp authentication-mode**

说明：该命令用来配置本端 PPP 对对端路由器的验证方式，默认情况下不进行验证。

例如，在 S0/0/0 口上启用 CHAP 验证。

[Router-Serial0/0/0]ppp authentication-mode chap

3）创建本地用户及指定用户使用的服务类型

视图：AAA 视图。

命令：

[Huawei-aaa]**local-user** *name* **password cipher** *password*

参数：

name：创建本地用户的用户名。

password：创建本地用户的密码。

4）指定用户的服务类型

视图：AAA 视图。

命令：

[Huawei-aaa]**local-user** *name* **service-type** *service*

参数：

name：用户名。

service：服务类型，具体有 8021x、bind、ftp、http、l2tp、ppp、ssh、sslvpn、telnet、terminal、web 和 x25-pad 等。

例如，创建本地用户 usera，密码为 123456，服务类型为 ppp。

[Huawei-aaa]local-user usera password cipher 123456
[Huawei-aaa]local-user usera service-type ppp

5）配置 PAP 验证下被验证方发送的用户名和密码

视图：接口视图。

命令：

[Huawei-Serial0/0/0]**ppp pap local-user** *name* **password {simple|cipher}** *password*

参数：

name：被验证方发送的用户名。

password：被验证方发送的密码。

说明：该命令中配置的用户名和密码必须和主验证方本地用户列表中的用户名和密码一致才能通过验证。

例如，PPP 的 pap 被验证方发送用户名 abc 密码 123456。

[Huawei-Serial0/0/0]ppp pap local-user abc password simple 123456

任务三：配置广域网链路 CHAP 验证

1. 任务描述

某公司因为业务发展的需要，申请了专线接入，公司端路由器 RA 与 ISP 端路由器 RB 之间采用 PPP 封装，ISP 端路由器 RB 要求对公司端路由器 RA 进行 CHAP 验证（即 ISP 端为主验证方，公司端为被验证方）。

2. 实验网络拓扑图

实验网络拓扑图如图 8-23 所示。

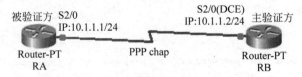

图 8-23　实验网络拓扑图（CHAP 验证）

3. 设备配置（思科 PT 模拟器）

CHAP 验证时主要配置过程包括：

- 双方接口封装 PPP 并配置 IP 地址。
- 主验证方建立本地用户数据库。
- 主验证方接口配置要求进行 CHAP 认证。
- 被验证方建立本地用户数据库。

公司路由器 RA 配置如下：

```
Router(config)#hostname RA
RA(config)# interface s2/0
RA(config)# ip address 10.1.1.1 255.255.255.0
RA(config)#encapsulation ppp                    //接口封装 PPP
RA(config)#exit
RA(config)#username RB password 123456          //创建本地用户 RB 和密码 123456
RA(config)#
```

ISP 路由器 RB 配置如下：

```
Router(config)♯hostname RB
RB(config)♯ interface s2/0
RB(config-if)♯ip address 10.1.1.2 255.255.255.0
RB(config-if)♯ encapsulation ppp                //接口封装 PPP
RB(config-if)♯ ppp authentication chap          //设置验证模式为 CHAP
RB(config-if)♯ exit
RB(config)♯ username RA password 123456         //创建本地用户 RA 和密码 123456
RB(config)♯
```

注意：在被验证方上创建本地用户数据库时，用户名为主验证方的设备名，在主验证方上创建本地用户数据库时，用户名为被验证方的设备名，被验证方和主验证方的密码必须要相同。

4. 设备配置（华为 eNSP 模拟器）

实验网络拓扑图如图 8-24 所示。

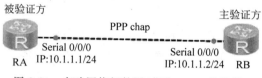

图 8-24　实验网络拓扑图（华为 eNSP 模拟器）

方式一：

公司路由器 RA（被验证方）配置如下：

```
[RA]interface s0/0/0
[RA-Serial0/0/0]ip address 10.1.1.1 24
[RA-Serial0/0/0]ppp chap user rta               //设置 CHAP 验证的用户名
[RA-Serial0/0/0]ppp chap password simple 123456 //设置 CHAP 验证的密码
```

ISP 路由器 RB（主验证方）配置如下：

```
[RB]interface s0/0/0
[RB-Serial0/0/0]ip address 10.1.1.2 24
[RB-Serial0/0/0]ppp authentication-mode chap    //设置验证模式为 CHAP
[RB-Serial0/0/0]quit
[RB]aaa
[RB-aaa]local-user rta password cipher 123456   //创建本地用户 rta,密码为 123456
[RB-aaa]local-user rta service-type ppp         //设置用户使用的服务为 PPP
```

方式二：

公司路由器 RA（被验证方）配置如下：

```
[RA]interface s0/0/0
[RA-Serial0/0/0]ip address 10.1.1.1 24
[RA-Serial0/0/0]ppp chap user rta
[RA-Serial0/0/0]quit
[RA]aaa
[RA-aaa]local-user rtb password cipher 123456
[RA-aaa]local-user rtb service-type ppp
```

ISP 路由器 RB（主验证方）配置如下：

在企业总公司与分公司之间进行广域网协议封装

```
[RB]interface s0/0/0
[RB-Serial0/0/0]ip address 10.1.1.2 24
[RB-Serial0/0/0]ppp authentication-mode chap
[RB-Serial0/0/0]ppp chap user rtb
[RB-Serial0/0/0]quit
[RB]aaa
[RB-aaa]local-user rta password cipher 123456
[RB-aaa]local-user rta service-type ppp
```

5. 华为相关命令说明

1）设置 CHAP 验证的用户名

视图：接口视图。

命令：

```
[Huawei-Serial0/0/0]ppp chap user name
```

参数：

name 为用户名，该用户名是发送到对端设备进行 CHAP 验证时使用的用户名。华为设备配置 PPP 的 CHAP 验证时，需要设置 CHAP 验证的用户名。

2）设置 CHAP 验证的密码

视图：接口配置视图。

命令：

```
[Huawei-Serial0/0/0]ppp chap password { simple | cipher } password
```

参数：

password 为密码字符串，配置的密码要和对端用户密码保持一致。华为设备配置 PPP 的 CHAP 验证时，被验证方需要设置 CHAP 验证的密码。

任务四：帧中继基本配置

1. 任务描述

某公司在 3 个不同的城市都有企业的局域网，现通过帧中继网络将 3 个城市的局域网进行互联。

2. 实验网络拓扑图

实验网络拓扑图如图 8-25 所示。

3. 设备配置（思科 PT 模拟器）

路由器 R1 配置：

```
Router(config)#hostname R1
R1(config)#interface FastEthernet0/0
R1(config-if)#ip address 192.168.1.1 255.255.255.0
R1(config-if)#no shutdown
R1(config-if)#exit
R1(config)#interface Serial2/0
R1(config-if)#ip address 10.1.1.1 255.255.255.0
R1(config-if)#no shutdown
R1(config-if)#encapsulation frame-relay        //串口封装帧中继协议
```

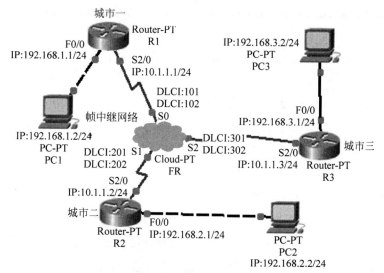

图 8-25 实验网络拓扑图

```
R1(config-if)#frame-relay lmi-type cisco          //本地管理接口类型为 Cisco
R1(config-if)#exit
R1(config)#router rip                              //配置全网互通路由
R1(config-router)#version 2
R1(config-router)#no auto-summary
R1(config-router)#network 192.168.1.0
R1(config-router)#network 10.1.1.0
```

路由器 R2 配置:

```
Router(config)#hostname R2
R2(config)#interface FastEthernet0/0
R2(config-if)#ip address 192.168.2.1 255.255.255.0
R2(config-if)#no shutdown
R2(config-if)#exit
R2(config)#interface Serial2/0
R2(config-if)#ip address 10.1.1.2 255.255.255.0
R2(config-if)#no shutdown
R2(config-if)#encapsulation frame-relay
R2(config-if)#frame-relay lmi-type cisco
R2(config-if)#exit
R2(config)#router rip
R2(config-router)#version 2
R2(config-router)#no auto-summary
R2(config-router)#network 192.168.2.0
R2(config-router)#network 10.1.1.0
```

路由器 R3 配置:

```
Router(config)#hostname R3
R3(config)#interface FastEthernet0/0
R3(config-if)#ip address 192.168.3.1 255.255.255.0
R3(config-if)#no shutdown
R3(config-if)#exit
R3(config)#interface Serial2/0
```

在企业总公司与分公司之间进行广域网协议封装

R3(config-if)♯ip address 10.1.1.3 255.255.255.0
R3(config-if)♯no shutdown
R3(config-if)♯encapsulation frame-relay
R3(config-if)♯frame-relay lmi-type cisco
R3(config-if)♯exit
R3(config)♯router rip
R3(config-router)♯version 2
R3(config-router)♯no auto-summary
R3(config-router)♯network 192.168.3.0
R3(config-router)♯network 10.1.1.0

帧中继云配置(帧中继网络):

S0 接口创建 DLCI:101 和 102,如图 8-26 所示。

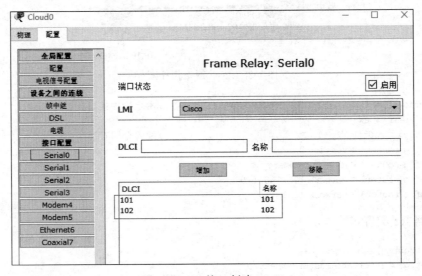

图 8-26 S0 接口创建 DLCI

S1 接口创建 DLCI:201 和 202,如图 8-27 所示。

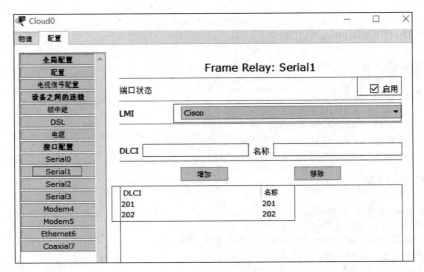

图 8-27 S1 接口创建 DLCI

S2 接口创建 DLCI：301 和 302，如图 8-28 所示。

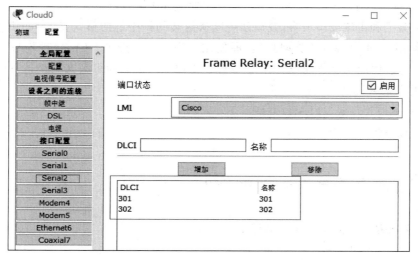

图 8-28　S2 接口创建 DLCI

创建各城市之间的链路的映射关系，如图 8-29 所示。

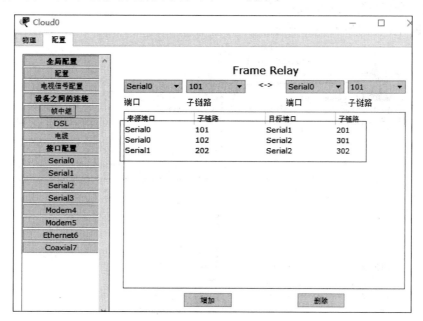

图 8-29　创建链路的映射关系

4. 思科相关命令介绍

1）配置接口封装帧中继协议

视图：接口配置视图。

命令：

Router(config-if)#**encapsulation frame-relay**［ietf］
Router(config-if)#**no encapsulation frame-relay**

在企业总公司与分公司之间进行广域网协议封装

参数：

ietf：标准 RFC1490 封装，没有 ietf 选项的封装是 Cisco 封装。

说明：为了和主流设备兼容，锐捷系统默认封装的帧中继的格式是 Cisco 封装，如果没有特殊的使用，一般选择 ietf 类型封装，即使用该命令 ietf 选项。Cisco 封装与 ietf 封装区别是 Cisco 封装使用 4 字节的报头（2 字节标识 DLCI，2 字节标识报文类型）。no 命令可以恢复接口的默认封装。

2）配置本地管理接口（LMI）类型

视图：接口配置视图。

命令：

Router(config-if)♯**frame-relay lmi-type {ansi ｜ cisco ｜ q933a}**

参数：

ansi：美国联邦标准协会制定的标准。

cisco：Cisco 类型。

q933a：CCITT 类型。

说明：接口默认是 Cisco，帧中继两端的 LMI 类型必须一致，否则链路将无法 UP。

5. 设备配置（华为 eNSP 模拟器）

实验网络拓扑图如图 8-30 所示。

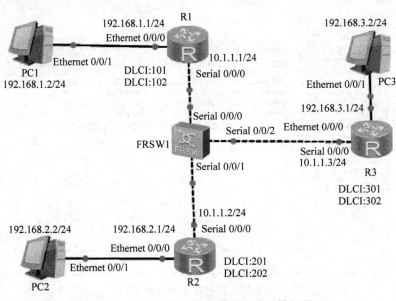

图 8-30　实验网络拓扑图（华为 eNSP 模拟器）

1）帧中继静态映射配置

路由器 R1 配置：

```
[R1]interface e0/0/0
[R1-Ethernet0/0/0]ip address 192.168.1.1 24
[R1-Ethernet0/0/0]quit
[R1]interface s0/0/0
```

```
[R1-Serial0/0/0]ip address 10.1.1.1 24
[R1-Serial0/0/0]link-protocol fr            //接口数据链路层封装帧中继
[R1-Serial0/0/0]undo fr inarp               //关闭帧中继逆向地址自动解析
[R1-Serial0/0/0]fr dlci 101                 //创建帧中继本地虚电路
[R1-fr-dlci-Serial0/0/0-101]quit
[R1-Serial0/0/0]fr map ip 10.1.1.2 101      //建立帧中继本地虚电路与对端地址的映射
[R1-Serial0/0/0]fr dlci 102
[R1-fr-dlci-Serial0/0/0-102]quit
[R1-Serial0/0/0]fr map ip 10.1.1.3 102
[R1]ospf                                    //全网互通路由协议 OSPF(也可以使用其他路由协议)
[R1-ospf-1]peer 10.1.1.2                    //指定 OSPF 邻居
[R1-ospf-1]peer 10.1.1.3
[R1-ospf-1]area 0
[R1-ospf-1-area-0.0.0.0]network 192.168.1.0 0.0.0.255
[R1-ospf-1-area-0.0.0.0]network 10.1.1.0 0.0.0.255
[R1-ospf-1-area-0.0.0.0]quit
```

路由器 R2 配置：

```
[R2]interface e0/0/0
[R2-Ethernet0/0/0]ip address 192.168.2.1 24
[R2-Ethernet0/0/0]quit
[R2]interface s0/0/0
[R2-Serial0/0/0]ip address 10.1.1.2 24
[R2-Serial0/0/0]link-protocol fr
[R2-Serial0/0/0]undo fr inarp
[R2-Serial0/0/0]fr dlci 201
[R2-fr-dlci-Serial0/0/0-201]quit
[R2-Serial0/0/0]fr map ip 10.1.1.1 201
[R2-Serial0/0/0]fr dlci 202
[R2-fr-dlci-Serial0/0/0-202]quit
[R2-Serial0/0/0]fr map ip 10.1.1.3 202
[R2]ospf
[R2-ospf-1]peer 10.1.1.1
[R2-ospf-1]peer 10.1.1.3
[R2-ospf-1]area 0
[R2-ospf-1-area-0.0.0.0]network 192.168.2.0 0.0.0.255
[R2-ospf-1-area-0.0.0.0]network 10.1.1.0 0.0.0.255
[R2-ospf-1-area-0.0.0.0]quit
```

路由器 R3 配置：

```
[R3]interface e0/0/0
[R3-Ethernet0/0/0]ip address 192.168.3.1 24
[R3-Ethernet0/0/0]quit
[R3]interface s0/0/0
[R3-Serial0/0/0]ip address 10.1.1.3 24
[R3-Serial0/0/0]link-protocol fr
[R3-Serial0/0/0]undo fr inarp
[R3-Serial0/0/0]fr dlci 301
[R3-fr-dlci-Serial0/0/0-301]quit
[R3-Serial0/0/0]fr map ip 10.1.1.1 301
[R3-Serial0/0/0]fr dlci 302
[R3-fr-dlci-Serial0/0/0-302]quit
[R3-Serial0/0/0]fr map ip 10.1.1.2 302
```

在企业总公司与分公司之间进行广域网协议封装

```
[R3-Serial0/0/0]
[R3]ospf 1
[R3-ospf-1]peer 10.1.1.2
[R3-ospf-1]peer 10.1.1.1
[R3-ospf-1]area 0
[R3-ospf-1-area-0.0.0.0]network 192.168.3.0 0.0.0.255
[R3-ospf-1-area-0.0.0.0]network 10.1.1.0 0.0.0.255
[R3-ospf-1-area-0.0.0.0]quit
```

2) 帧中继交换机 FRSW 配置

帧中继交换机 FRSW 配置如图 8-31 所示。

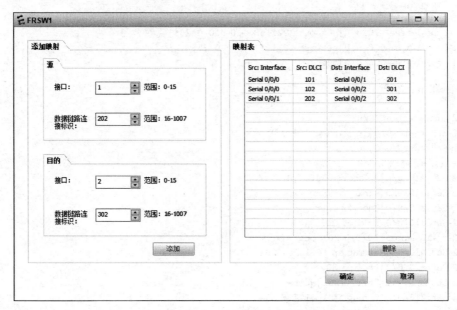

图 8-31　帧中继交换机 FRSW 配置

6. 华为相关命令说明

1) 接口数据链路层封装帧中继

视图：接口视图。

命令：

```
[Huawei-Serial0/0/0]link-protocol fr
```

2) 帧中继逆向地址解析

视图：接口视图。

命令：

```
[Huawei-Serial0/0/0]fr inarp
[Huawei-Serial0/0/0]undo fr inarp
```

说明：帧中继在接口上发送数据时,需要进行对端 IP 地址与本地 DLCI 的映射,该映射可以由手工配置来指定,也可以通过启用 InARP 功能来自动完成。undo 参数用来关闭帧中继逆向地址自动解析,此时就需要手工静态配置对端 IP 地址和本地 DLCI 之间的映射关系。

3）创建虚电路

视图：接口视图。

命令：

`[Huawei-Serial0/0/0]fr dlci number`

参数：

number 为虚电路 DLCI 编号，取值范围为 16～1022，在本地是唯一的。

说明：当帧中继接口类型是 DCE 时，需要为接口（不论是主接口还是子接口）手动创建虚电路。当帧中继接口类型是 DTE 时，如果接口是主接口，则系统会根据对端设备自动确定虚电路，也可以手工配置虚电路（上面实验中路由器的 s0/0/0 接口是 DTE 端）；如果是子接口，则必须手动为接口指定虚电路。

4）创建帧中继地址映射

视图：接口视图。

命令：

`[Huawei-Serial0/0/0]fr map ip ipaddress number`

参数：

ipaddress：对端 IP 地址。

number：本地 DLCI 编号。

说明：该命令是手工建立对端 IP 地址和本地 DCLI 编号之间的映射关系。地址映射可以通过手工配置建立，也可以通过 InARP 或 IND 协议来自动完成。

8.3　拓　展　知　识

8.3.1　PSTN

PSTN（Public Switch Telephone Network，共交换电话网络）是一种以模拟技术为基础的电路交换网络，也就是日常生活中常用的电话网络。在众多的接入方式中，通过 PSTN 进行接入的费用最低，但其数据传输质量和速率也较差。

PSTN 提供的是一个模拟的专用通道，所以当通过 PSTN 接入时必须使用调制解调器（Modem）实现信号的数模转换，如图 8-32 所示。

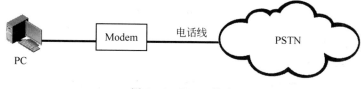

图 8-32　PSTN 接入

8.3.2　ISDN

ISDN（Integrated Service Digital Network，综合业务数字网）是一种允许在常用的模拟

电话线上同时传输多个端到端数字通信流的技术。ISDN 是一种典型的电路交换网络系统,它除了可以用来打电话,还可以提供可视电话、数据通信、会议电视等多种业务,从而将电话、传真、数据、图像等多种业务综合在一个统一的数字网络中进行传输和处理,这就是"综合业务数字网"这个名称的来历。ISDN 是欧洲普及的电话网络形式。GSM 移动电话标准也可以基于 ISDN 传输数据。因为 ISDN 是全部数字化的电路,所以它能够提供稳定的数据服务和连接速度,不像模拟线路那样对干扰比较明显。在数字线路上更容易开展更多的模拟线路无法或比较难保证质量的数字信息业务。

ISDN 标准定义了两种信道:B 信道(64kb/s)和 D 信道(在基本速率接口中是 16kb/s,在集群速率接口中是 64kb/s),B 信道用于承载数字化的流量,也可以传输音频、视频和数据。D 信道用于传输控制信息,负责承载建立和终止呼叫有关的信息,在特定情况下 D 信道也可以承载用户数据。大多数小企业采用 ISDN 的基本速率接口(BRI)方式,该方式包含 2 个 B 信道和 1 个 D 信道(即 2B+D),此时可以达到 144kb/s 的速率。当需要更高带宽时,使用 ISDN 的集群速率接口(PRI)方式,该方式有多个 B 信道和 1 个带宽为 64kb/s 的 D 信道组成,B 信道的数量取决于不同的国家。在北美和日本,PRI 由 23 个 B 信道和 1 个 D 信道组成(即 23B+D),每个信道 64kb/s。在欧洲、澳大利亚和世界其他地区,PRI 由 30 个 B 信道和 1 个 D 信道组成(即 30B+D)。

8.3.3 ADSL

ADSL(Asymmetric Digital Subscriber Line,非对称数字用户环路)是现在常见的一种接入方式,是 DSL 技术中的一种。它通过现有普通电话线为家庭、办公室提供宽带数据传输服务。它的上行和下行带宽不对称,通常 ADSL 在不影响正常通话的情况下可以提供最高 3.5Mb/s 的上行速度和最高 24Mb/s 的下行速度。ADSL 采用频分复用技术将普通的电话线分成了电话、上行和下行 3 个相对独立的信道,从而实现上网和打电话互不干扰。ADSL 常见的接入示意图如图 8-33 所示。

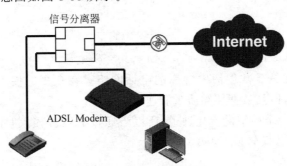

图 8-33 ADSL 宽带接入

ADSL Modem 是为 ADSL(非对称用户数字环路)提供调制数据和解调数据的机器。常见的 ADSL Modem 接口如图 8-34 所示。

图 8-34 ADSL Modem 的接口

ADSL Modem 面板上的信号灯是用来的显示网络连接情况的,所以了解 ADSL 面板上的指示灯的意思对掌握 ADSL 的工作状态和分析排除一些故障很重要。ADSL 面板上一般会有 5 个指示灯,分别是 Power、ADSL(link、act)、LAN(link、act),如图 8-35 所示。其具体表示的意义如下。

图 8-35　ADSL Modem 的指示灯

ADSL 灯:用于显示调制解调器 Modem 的同步情况,常亮绿灯(link)表示调制解调器与局端能够正常同步;绿灯(link)不亮表示没有同步;闪动绿灯(link)表示正在建立同步。当网络中有数据传输时,红灯(act)闪烁。

LAN 灯:用于显示调制解调器与网卡或集线器的连接是否正常,如果绿灯(link)不亮,则调制解调器与计算机之间肯定不通,当网线中有数据传送时,红灯(act)会闪烁。

Power 灯:电源显示。

8.3.4　X.25 协议

X.25 协议是国际电信联盟(International Telecommunication Union,ITU)为 WAN 网络通信颁布的标准。它定义了用户设备和网络设备之间如何通过公共数据网建立和保持连接。X.25 协议是数据终端设备(DTE)和数据电路终接设备(DCE)之间的接口规程,如图 8-36 所示,其主要功能是描述如何在 DTE 和 DCE 之间建立虚电路、传输分组、建立连接、传输数据、拆除链路、拆除虚电路,同时进行差错控制和流量控制,确保用户数据通过网络的安全,向用户提供尽可能多且方便的服务,但并不涉及数据包在 X.25 网络内部的传输。

图 8-36　X.25 协议

X.25 中的 DTE 通常是计算机或其他可编程序终端设备(如路由器等)。X.25 中的 DCE 设备在逻辑上是网络中的分组交换机,但在物理上,用户见到的常常是调制解调器(Modem)或数据服务单元(DSU)等设备。X.25 接口两侧(DTE 和 DCE)的特性是不对称的,接口任何一侧必须明确自己的身份是 DTE 还是 DCE。数据终端设备总是工作在 DTE 方式,调制解调器(Modem)总是工作在 DCE 方式。在实验环境下,可以用专用电缆(一头是 DTE,另一头是 DCE)来连接两个设备,设备的工作的方式由连接的电缆接头来决定。

8.3.5　ATM

异步传输模式(Asynchronous Transfer Mode,ATM)是以信元为基础的一种分组交换和复用技术,它是一种为了多种业务设计的通用的面向连接的传输模式。典型的 ATM 线路的速率超过 155Mb/s,而且延时和抖动都非常低。这是通过使用较小且固定长度的信元来实现的。用户可将信元想象成一种运输设备,能够将数据块从一个设备经过 ATM 交换设备传送到另一个设备。ATM 的信元固定长度是 53 字节,其中 5 字节为信元头,用来承载该信元的控制信息;48 字节为信元体,用来承载用户要分发的信息。

8.4 项目实训

　　某总公司的出口路由器 RA 与 ISP 的路由器之间采用 PPP 连接,并使用 CHAP 单向验证(ISP 为验证方,RA 为被验证方);分公司的出口路由器 RB 与 ISP 的路由器之间也采用 PPP 连接,并使用 PAP 单向验证(ISP 为验证方,RB 为被验证方)。完成设置并进行相关的网络测试。实验网络拓扑图如图 8-37 和图 8-38 所示。

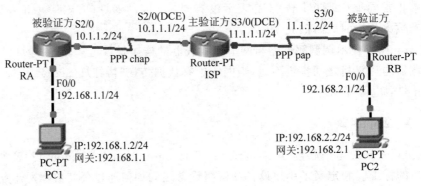

图 8-37　思科 PT 模拟器拓扑图

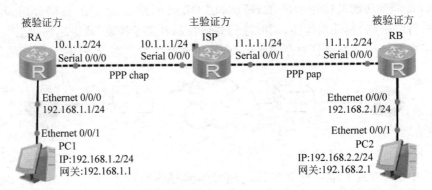

图 8-38　华为 eNSP 模拟器拓扑图

　　设备接口地址分配表如表 8-1 所示。

表 8-1　设备接口地址分配表

设备名称	接口	IP 地址	说明
路由器 ISP	S2/0	10.1.1.1/24	模拟 ISP 的接入端
	S3/0	11.1.1.1/24	
路由器 RA	S2/0	10.1.1.2/24	总公司接入路由器
	F0/0	192.168.1.1/24	
路由器 RB	S3/0	11.1.1.2/24	分公司接入路由器
	F0/0	192.168.2.1/24	
PC1		192.168.1.2/24	网关：192.168.1.1
PC2		192.168.2.2/24	网关：192.168.2.1

基本要求：

（1）正确选择设备并使用线缆连接。

（2）正确给各路由器的相关接口配置 IP 地址。

（3）正确配置各 PC 的 IP 地址、子网掩码和网关等参数。

（4）在路由器 ISP 的 S2/0 口上创建 OSPF 路由进程，区域号为 0；在 S3/0 口上创建 RIPv2 路由进程；并在 OSPF 和 RIP 之间进行双向的路由重分发。

（5）在路由器 RA 的 S2/0 口上创建 OSPF 路由进程，区域号为 0；在 F0/0 口上创建 OSPF 路由进程，区域号为 0。

（6）在路由器 RB 的 S3/0 口和 F0/0 口上创建 RIPv2 路由进程。

（7）配置 ISP 与 RA 之间链路进行 PPP 的 CHAP 单向验证，ISP 为主验证方，RA 为被验证方。

（8）配置 ISP 与 RB 之间链路进行 PPP 的 PAP 单向验证，ISP 为主验证方，RB 为被验证方。

（9）用 ping 命令在各 PC 上相互测试全网是否能相互访问。

拓展要求：

配置 ISP 与 RA 之间链路进行 PPP 的 CHAP 双向验证，配置 ISP 与 RB 之间链路进行 PPP 的 PAP 双向验证。

项目 8 的考核表如表 8-2 所示。

表 8-2　项目 8 考核表

序　　号	项目考核知识点	参 考 分 值	评　　价
1	设备连接	2	
2	PC 的 IP 地址配置	2	
3	路由器的 IP 地址配置	3	
4	OSPF 路由配置	2	
5	RIP 路由配置	2	
6	路由重分发配置	2	
7	PPP 的 CHAP 验证和 PAP 验证	6	
8	拓展要求	3	
合　　计		22	

8.5　习　　题

1. 选择题

（1）思科路由器同步串口默认封装的是下面哪种协议？（　　）

　　A. HDLC　　　　　　　B. PPP　　　　　　　C. X.25　　　　　　　D. 帧中继

（2）下面哪一种广域网协议采用电路交换的数据传输方式？（　　）

　　A. HDLC　　　　　　　B. PPP　　　　　　　C. ISDN　　　　　　　D. ATM

（3）下面关于 PPP 描述错误的是（　　）。

　　A. PPP 既支持异步链路，又支持面向比特的同步链路

B. PPP 是一种面向比特的数据链路层协议

C. PPP 链路的建立是通过一系列的协商完成的

D. PPP 中定义的 NCP 主要用于链路的建立和拆除

（4）在 PPP 协商过程中，当物理层链路准备好以后，链路进入哪个阶段？（　　　）

A. Establish 阶段

B. Authenticate 阶段

C. Network 阶段

D. Terminate 阶段

（5）当 PPP 链路需要验证时，在协商过程中的哪个阶段完成验证？（　　　）

A. Establish 阶段

B. Authenticate 阶段

C. Network 阶段

D. Terminate 阶段

（6）下面关于 PAP 验证说法错误的是（　　　）。

A. PAP 是一种很简单的认证协议，验证过程分为两步

B. PAP 验证是在网络层协商 IP 地址之后进行的

C. PAP 验证由被验证方发起

D. PAP 在网络上以明文的方式传递用户名及密码

（7）下面关于 CHAP 验证说法错误的是（　　　）。

A. CHAP 验证是在网络层协议 IP 地址之前进行的

B. CHAP 验证有主验证方发起

C. CHAP 在网络上以密文的方式传递用户名和密码

D. CHAP 可以进行双向验证

（8）在配置 PAP 单向验证时，下面哪条命令只用在被验证方上？（　　　）

A. RA(config)＃username abc password 123456

B. RA(config-if-Serial 2/0)＃encapsulation ppp

C. RA(config-if-Serial 2/0)＃ppp pap sent-username abc password 123456

D. RA(config-if-Serial 2/0)＃ppp authentication pap

（9）CHAP 是三次握手的验证协议，其中第一次握手是（　　　）。

A. 被验证方直接将用户名和密码传递给验证方

B. 验证方将一段随机报文和用户名传递给被验证方

C. 被验证方生成一段随机报文，发送给验证方

D. 验证方直接将用户名和密码传递给被验证方

（10）下列所述的协议中，哪一个不是广域网协议？（　　　）

A. PPP　　　　　　　　B. X.25　　　　　　　C. HDLC　　　　　　　D. RIP

2. 简答题

（1）企业常用的广域网接入方式有哪些？

（2）简述 PPP 的协议过程。

（3）简述 PAP 单向验证过程。

（4）简述 PAP 验证和 CHAP 验证的区别。

项目 9 | 通过路由器的设置控制
企业员工的互联网访问

项目描述

　　某公司给各个部门(行政、销售、开发、工程、财务和网络)划分了不同的子网,并用路由器进行互连,考虑到公司财务信息的安全,要求除了行政部门其他部门不能对财务部门进行访问。为了更好地利用互联网进行企业宣传和营销,公司架设了 FTP 服务器和 WWW 服务器,销售、开发和工程 3 个部门只有在正常上班时间(周一到周五的 8:00～16:00)可以访问公司的 FTP 服务器,行政和网络两部门在任何时候都可以访问 FTP 服务器和 WWW 服务器。为了在外网能访问公司局域网内的 WWW 服务器和 FTP 服务器,同时为了安全等因素需隐藏公司内部网络,所以使用 NAT 来处理和外部网络的连接。

项目目标

* 了解访问控制列表的工作原理及规则;
* 了解访问控制列表的种类;
* 掌握标准访问控制列表的配置方法;
* 掌握扩展访问控制列表的配置方法;
* 掌握基于时间的访问控制列表的配置方法;
* 了解 NAT 的应用;
* 掌握静态 NAT 的配置方法;
* 掌握动态 NAT 的配置方法。

9.1 预 备 知 识

9.1.1 访问控制列表概述

　　在实施网络安全控制的相关措施中,访问控制是网络安全防范和保护的主要策略之一,它的主要任务是保证网络资源不被非法使用和访问,也是保证网络安全的重要策略之一。访问控制列表(Access Control List,ACL)就是一系列实施访问控制的指令组成的列表。访问控制列表在防火墙、三层交换机和路由器上都有应用,此处所讲的是应用在路由器接口的访问控制列表。这些指令列表用来告诉路由器哪些数据包可以收和哪些数据包需要拒绝。至于数据包是被接收还是拒绝,可以由类似于源地址、目的地址、端口号等的特定指示条件来决定,如图 9-1 所示。

230

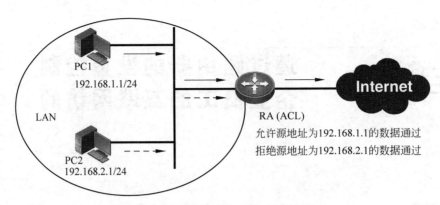

图 9-1 访问控制列表控制数据传输

访问控制列表除了用来控制访问还可以起到控制网络流量、流向的作用,而且在很大程度上起到保护网络设备和服务器的关键作用。路由器一般用来作为外网进入企业内网的第一道关卡,所以路由器上的访问控制列表就成为保护内网安全的有效手段。

访问控制列表具有区别数据包的功能,访问控制列表可以用于防火墙,可以在保证合法用户访问的同时拒绝非法用户的访问。访问控制列表可以对网络中的数据流量进行控制,重要的数据得到优先处理,不重要的数据后处理,不需要的数据被丢弃。访问控制列表还可以用来规定哪些数据包需要进行地址转换。同样,访问控制列表还广泛应用于路由策略中。

访问控制列表从概念上来讲并不复杂,复杂的是对它的配置和使用,许多初学者往往在使用访问控制列表时出现错误。要想正确配置和应用访问控制列表,首先需要了解以下内容。

1. 访问控制列表的组成

访问控制列表是由一系列访问控制指令组成的,而每一条访问控制指令都由两部分组成:条件和操作。条件用来过滤数据包时所要匹配的内容,当某个数据包符合条件时,就执行某个操作(允许或拒绝)。

条件定义了要在数据包中查找什么内容来判断数据包是否匹配,每条访问控制指令中只可以指定一个条件,但可以通过一组指令来形成多个条件的组合。

操作在这里只有两种类型:允许或拒绝。

2. 访问控制列表的匹配

当一个数据要使用访问控制列表进行过滤时,首先会从第一条访问控制指令开始,采用自上而下的逐条进行比对,当找到匹配的指令时,就会采用该指令来对数据进行处理,而不会再去比对该指令下面的任何指令。当访问控制列表中的所有指令都比对完而仍然找不到匹配的指令时,该数据就会被丢弃。这是因为在每一个访问控制列表的最后都有一条看不见的控制指令,该指令是拒绝一切所有数据的指令,称为"隐式的拒绝"指令,该指令的目的就是丢弃和访问控制列表中任何指令都不匹配的数据包。

由于访问控制列表的匹配采用自上而下的顺序执行,所有访问控制列表中的指令如何排序就变得很重要。相同的指令,先后顺序不同就可能会出现完全不同的效果。

例如,要实现阻止源地址为192.168.1.1的数据包通过,但允许其他数据通过,则可以用下面两条访问控制指令来实现。

第一条　阻止源地址为192.168.1.1的数据通过。

第二条　允许所有的数据通过。

但如果将这两条指令的先后顺序改变的话,顺序就变成:

第一条　允许所有的数据通过。

第二条　阻止源地址为192.168.1.1的数据通过。

可以看出,当源地址为192.168.1.1的数据包和第一条访问控制语句进行比对时也是匹配的,所以就会被放行,也就不会起到相应的阻止作用。

3. 访问控制列表中的方向

除了要注意访问控制列表中指令的先后顺序,还有一个内容也是要特别注意的,那就是访问控制列表应用的方向。访问控制列表配置好后,要应用到路由器具体的接口上才能生效;而对于接口(或设备)来讲,数据的传输是有方向的,如图9-2所示。当数据进入接口(或设备)时,称为IN方向;当数据从接口(或设备)出来时,称为OUT方向。

图 9-2　IN 方向和 OUT 方向

从图9-2可以看出,当一个数据要经过路由器时,会由一个IN方向进入,然后从一个OUT方向出去。这时要应用访问控制列表时,可以应用在IN方向,也可以应用在OUT方向。具体如何来决定,这要根据所要过滤的数据流等因素来决定。下面以最常见的控制内网和外网的相互访问来说明,如图9-3所示。路由器RA连接着内部网络(LAN)和外部网络(Internet),路由器的F0/1口作为连接内网的内网接口,而S0/0是连接外网的外网接口。

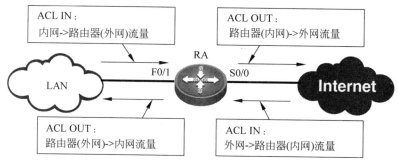

图 9-3　ACL 的 IN 方向和 OUT 方向

从图9-3可以看出,当要控制内网到外网的数据流时,可以将访问控制列表(ACL)应用在路由器的内网接口F0/1的IN方向,也可以将访问控制列表(ACL)应用在路由器的外网接口S0/0的OUT方向。同样要控制外网到内网的数据流时,可以将访问控制列表(ACL)应用在路由器的外网接口S0/0的IN方向,也可以将访问控制列表(ACL)应用在路由器的

通过路由器的设置控制企业员工的互联网访问

内网接口 F0/1 的 OUT 方向。那么,在内网接口 F0/1 的 IN 方向和在外网接口 S0/0 的 OUT 方向上应用 ACL 效果是不是一样呢?并不完全一样。下面先来看看这两者的区别。

以图 9-4 为例,假设要阻止 PC2 访问网段 10.1.1.0/24 中的主机,但允许所有其他数据正常通过,可以采用在路由器接口 F0/1 的 IN 方向启用访问控制列表。

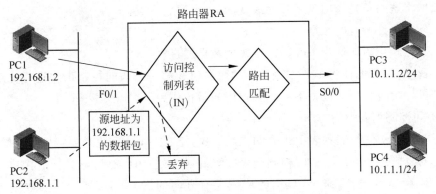

图 9-4　接口 IN 方向应用 ACL

图 9-4 中的矩形用来代替路由器 RA,矩形用来显示简化的路由器 RA 的内部逻辑,在路由器 RA 的 F0/1 接口的 IN 方向上应用了访问控制列表(拒绝源地址为 192.168.1.1 的数据包通过)。当接口 F0/1 接收到数据包之后,路由器首先进行访问控制列表的对比,如果是访问控制列表允许通过的数据,则再进行路由匹配;如果是访问控制列表拒绝的数据,则丢弃数据包,也就不会进入路由匹配过程。

现在将图 9-4 做一个简单的扩充,如图 9-5 所示。这时可以发现虽然阻止了 PC2 访问 10.1.1.0/24 这个网段,但同时也阻止了 PC2 对 172.1.1.0/24 这个网段的正常访问。这个在接口 F0/1 的 IN 方向上的访问控制列表的应用出现了一些预料以外的结果。原因就是 IN 方向的 ACL 过滤了太多的数据包,即 ACL 过滤了应该过滤的数据包,同时也过滤了不应该过滤的数据包。

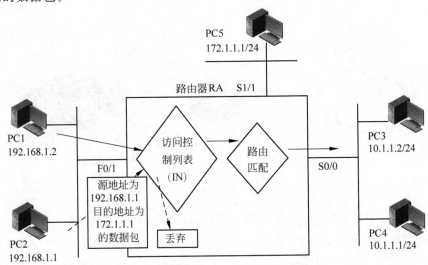

图 9-5　IN 方向的 ACL 过滤太多的数据包

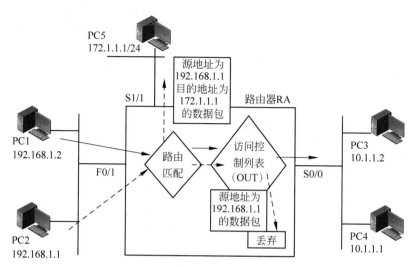

图 9-6　接口 OUT 方向应用 ACL

图 9-6 所示的是在路由器 RA 的 S0/0 接口的 OUT 方向上应用访问控制列表(拒绝源地址为 192.168.1.1 的数据包通过)。从图 9-6 中可以看出,这是路由器对数据包的处理过程为先路由,然后接口过滤。而在去往 172.1.1.0/24 这个网段的接口 S1/1 上没有配置访问控制列表,所以 PC2 的能正常访问该网段,而在去往 10.1.1.0/24 这个网段的接口 S0/0 上配置了 OUT 方向的访问控制列表,所以阻止了 PC2 对 10.1.1.0/24 这个网段的访问。

从上面两者的对比可以看出,路由器在接口的 IN 方向应用访问控制列表时,对数据包的处理是先过滤,后路由,而在接口的 OUT 方向应用访问控制列表时,对数据包的处理是先路由,后过滤。

在配置访问控制列表时,经常会遇到访问控制列表配置的位置和方向,这个没有标准答案,只能根据具体情况而定,但有两条准则可以帮助用户进行基本的判断。

- 只过滤数据包源地址的 ACL 应该放置在离目的地尽可能近的地方。
- 过滤数据包的源地址和目的地址及其他信息的 ACL 应该放在离源地址尽可能近的地方。

4. 访问控制列表类型

访问控制列表的类型有多种:有标准 IP 访问控制列表、扩展 IP 访问控制列表、名称访问控制列表、基于 MAC 的访问控制列表、专家访问控制列表和基于时间的访问控制列表等。不同的设备支持的访问控制列表类型也会有一些差异,对于当前的路由器而言,常用的访问控制列表可以分为两类:标准访问控制列表和扩展访问控制列表。标准访问控制列表只根据 IP 数据包中的源地址信息进行数据过滤,扩展访问控制列表则可以根据 IP 数据包中的源 IP 地址、目的 IP 地址、协议类型和端口号等多个信息进行数据过滤。所有的访问控制列表都有一个编号,标准访问控制列表和扩展访问控制列表按照这个编号来区分。标准 IP 访问控制列表编号范围为 1~99 或 1300~1999,扩展 IP 访问控制列表编号范围为 100~199 或 2000~2699。其余访问控制列表编号范围如表 9-1 所示。

通过路由器的设置控制企业员工的互联网访问

表 9-1　路由器中访问控制列表编号

编　　号	访问控制列表类型
1～99	标准 IP 访问控制列表
100～199	扩展 IP 访问控制列表
200～299	协议类型代码访问控制列表
300～399	DECnet 访问控制列表
400～499	标准 XNS 访问控制列表
500～599	扩展 XNS 访问控制列表
600～699	AppleTalk 访问控制列表
700～799	比特 MAC 地址访问控制列表
800～899	标准 IPX 访问控制列表
900～999	扩展 IPX 访问控制列表
1000～1099	IPS SAP 访问控制列表
1100～1199	扩展 48 比特 MAC 地址访问控制列表
1200～1299	IPX 汇总地址访问控制列表
1300～1999	标准 IP 访问控制列表
2000～2699	扩展 IP 访问控制列表

9.1.2　标准 IP 访问控制列表

标准 IP 访问控制列表只能过滤 IP 数据包头中的源 IP 地址,可以使用访问列表编号 1～99 或 1300～1999(扩展的范围)创建标准的访问列表。在创建访问控制列表时使用编号 1～99 或 1300～1999,就可以告诉路由器要创建的是标准访问列表,所以路由器将只分析数据包的源 IP 地址。标准访问控制列表通常用在路由器配置以下功能。

- 限制通过 VTY 线路对路由器的访问(Telnet、SSH)。
- 限制通过 HTTP 或 HTTPS 对路由器的访问。
- 过滤路由更新。

9.1.3　扩展 IP 访问控制列表

当既要对数据包中的源地址进行过滤,同时又需要对目的地址过滤时,可以发现利用标准 IP 访问控制列表是无法实现的。因为标准 IP 访问控制列表不允许那样做,它只能过滤 IP 数据包中的源地址信息。但是用扩展 IP 访问控制列表却可以实现。因为扩展的 IP 访问控制列表允许用户根据源和目的地址、协议、源和目的端口等内容过滤报文。扩展 IP 访问控制列表比标准 IP 访问控制列表提供了更广泛的控制范围。

9.1.4　基于时间的访问控制列表

在实际的网络控制应用中,经常会需要在不同的时间段对网络做出不同的控制,例如,在上班时间内不允许公司员工访问互联网,其他时间可以访问任意外网资源。对于这种网络控制需求就需要将访问控制列表和时间段结合起来应用。这种与时间段结合应用的访问控制列表就是基于时间的访问控制列表。从本质上讲,基于时间的访问控制列表与标准访问控制列表和扩展访问控制列表没有什么差异,只是多了时间段参数而已。有了这个时间段参数后,这个访问控制列表就只有在此时间段内才会生效。各种访问控制列表都可以使用时间段这个参数,所以基于时间的访问控制列表实际上并不是一种单独的访问控制列表。

9.1.5 配置访问控制列表的步骤

配置访问控制列表的步骤可以分为以下几步。

(1) 分析网络控制需求。

(2) 创建访问控制列表及相关访问控制语句。

(3) 根据需求与网络结构将访问控制列表应用到交换机或路由器的相应接口。

9.1.6 NAT 概述

1. NAT 概念

NAT(Network Address Translation,网络地址转换)是一种能将私有网络地址(保留IP 地址)转换为公网(广域网)IP 地址的转换技术。由于 NAT 可以用来解决 IP 地址不足的问题,而且还能够有效地避免来自网络外部的攻击,隐藏并保护网络内部的计算机,所以它被广泛应用于各种类型 Internet 接入方式和各种类型的网络中。

2. NAT 的用途

IP 地址有公有地址和私有地址之分,私有地址不能通过 Internet 路由器(因为 ISP 将边界路由器配置成禁止将使用私有地址的数据流转发到 Internet),只有使用公有地址的数据才能在 Internet 中路由。而当前 IPv4 的公有地址已经全部分配完了,对于大多数需要连接 Internet 的企业来讲,一般不可能获得大量的公网地址去分配给每个主机使用,而且私有地址提供的地址空间更大,使得用户可以采用更容易管理的编址方案,网络也更容易扩展,所以企业组网时都是采用私有地址,但当企业中的所有计算机都要连入 Internet 时,就需要一种能够在网络边缘将私有地址转换为公有地址的一种机制,而 NAT 的用途就是提供这种地址转换的机制,如图 9-7 所示。

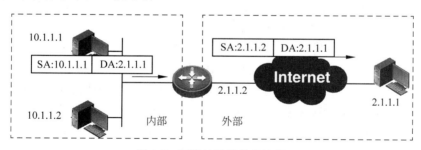

图 9-7 网络地址转换(NAT)

NAT 有很多用途,但最主要的用途是使网络能够使用私有 IP 地址以节省公有 IP 地址。NAT 将不可路由的私有内部地址转换为可路由的公有地址。NAT 还在一定程度上改善了网络的私密性和安全性,因为它对外部网络隐藏了内部 IP 地址。

3. NAT 术语

在 NAT 中有 4 个术语:内部本地 IP 地址、内部全局 IP 地址、外部本地 IP 地址和外部全局 IP 地址。要较好地掌握 NAT,就必须要对这 4 个术语有清晰的认识和理解。表 9-2 中所列为对该 4 个术语的简单解释。

通过路由器的设置控制企业员工的互联网访问

表 9-2　NAT 术语

术　　语	描　　述
内部本地 IP 地址	分配给内部网络中的主机的 IP 地址。通常这种地址使用的是保留的私有地址
内部全局 IP 地址	内部主机发送的数据流离开 NAT 路由器时分配给它们的有效公有地址,通常是 ISP 提供的
外部本地 IP 地址	给外部网络中的主机分配的本地 IP 地址。大多数情况下,该地址与外部设备的外部全局地址相同
外部全局 IP 地址	外部网络中的合法主机 IP 地址。通常来自全局可路由的地址空间

内部/外部是指 IP 主机相对于 NAT 设备的物理位置。而本地/全局是用户相对于 NAT 设备的位置或视角。可以通过图 9-8 来进一步理解这两个概念。

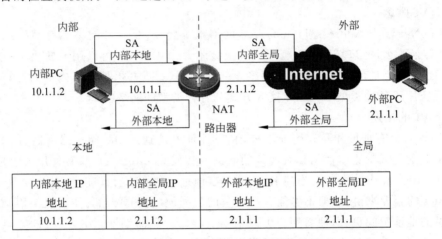

图 9-8　NAT 转换内部和外部网络地址

从图 9-8 中可以看出,内部本地 IP 地址和外部全局 IP 地址是通信中的真正源地址和目的地址。内部全局 IP 地址是内部本地 IP 地址在外部网络的表现,即从外部网络的位置看内部网络时所看到的内部网络的 IP 地址(即图中的 2.1.1.2),外部用户使用该地址来与内部网络中的主机通信。外部本地 IP 地址是外部全局地址在内部网络的表现,即从内部网络的位置看外部网络时所看到的外部网络的 IP 地址。

也可以从另外一个角度来理解这些概念,如图 9-9 所示,当内网(内部本地)向外网(外部全局)发送数据时,数据包的源地址是内部本地 IP 地址,数据包的目的地址是外部本地 IP 地址,在经过路由器的后,源地址被替换为内部全局,而目的地址被替换为外部全局。如果转换前后的目的地址相同,即外部本地 IP 地址和外部全局 IP 地址相同,就可以认为是普通的由内到外的 NAT;如果转换前后的目标地址不同,即外部本地 IP 地址和外部全局 IP 地址不相同,就可以用这种方式来处理路由器两边网络存在地址重叠的情况。

当从外网(外部全局)向内网(内部本地)发送数据时,数据包的源地址是外部全局 IP 地址,目的地址是内部全局 IP 地址,在经过路由器后,源地址被替换为外部本地 IP 地址,而目的地址被替换为内部本地 IP 地址。如果转换前后的目的地址相同,即内部全局 IP 地址和内部本地 IP 地址相同就可以认为是普通的由外向内的 NAT;如果转换前后的目的 IP 地址不同,同样可以用这种方式来处理路由器两边网络存在的地址重叠的情况。

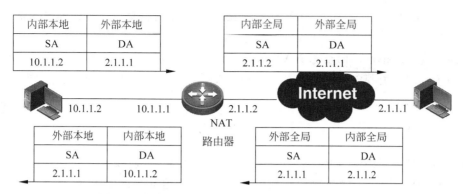

内部本地	外部本地
SA	DA
10.1.1.2	2.1.1.1

内部全局	外部全局
SA	DA
2.1.1.2	2.1.1.1

外部本地	内部本地
SA	DA
2.1.1.1	10.1.1.2

外部全局	内部全局
SA	DA
2.1.1.1	2.1.1.2

图 9-9　从数据包发送的角度看内部和外部网络地址

9.1.7　NAT 的工作过程

NAT 的本质就是当内网的数据通过 NAT 路由器时,将数据包中的私有地址转换成公有地址。下面以图 9-10 为例来讲解 NAT 的基本工作过程。

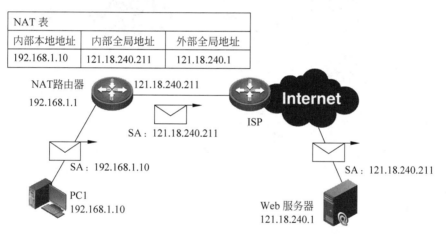

NAT 表		
内部本地地址	内部全局地址	外部全局地址
192.168.1.10	121.18.240.211	121.18.240.1

图 9-10　NAT 工作过程

假设内网 PC1 的用户想要访问外网的 Web 服务器,PC1 是内网的主机,其使用的 IP 地址为私有地址 192.168.1.10,而外部的 Web 服务器的 IP 地址为合法的公网地址 121.18.240.1。首先 PC1 将发往外网的请求数据包发送到默认网关 NAT 路由器(此时数据包中的源地址为内部本地 IP 地址 192.168.1.10),NAT 路由器接收到该数据包后检查是否符合地址转换条件,在符合条件的情况下,NAT 路由器将数据包中的内部本地 IP 地址(192.168.1.10)转换为内部全局 IP 地址(121.18.240.211),然后将这种本地地址到全局地址的映射存储到 NAT 表中。转换后的数据包经过 Internet 到达 Web 服务器,Web 服务器收到请求数据包后将回应的数据包发往 NAT 路由器(IP 地址为 121.18.240.211),NAT 路由器接收到回应的数据包后通过其 NAT 表发现这是以前转换的 IP 地址,所以根据 NAT 表将该内部全局地址(121.18.240.211)转换为内部本地地址(192.168.1.10),并将回应数据包转发给 PC1。如果没有找到对应的映射,数据包将被丢弃。

通过路由器的设置控制企业员工的互联网访问

NAT 的实现方式有 3 种:静态 NAT、动态 NAT 和端口复用 NAT。其中,静态 NAT 设置起来是最为简单和最容易实现的一种,内部网络中的每个主机都被永久映射成外部网络中的某个合法的地址。而动态 NAT 则是在外部网络中定义了一系列的合法地址,采用动态分配的方法映射到内部网络。端口复用 NAT 则是将内部地址映射到外部网络的一个 IP 地址的不同端口上。

9.1.8 静态 NAT

静态转换是指将内部网络的私有 IP 地址转换为公有 IP 地址,IP 地址转换是一对一且一成不变的,即某个私有 IP 地址只转换为某个公有 IP 地址。借助于静态转换可以实现外部网络对内部网络中某些特定设备(如服务器)的访问。静态 NAT 转换条目需要预先手动进行创建,即将一个内部本地地址和一个内部全局地址唯一地进行绑定。图 9-11 说明了静态 NAT 转换的基本原理。

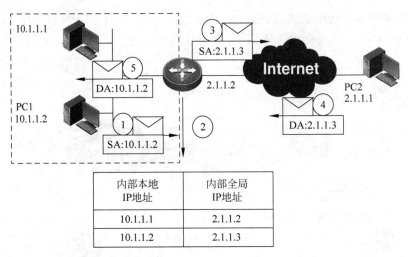

图 9-11 静态 NAT 转换

图 9-11 中的静态 NAT 转换的过程如下。

假设内网的 PC1 要与 PC2 进行通信,首先由 PC1 向 PC2 发送报文,此时报文中的源地址为 PC1 的 IP 地址(10.1.1.2),是一个私有地址。当 NAT 路由器从 PC1 收到报文后,检查 NAT 表,发现需要将该报文的源地址进行转换。于是,NAT 路由器根据 NAT 表将报文中的源地址(10.1.1.2)转换为内部全局地址(2.1.1.3),然后转发报文。当 PC2 接收到报文后,会回送一个应答报文,该应答报文使用内部全局地址(2.1.1.3)作为目的地址,当 NAT 路由器收到 PC2 发回的应答报文后,再根据 NAT 表将该报文中的内部全局地址(2.1.1.3)转换回内部本地地址(10.1.1.2),并将报文转发给 PC1,后者收到报文后继续会话。

静态 NAT 按照一一对应的方式将每个内部 IP 地址转换为一个外部 IP 地址,这种方式经常用于企业网的内部设备需要能够被外部网络访问到的情况。例如,外部网络需要访问企业内部网络架设的 Web 服务器,此时可以将企业内部网络的 Web 服务器的内部 IP 地址转换为一个外部 IP 地址。

9.1.9　动态 NAT

动态 NAT 是指将内部网络的私有 IP 地址转换为公有 IP 地址时,IP 地址对是不确定的,是随机的,所有被授权访问 Internet 的私有 IP 地址可随机转换为任何指定的合法 IP 地址。也就是说,只要指定了哪些内部地址可以进行转换,以及哪些合法地址作为外部地址,就可以进行动态 NAT 转换。动态 NAT 转换可以使用多个合法外部地址集。当 ISP 提供的合法 IP 地址略少于网络内部的计算机数量时,可以采用动态转换的方式。图 9-12 说明了动态 NAT 转换的基本原理。

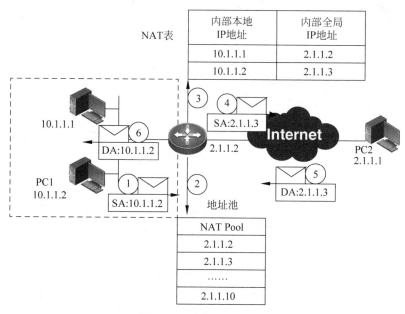

图 9-12　动态 NAT 转换

从图 9-12 中可以看出,动态 NAT 转换和静态 NAT 转换不同的是在 NAT 路由器接收到要转换的报文后,先从地址池(NAT Pool)中取出一个未用的地址用于转换,并动态地创建一条动态的 NAT 转换表项存放在 NAT Table 中。

动态地址转换是从内部全局地址池中动态地选择一个未被使用的地址,对内部本地地址进行转换。动态地址转换条目是动态创建的,无须预先手动进行创建。

无论使用静态 NAT 还是动态 NAT,都必须有足够的公有地址,能够给同时发生的每个用户会话分配一个地址。

9.1.10　端口复用 NAT

端口复用 NAT,又称端口地址转换(PAT 或 NAPT)或 NAT 重载。端口复用 NAT 将多个私有 IP 地址映射到一个或几个公有 IP 地址,利用不同的端口号跟踪每个私有地址。大多数家用路由器是这样做的。使用端口复用 NAT 时,当客户端打开 TCP/IP 会话时,NAT 路由器将为源 IP 地址分配一个端口号,端口复用 NAT 确保连接到 Internet 服务器的每个客户端会话使用不同的 TCP 端口号。服务器返回响应时,NAT 路由器将根据源端

通过路由器的设置控制企业员工的互联网访问

口号(在回程中为目标端口号)决定将分组转发给哪个客户端。图 9-13 说明了端口复用 NAT 的基本工作过程。

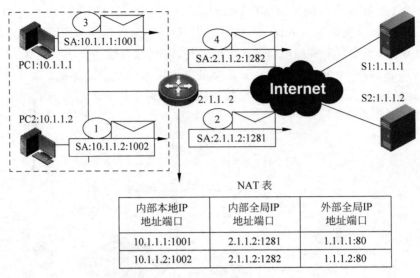

图 9-13　端口复用 NAT 工作过程

从图 9-13 中可以看出,当 PC2 和 S1 通信时,NAT 路由器在接收到 PC2 的报文时,在将报文中源地址 10.1.1.2 转换为本地全局地址 2.1.1.2 的同时,也将源报文中的端口号 1002 转换成新的端口号 1281,并创建动态转换表项。PC1 和 S1 通信时,同样也进行类似的转换。

端口复用 NAT 是动态的一种实现形式,在端口复用 NAT 转换中,NAT 路由器同时将报文的源地址和源端口进行转换,并使用不同的源端口来唯一地标识一个内部主机。这是目前最为常用的转换方式。

端口号是 16 位的编码,从理论上说,最多可将 65 536 个内部地址转换为同一个外部地址,但实际上大约为 4000 个。端口复用 NAT 时会尽可能保留源端口号,但如果源端口号已被使用,NAT 路由器将从合适的端口组(0~51,512~1023 或 1024~65 535)中分配一个可用的端口号。如果没有端口可用且配置了多个转换的外部 IP 地址,NAT 路由器将使用下一个 IP 地址并尝试分配原来的源端口。这个过程将不断重复下去,直到用完了所有可用的端口号和外部 IP 地址。

9.2　项目实施

任务一：标准 IP 访问控制列表的应用

1. 任务描述

某公司考虑到财务服务器的安全,给各个部门划分了不同的 VLAN,各个部门之间通过路由器进行网络通信,公司要求除经理部和财务部的主机能访问财务服务器外,其余各部门均不能访问财务服务器。

2. 实验网络拓扑图

实验网络拓扑图如图 9-14 所示。

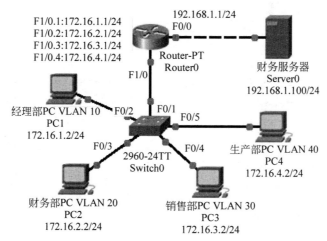

图 9-14　任务一实验网络拓扑图

设备接口地址分配表如表 9-3 所示。

表 9-3　任务一设备接口地址分配表

设　备　名　称	接　　口	IP 地　址	说　　明
路由器	F0/0	192.168.1.1/24	
	F1/0.1	172.16.1.1/24	
	F1/0.2	172.16.2.1/24	
	F1/0.3	172.16.3.1/24	
	F1/0.4	172.16.4.1/24	
交换机	F0/2		VLAN 10
	F0/3		VLAN 20
	F0/4		VLAN 30
	F0/5		VLAN 40
财务服务器		192.168.1.100/24	网关：192.168.1.1
经理部 PC		172.16.1.2/24	网关：172.16.1.1
财务部 PC		172.16.2.2/24	网关：172.16.2.1
销售部 PC		172.16.3.2/24	网关：172.16.3.1
生产部 PC		172.16.4.2/24	网关：172.16.4.1

3. 设备配置（思科 PT 模拟器）

1）路由器配置

```
Router(config)＃interface f0/0
Router(config-if)＃ip add
Router(config-if)＃ip address 192.168.1.1 255.255.255.0
Router(config-if)＃no shutdown
Router(config-if)＃exit
Router(config)＃interface f1/0.1
Router(config-subif)＃encapsulation dot1Q 10
```

通过路由器的设置控制企业员工的互联网访问

```
Router(config-subif)#ip address 172.16.1.1 255.255.255.0
Router(config-subif)#exit
Router(config)#interface f1/0.2
Router(config-subif)#encapsulation dot1Q 20
Router(config-subif)#ip address 172.16.2.1 255.255.255.0
Router(config-subif)#exit
Router(config)#interface f1/0.3
Router(config-subif)#encapsulation dot1Q 30
Router(config-subif)#ip address 172.16.3.1 255.255.255.0
Router(config-subif)#exit
Router(config)#interface f1/0.4
Router(config-subif)#encapsulation dot1Q 40
Router(config-subif)#ip address 172.16.4.1 255.255.255.0
Router(config-subif)#exit
Router(config)#interface f1/0
Router(config-if)#no shutdown
Router(config-if)#exit
Router(config)#
//定义标准 IP 访问控制列表规则
Router(config)#access-list 10 permit 172.16.1.0 0.0.0.255
Router(config)#access-list 10 permit 172.16.2.0 0.0.0.255
Router(config)#access-list 10 deny 172.16.3.0 0.0.0.255
Router(config)#access-list 10 deny 172.16.4.0 0.0.0.255
//接口应用访问控制列表
Router(config)#interface f0/0
Router(config-if)#ip access-group 10 out
```

2) 交换机配置

```
Switch(config)#vlan 10
Switch(config-vlan)#vlan 20
Switch(config-vlan)#vlan 30
Switch(config-vlan)#vlan 40
Switch(config-vlan)#exit
Switch(config)#interface f0/1
Switch(config-if)#switchport mode trunk
Switch(config-if)#exit
Switch(config)#interface f0/2
Switch(config-if)#switchport access vlan 10
Switch(config-if)#exit
Switch(config)#interface f0/3
Switch(config-if)#switchport access vlan 20
Switch(config-if)#exit
Switch(config)#interface f0/4
Switch(config-if)#switchport access vlan 30
Switch(config-if)#exit
Switch(config)#interface f0/5
Switch(config-if)#switchport access vlan 40
Switch(config-if)#exit
Switch(config)#
```

4. 思科相关命令介绍

1）定义标准 IP 访问控制列表规则

视图：全局配置视图。

命令：

Router(config)♯**access-list** *id* ｛ **deny** ｜ **permit** ｝｛*source source-wildcard* ｜ **host** *source* ｜ **any**｝

参数：

id：所创建的访问控制列表编号,标准 IP 访问控制列表编号的范围为 1～99。

deny｜permit：对匹配该规则的数据包需要采取的措施,deny 表示拒绝数据包通过,permit 表示允许数据包通过。

source：需要检查的源 IP 地址或网段。

source-wildcard：需要检查的源 IP 地址的子网掩码的反码(反掩码)。

host：表示后面的源 IP 地址(source)为具体的某台主机地址。

any：表示网络中的所有主机。

说明：当要使用访问控制列表对数据进行过滤时,首先要通过 access-list 命令定义一系列的访问控制列表的规则,标准 IP 访问控制列表只能对数据包中的源 IP 地址进行过滤。

例如,拒绝源 IP 地址属于 192.168.1.0/24 网段的数据通过,允许其他所有网段的数据通过。

```
access-list 1 deny 192.168.1.00.0.0.255
access-list 1 permit any
```

2）应用访问控制列表

视图：接口配置视图。

命令：

Router(config-if)♯**ip access-group** *id* ｛ **in** ｜ **out** ｝

参数：

id：在接口上所要应用的访问控制列表编号。

in｜out：表示在接口上对哪个方向的数据进行过滤。in 表示对进入接口的数据进行过滤,out 表示对接口输出的数据进行过滤。

说明：要使编写的访问控制列表规则生效,必须要将访问控制列表应用到具体的接口上。在接口上应用访问控制列表时过滤方向的选择是很重要的。如果方向选择错误,往往会产生一些意想不到的错误结果。为了正确地应用访问控制列表,应该在编写访问控制列表规则时就确定好访问控制列表应用的接口及数据的过滤方向。通常在应用标准 IP 访问控制列表时,应用的接口的位置应尽可能在靠近目标的位置。

3）显示访问控制列表

视图：系统视图。

命令：

Router♯**show access-lists** ［ *id* ｜ *name* ］

通过路由器的设置控制企业员工的互联网访问

参数:

id:访问控制列表的编号。

name:访问控制列表的名称。

说明:显示指定的访问控制列表,如果没有指定访问控制列表的编号或名称,则显示全部的访问控制列表。

例如,显示路由器上的所有访问控制列表。

```
Router#show access-lists
Standard IP access list 10
    permit 172.16.1.0 0.0.0.255 (4 match(es))
    permit 172.16.2.0 0.0.0.255 (4 match(es))
    deny 172.16.3.0 0.0.0.255 (4 match(es))
    deny 172.16.4.0 0.0.0.255 (4 match(es))
Router#
```

5. 设备配置(华为 eNSP 模拟器)

实验网络拓扑图如图 9-15 所示。

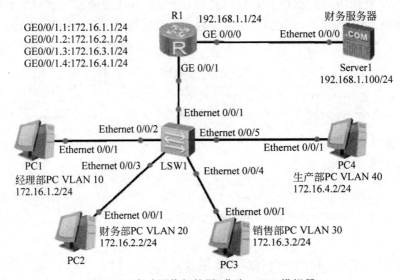

图 9-15 实验网络拓扑图(华为 eNSP 模拟器)

1) 路由器 R1(AR2220 或 AR2240)配置

```
[R1]interface g0/0/0
[R1-GigabitEthernet0/0/0]ip address 192.168.1.1 24
[R1-GigabitEthernet0/0/0]quit
[R1]interface g0/0/1.1
[R1-GigabitEthernet0/0/1.1]ip address 172.16.1.1 24
[R1-GigabitEthernet0/0/1.1]dot1q termination vid 10
[R1-GigabitEthernet0/0/1.1]arp broadcast enable
[R1-GigabitEthernet0/0/1.1]quit
[R1]interface g0/0/1.2
[R1-GigabitEthernet0/0/1.2]ip address 172.16.2.1 24
[R1-GigabitEthernet0/0/1.2]dot1q termination vid 20
```

```
[R1-GigabitEthernet0/0/1.2]arp broadcast enable
[R1-GigabitEthernet0/0/1.2]quit
[R1]interface g0/0/1.3
[R1-GigabitEthernet0/0/1.3]ip address 172.16.3.1 24
[R1-GigabitEthernet0/0/1.3]dot1q termination vid 30
[R1-GigabitEthernet0/0/1.3]arp broadcast enable
[R1-GigabitEthernet0/0/1.3]quit
[R1]interface g0/0/1.4
[R1-GigabitEthernet0/0/1.4]ip address 172.16.4.1 24
[R1-GigabitEthernet0/0/1.4]dot1q termination vid 40
[R1-GigabitEthernet0/0/1.4]arp broadcast enable
[R1-GigabitEthernet0/0/1.4]quit
```
//访问控制列表
```
[R1]acl 2000          //配置标准访问控制列表,编号 2000
[R1-acl-basic-2000]rule permit source 172.16.1.0 0.0.0.255 //配置访问规则
[R1-acl-basic-2000]rule permit source 172.16.2.0 0.0.0.255
[R1-acl-basic-2000]rule deny source 172.16.3.0 0.0.0.255
[R1-acl-basic-2000]rule deny source 172.16.4.0 0.0.0.255
[R1-acl-basic-2000]quit
```
//接口应用访问控制列表
```
[R1]interface g0/0/0
[R1-GigabitEthernet0/0/0]traffic-filter outbound acl 2000    //在出口方向应用 ACL
```

2）交换机配置

```
[Huawei]vlan batch 10 20 30 40
[Huawei]interface e0/0/1
[Huawei-Ethernet0/0/1]port link-type trunk
[Huawei-Ethernet0/0/1]port trunk allow-pass vlan all
[Huawei]interface e0/0/2
[Huawei-Ethernet0/0/2]port link-type access
[Huawei-Ethernet0/0/2]port default vlan 10
[Huawei-Ethernet0/0/2]quit
[Huawei]interface e0/0/3
[Huawei-Ethernet0/0/3]port link-type access
[Huawei-Ethernet0/0/3]port default vlan 20
[Huawei-Ethernet0/0/3]quit
[Huawei]interface e0/0/4
[Huawei-Ethernet0/0/4]port link-type access
[Huawei-Ethernet0/0/4]port default vlan 30
[Huawei-Ethernet0/0/4]quit
[Huawei]interface e0/0/5
[Huawei-Ethernet0/0/5]port link-type access
[Huawei-Ethernet0/0/5]port default vlan 40
[Huawei-Ethernet0/0/5]quit
```

6. 华为相关命令说明

1）创建访问控制列表

视图：系统视图。

命令：

```
[Huawei]acl [ number ] acl-number [ match-order { auto | config } ]
[Huawei]undo acl { [ number ] acl-number | all }
```

通过路由器的设置控制企业员工的互联网访问

参数:

acl-number 为访问控制列表的编号,2000～2999 为基本 ACL 类型,3000～3999 为高级 ACL 类型,4000～4999 为二层 ACL 类型;关键字 match-order 用来指定 ACL 中规则的匹配顺序。华为设备的 ACL 中规则的匹配顺序有两种:auto(深度优先)和 config(用户配置顺序),未指定 match-order 参数时,默认为 config 匹配顺序。

auto(深度优先):匹配规则时系统自动排序(按"深度优先"的顺序),若"深度优先"的顺序相同,则匹配规则时按 rule-id 由小到大的顺序。

config(用户配置顺序):匹配规则时按用户的配置顺序,若用户没有指定 rule-id,匹配该规则时按用户的配置顺序;若用户指定了 rule-id,则匹配该规则时,按 rule-id 由小到大的顺序。

华为访问控制列表有两种匹配顺序:配置顺序和深度优先自动排序。配置顺序是指按照用户配置 ACL 的规则的先后进行匹配。深度优先自动排序则使用"深度优先"的原则。"深度优先"规则是将指定数据包范围最小的语句排在最前面。这一点可以通过比较地址的通配符来实现,通配符越小,则指定的主机的范围就越小。例如,129.102.1.1 0.0.0.0 指定了一台主机 129.102.1.1,而 129.102.1.1 0.0.255.255 则指定了一个网段 129.102.1.1～129.102.255.255,显然前者在访问控制规则中排在前面。具体标准为:对于基本访问控制规则的语句,直接比较源地址通配符,通配符相同的则按配置顺序;对于基于接口的访问控制规则,配置了"any"的规则排在后面,其他的按配置顺序;对于高级访问控制规则,首先比较源地址通配符,相同的再比较目的地址通配符,仍相同的则比较端口号的范围,范围小的排在前面,如果端口号范围也相同则按配置顺序。

华为设备创建访问控制列表和配置规则是分开的,先创建访问控制列表,在访问控制列表视图下再配置规则。

例如,创建基本访问控制列表,编号为 20001,规则匹配按深度优先顺序。

```
[Huawei]acl 2001 match-order auto
```

2) 配置基本 ACL 的规则

视图:访问控制列表视图。

命令:

```
[Huawei-acl-basic-2000]rule [ rule-id ] { deny | permit } [ source { source-address source-wildcard | any } | fragment | logging | time-range time-name ]
[Huawei-acl-basic-2000]undo rule rule-id [ fragment | logging | source | time-range ]
```

参数:

rule-id 为 ACL 的规则 ID,整数形式,取值范围是 0～4 294 967 294。如果指定 ID 的规则已经存在,则会在旧规则的基础上叠加新定义的规则,相当于编辑一个已经存在的规则;如果指定 ID 的规则不存在,则使用指定的 ID 创建一个新规则,并且按照 ID 的大小决定规则插入的位置。如果不指定 ID,则增加一个新规则时设备会自动为这个规则分配一个 ID,ID 按照大小排序。系统自动分配 ID 时会留有一定的空间,具体的相邻 ID 范围由 step 命令指定。设备自动生成的规则 ID 从步长值起始,默认步长为 5,即从 5 开始并按照 5 的倍数生成规则序号,序号分别为 5、10、15……

deny 为指定拒绝符合条件的报文;permit 为指定允许符合条件的报文。

source 为指定 ACL 规则匹配报文的源地址信息。如果不配置,表示报文的任何源地址都匹配。其中,*source-address* 为指定报文的源地址,*source-wildcard* 为指定源地址通配符(*source-wildcard* 为点分十进制形式,源地址通配符可以为 0,相当于 0.0.0.0,表示源地址为主机地址)。any 为表示报文的任意源地址,相当于 *source-address* 为 0.0.0.0 或 *source-wildcard* 为 255.255.255.255。

fragment 为指定该规则是否仅对非首片分片报文有效。当包含此参数时表示该规则仅对非首片分片报文有效,而对非分片报文和首片分片报文则忽略此规则。

logging 为指定将该规则匹配的报文的 IP 信息记录日志。

time-range 为指定 ACL 规则生效的时间段。其中,*time-name* 表示 ACL 规则生效时间段的名称。

如果不指定时间段,表示任何时间都生效。

例如,在 ACL2000 中配置一条规则,允许源地址是 192.168.1.0 的报文通过。

```
[Huawei]acl 2000
[Huawei-acl-basic-2000]rule permit source 192.168.1.0 0.0.0.255
```

例如,在 ALC2000 中删除一条规则 5。

```
[Huawei]acl 2000
[Huawei-acl-basic-2000]und rule 5
```

注意:华为设备 ACL 中的规则默认是允许所有报文通过,这个和思科的默认拒绝不同。

任务二:扩展 IP 访问控制列表的应用

1. 任务描述

某校园网为教师和学生分别划分了不同的 VLAN,并针对教师和学生提供了不同的(WWW 和 FTP)网络服务,学校规定学生只能访问 WWW 服务器,而教师可以访问 WWW 服务器和 FTP 服务器,但禁止 ping WWW 服务器和 FTP 服务器。

2. 实验网络拓扑图

实验网络拓扑图如图 9-16 所示。

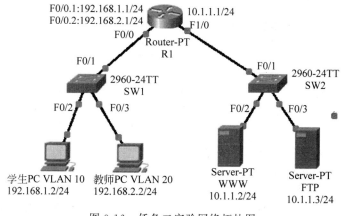

图 9-16 任务二实验网络拓扑图

通过路由器的设置控制企业员工的互联网访问

设备接口地址分配表如表 9-4 所示。

表 9-4　任务二设备接口地址分配表

设 备 名 称	接　　口	IP 地　址	说　　明
路由器 R1	F1/0	10.1.1.1/24	
	F0/0.1	192.168.1.1/24	
	F0/0.2	192.168.2.1/24	
交换机 SW1	F0/2		VLAN 10
	F0/3		VLAN 20
学生 PC		192.168.1.2/24	网关：192.168.1.1
教师 PC		192.168.2.2/24	网关：192.168.2.1
WWW 服务器		10.1.1.2/24	网关：10.1.1.1
FTP 服务器		10.1.1.3/24	网关：10.1.1.1

3. 设备配置(思科 PT 模拟器)

1) 路由器 R1 的配置

```
//配置路由 R1 各个接口的 IP 地址
R1(config)＃interface f0/0.1
R1(config-subif)＃encapsulation dot1Q 10
R1(config-subif)＃ip address 192.168.1.1 255.255.255.0
R1(config-subif)＃exit
R1(config)＃interface f0/0.2
R1(config-subif)＃encapsulation dot1Q 20
R1(config-subif)＃ip address 192.168.2.1 255.255.255.0
R1(config-subif)＃exit
R1(config)＃interface f0/0
R1(config-if)＃no shutdown
R1(config-if)＃exit
R1(config)＃interface f1/0
R1(config-if)＃ip address 10.1.1.1 255.255.255.0
R1(config-if)＃no shutdown
R1(config-if)＃exit
//配置扩展 IP 访问控制列表
//定义针对学生的访问控制列表规则
R1(config)＃access-list 100 permit tcp 192.168.1.0 0.0.0.255 host 10.1.1.2 eq www
//定义针对教师的访问控制列表规则
R1(config)＃access-list 101 permit tcp 192.168.2.0 0.0.0.255 host 10.1.1.2 eq 80
R1(config)＃access-list 101 permit tcp 192.168.2.0 0.0.0.255 host 10.1.1.3 eq ftp
R1(config)＃access-list 101 deny icmp 192.168.2.0 0.0.0.255 host 10.1.1.2
R1(config)＃access-list 101 deny icmp 192.168.2.0 0.0.0.255 host 10.1.1.3
R1(config)＃access-list 101 permit ip any any
R1(config)＃
//接口应用访问控制列表
R1(config)＃interface f0/0.1          //应用针对学生的访问控制列表
R1(config-subif)＃ip access-group 100 in
R1(config-subif)＃exit
R1(config)＃interface f0/0.2          //应用针对教师的访问控制列表
R1(config-subif)＃ip access-group 101 in
```

```
R1(config-subif)♯exit
R1(config)♯
```

2）交换机 SW1 的配置

```
SW1(config)♯vlan 10
SW1(config-vlan)♯vlan 20
SW1(config-vlan)♯exit
SW1(config)♯interface f0/1
SW1(config-if)♯switchport mode trunk
SW1(config-if)♯exit
SW1(config)♯interface f0/2
SW1(config-if)♯switchport access vlan 10
SW1(config-if)♯exit
SW1(config)♯interface f0/3
SW1(config-if)♯switchport access vlan 20
SW1(config-if)♯exit
SW1(config)♯
```

4. 思科相关命令介绍

1）定义扩展 IP 访问控制列表规则

视图：全局配置视图。

命令：

Router(config)♯ **access-list** *id* { **deny** | **permit** } **protocol** { *source source-wildcard* | **host** *source* | **any** } [*operator port*]{ *destination destination-wildcard* | **host** *destination* | **any** } [*operator port*] [**precedence** *precedence*] [**tos** *tos*] [**fragments**] [**time-range** *time-range-name*]

参数：

id：所创建的访问控制列表编号，扩展 IP 访问控制列表编号的范围为 $100\sim199$ 和 $2000\sim2699$。

deny | permit：对匹配该规则的数据包需要采取的措施，deny 表示拒绝数据包通过，permit 表示允许数据包通过。

protocol：所要过滤的协议，可以是 EIGRP、GRE、IPINIP、IGMP、NOS、OSPF、ICMP、UDP、TCP、IP 中的一个，也可以是代表 IP 协议的 $0\sim255$ 编号。

source：需要过滤的数据包源 IP 地址或网段。

source-wildcard：需要过滤的数据包源 IP 地址的子网掩码的反码（反掩码）。

host：表示后面的源（source）IP 地址为具体的某台主机地址。

any：表示网络中的所有主机，即表示任何源地址。

operator：源端口操作符（lt 表示小于，eq 表示等于，gt 表示大于，neq 表示不等于，range 表示范围），只有 protocol 为 TCP 或 UDP 时，才会需要此选项。

port：源端口号，range 需要两个端口号码，其他的操作符只需要一个端口号。也可以使用服务的名称，如 WWW、FTP 等。

destination：需要过滤的数据包目的 IP 地址或网段。

destination-wildcard：需要过滤的数据包目的 IP 地址的反掩码。

operator：目的端口操作符（lt 表示小于，eq 表示等于，gt 表示大于，neq 表示不等于，

249

range 表示范围),只有 protocol 为 TCP 或 UDP 时,才会需要此选项。

port:目的端口号,range 需要两个端口号码,其他的操作符只要一个端口号。也可以使用服务的名称,如 WWW、FTP 等。

precedence:需要过滤数据报文的优先级别。

precedence:需要过滤数据报文的优先级别值(0~7)。

tos:需要过滤数据报文的服务类型。

tos:需要过滤数据报文的服务类型值(0~15)。

fragments:表示非初始分段报文。当使用这个参数后,此访问控制列表规则将只会对非初始分段的报文进行检查,而不检查初始分段报文。

time-range *time-range-name*:访问控制列表规则生效的时间段。

说明:扩展 IP 访问控制列表可以通过对数据包的源地址、目的地址、源端口、目的端口和协议类型等多种条件进行过滤控制,对数据的控制要比标准 IP 访问控制列表做得精确。所以在应用接口的选择上可以尽量选择靠近源数据端的位置。

5. 设备配置(华为 eNSP 模拟器)

为了方便测试结果,图 9-17 中的 PC 终端可以改成 Client 终端。

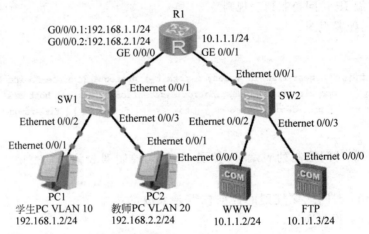

图 9-17　实验网络拓扑图(华为 eNSP 模拟器)

1) 路由器 R1 的配置

```
[R1]interface g0/0/0.1
[R1-GigabitEthernet0/0/0.1]dot1q termination vid 10
[R1-GigabitEthernet0/0/0.1]ip address 192.168.1.1 24
[R1-GigabitEthernet0/0/0.1]arp broadcast enable
[R1-GigabitEthernet0/0/0.1]quit
[R1]interface g0/0/0.2
[R1-GigabitEthernet0/0/0.2]dot1q termination vid 20
[R1-GigabitEthernet0/0/0.2]ip address 192.168.2.1 24
[R1-GigabitEthernet0/0/0.2]arp broadcast enable
[R1-GigabitEthernet0/0/0.2]quit
[R1]interface g0/0/1
[R1-GigabitEthernet0/0/1]ip address 10.1.1.1 24
[R1-GigabitEthernet0/0/1]quit
[R1]
```

//配置访问控制列表(这里将所有访问控制做一个 ACL 应用在 g0/0/1 接口的出口方向)

```
[R1]acl 3000
[R1-acl-adv-3000]rule permit tcp source 192.168.1.0 0.0.0.255 destination 10.1.1.2 0
destination-port eq www      //允许学生网段访问 WWW 服务器的 WWW 服务
[R1-acl-adv-3000]rule permit tcp source 192.168.2.0 0.0.0.255 destination 10.1.1.2 0
destination-port eq www      //允许教师网段访问 WWW 服务器的 WWW 服务
[R1-acl-adv-3000]rule permit tcp source 192.168.2.0 0.0.0.255 destination 10.1.1.3 0
destination-port eq ftp      //允许教师网段访问 FTP 服务器的 FTP 服务
[R1-acl-adv-3000]rule permit tcp source 192.168.2.0 0.0.0.255 destination 10.1.1.3 0
destination-port eq ftp-data
[R1-acl-adv-3000]rule deny icmp source 192.168.2.0 0.0.0.255 destination 10.1.1.2 0
                  //拒绝教师网段 ping WWW 服务器
[R1-acl-adv-3000]rule deny icmp source 192.168.2.0 0.0.0.255 destination 10.1.1.3 0
                  //拒绝教师网段 ping FTP 服务器
[R1-acl-adv-3000]rule deny ip source any destination any      //拒绝一切 IP 通信
[R1-acl-adv-3000]quit
[R1]interface g0/0/1
[R1-GigabitEthernet0/0/1]traffic-filter outbound acl 3000   //接口应用 ACL
```

2) 交换机 SW1 的配置

```
[SW1]interface e0/0/1
[SW1-Ethernet0/0/1]port link-type trunk
[SW1-Ethernet0/0/1]port trunk allow-pass vlan all
[SW1-Ethernet0/0/1]quit
[SW1]interface e0/0/2
[SW1-Ethernet0/0/2]port link-type access
[SW1-Ethernet0/0/2]port default vlan 10
[SW1-Ethernet0/0/2]quit
[SW1]interface e0/0/3
[SW1-Ethernet0/0/3]port link-type access
[SW1-Ethernet0/0/3]port default vlan 20
[SW1-Ethernet0/0/3]quit
```

6. 华为设备命令说明

1) 创建扩展访问控制列表

视图：系统视图。

命令：

```
[Huawei]acl [ number ] acl-number [ match-order { auto | config } ]
```

参数：

acl-number：取值范围是 3000～3999。

number：定义的数字标识,可选项。

2) 配置扩展 ACL 的规则

视图：访问控制列表视图。

命令：

```
[Huawei-acl-adv-3000]rule [ rule-id ] { deny | permit } { protocol-number | protocol } [
destination { destination-address destination-wildcard | any } | destination-port { eq port |
gt port | lt port | range port-start port-end } | source { source-address source-wildcard | any
```

通过路由器的设置控制企业员工的互联网访问

} | **source-port** { **eq** *port* | **gt** *port* | **lt** *port* | **range** *port-start port-end* }

扩展 ACL 的规则命令关键字参数较多,而且根据针对的协议不同,会有一些差异,这里列出的是一些共有的常用的关键字参数。扩展 ACL 规则中一般包括协议类型、源对象 IP 地址、源对象端口、目标对象 IP 地址和目标对象端口等主要信息。在扩展 ACL 规则中对应源对象和目的对象的描述顺序没有一定的要求,既可以先写源对象,后写目标对象,也可以先写目标对象,后写源对象。

任务三:基于时间的访问控制列表的应用

1. 任务描述

某校园网为教师和学生分别划分了不同的 VLAN,并针对教师和学生提供了不同的网络服务(WWW 和 FTP)。学校规定学生不能访问 FTP 服务器,在每天的 9:00～20:00 可以访问 WWW 服务器的 WWW 服务,教师只在每周一到每周五的 8:00～16:00 可以访问 WWW 服务器的 WWW 服务和 FTP 服务器的 FTP 服务,除此之外其他所有对服务器的访问一律禁止。因思科 PT 模拟器中无法模拟,此处使用华为的 eNSP 模拟器。

2. 实验网络拓扑图

实验网络拓扑图如图 9-18 所示。

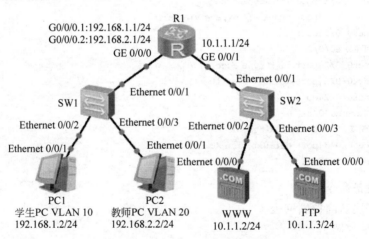

图 9-18　任务三实验网络拓扑图

3. 设备配置(华为 eNSP 模拟器)

1)路由器 R1 的配置

```
[R1]interface g0/0/0.1
[R1-GigabitEthernet0/0/0.1]dot1q termination vid 10
[R1-GigabitEthernet0/0/0.1]ip address 192.168.1.1 24
[R1-GigabitEthernet0/0/0.1]arp broadcast enable
[R1-GigabitEthernet0/0/0.1]quit
[R1]interface g0/0/0.2
[R1-GigabitEthernet0/0/0.2]dot1q termination vid 20
[R1-GigabitEthernet0/0/0.2]ip address 192.168.2.1 24
[R1-GigabitEthernet0/0/0.2]arp broadcast enable
[R1-GigabitEthernet0/0/0.2]quit
```

```
[R1]interface g0/0/1
[R1-GigabitEthernet0/0/1]ip address 10.1.1.1 24
[R1-GigabitEthernet0/0/1]quit
[R1]
//定义访问控制列表应用的时间段
[R1]time-range studenttime 9:00 to 20:00 daily
[R1]time-range teachertime 8:00 to 16:00 working-day


//配置访问控制列表(这里将所有访问控制做一个 ACL 应用在 g0/0/1 接口的出口方向)
[R1]acl 3000
[R1-acl-adv-3000]rule permit tcp source 192.168.1.0 0.0.0.255 destination 10.1.1.2 0
destination-port eq www time-range studenttime
[R1-acl-adv-3000]rule permit tcp source 192.168.2.0 0.0.0.255 destination 10.1.1.2 0
destination-port eq www time-range teachertime
[R1-acl-adv-3000]rule permit tcp source 192.168.2.0 0.0.0.255 destination 10.1.1.3 0
destination-port eq ftp time-range teachertime
[R1-acl-adv-3000]rule permit tcp source 192.168.2.0 0.0.0.255 destination 10.1.1.3 0
destination-port eq ftp-data time-range teachertime
[R1-acl-adv-3000]rule deny ip
[R1-acl-adv-3000]quit
[R1]interface g0/0/1
[R1-GigabitEthernet0/0/1]traffic-filter outbound acl 3000 //接口应用 ACL
```

2) 交换机 SW1 的配置

```
[SW1]interface e0/0/1
[SW1-Ethernet0/0/1]port link-type trunk
[SW1-Ethernet0/0/1]port trunk allow-pass vlan all
[SW1-Ethernet0/0/1]quit
[SW1]interface e0/0/2
[SW1-Ethernet0/0/2]port link-type access
[SW1-Ethernet0/0/2]port default vlan 10
[SW1-Ethernet0/0/2]quit
[SW1]interface e0/0/3
[SW1-Ethernet0/0/3]port link-type access
[SW1-Ethernet0/0/3]port default vlan 20
[SW1-Ethernet0/0/3]quit
```

4. 华为相关命令说明

定义时间段：

视图：系统视图。

命令：

```
[Huawei]time-range time-name { start-time to end-time { days } & < 1-7 > | from time 1 date 1 [ to
time 2 date 2 ] }
[Huawei]undo time-range name
```

参数：

time-name：定义的时间段名称，rule 中的时间参数以该名称来应用。

通过路由器的设置控制企业员工的互联网访问

from:关键字是用来定义绝对时间段。

start-time、*end-time*、*time*1 和 *time*2 都是用来指定时间的,格式都一样,为 hh:mm, hh 表示时(0~23),mm 表示分(0~59)。

days 用来指定时间范围的有效日期,格式上有两种表示:数字和英文。数字是 0~6, 表示一周的日期,0 表示星期天,1 表示星期一,以此类推。英文有 Fri(Friday)、Mon (Monday)、Sat(Saturday)、Sun(Sunday)、Thu(Thursday)、Tue(Tuesday)、Wed (Wednesday)、daily(Every day of the week,表示所有日子)、off-day(Saturday and Sunday, 表示休息日,包括周六和周日)、working-day(Monday to Friday,表示工作日,包括周一到 周五)。

*date*1 和 *date*2 是用来指定绝对时间段的起始年月日和结束年月日,格式为 YYYY/ MM/DD。

基于时间的访问控制列表本质就是在访问控制列表中加上一个时间参数来控制访问控 制列表的生效时间。时间参数需要用该命令进行定义。时间段的定义有两种:循环时间段 (如每周的周一到周五)和绝对时间段(如从某年某月某日某时到某年某月某时)。

例如,定义 time1 时间段从 2020 年 9 月 1 日 8 点到 2020 年 10 月 1 日 16 点。

```
[Huawei]time-range time1 from 8:00 2020/09/01 to 16:00 2020/10/01
```

例如,定义 worktime 时间段为每周工作日的上午 8 点到下午 16 点。

```
[Huawei]time-range worktime 8:00 to 16:00 working-day
```

任务四:静态 NAT 的应用

1. 任务描述

某公司申请了一个固定的外网 IP 地址 54.1.1.10,公司内网的 WWW 服务器地址为 192.168.1.2,公司希望通过在路由器上配置静态 NAT 实现外网用户对内网 WWW 服务 器的 WEB 服务访问。

2. 实验网络拓扑图

实验网络拓扑图如图 9-19 所示。

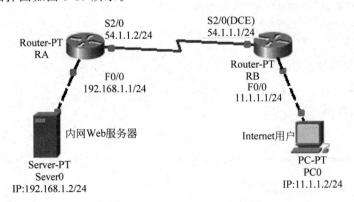

图 9-19　任务四实验网络拓扑图

设备接口地址分配表如表 9-5 所示。

表 9-6　任务四设备接口地址分配表

设 备 名 称	接　　口	IP 地址	说　　明
路由器 RA	S2/0	54.1.1.2/24	
	F0/0	192.168.1.1/24	
路由器 RB	S2/0	54.1.1.1/24	模拟 ISP 接入
	F0/0	11.1.1.1/24	模拟 Internet 用户接入
Internet 用户		11.1.1.2/24	网关：11.1.1.1
Web 服务器		192.168.1.2/24	网关：192.168.1.1

3. 设备配置（思科 PT 模拟器）

1) 内部源地址静态 NAT 的配置步骤

步骤一：配置路由器的路由和 IP 地址。

步骤二：在全局配置视图下配置静态转换条目。

步骤三：指定 NAT 内部接口/外部接口。

2) 路由器 RA 的配置

```
//配置路由器 RA 各个接口的 IP 地址
RA(config)# interface f0/0
RA(config-if)# ip address 192.168.1.1 255.255.255.0
RA(config-if)# no shutdown
RA(config-if)# exit
RA(config)# interface s2/0
RA(config-if)# ip address 54.1.1.2 255.255.255.0
RA(config-if)# no shutdown
RA(config-if)# exit
RA(config)#
//配置路由器 RA 的路由
RA(config)# ip  route  0.0.0.0  0.0.0.0  54.1.1.1
//配置路由器 RA 的 NAT 转换
RA(config)# ip nat inside source static tcp 192.168.1.2 80 54.1.1.10 80
RA(config)# interface f0/0
RA(config-if)# ip nat inside
RA(config-if)# exit
RA(config)# interface s2/0
RA(config-if)# ip nat outside
RA(config-if)#
```

3) 路由器 RB 的配置

```
RB(config)# interface f0/0
RB(config-if)# ip address 11.1.1.1 255.255.255.0
RB(config-if)# exit
RB(config)# interface s2/0
RB(config-if)# clock rate 64000
RB(config-if)# ip address 54.1.1.1 255.255.255.0
RB(config-if)# exit
RB(config)#
```

4. 思科相关命令介绍

1) 配置内部源地址静态转换条目

视图：全局配置视图。

命令：

Router(config)＃ **ip nat inside source static { tcp ｜ udp }** *local-ip local-port global-ip global-port*

参数：

local-ip：内部网络中主机的本地 IP 地址。

local-port：本地 TCP/UDP 端口号，取值范围为 1～65535。

global-ip：外部网络看到的内部主机的全局唯一的 IP 地址。

global-port：全局 TCP/UDP 端口号，取值范围为 1～65535。

说明：静态 NAT 是建立内部本地地址和内部全局地址的一对一永久映射。当外部网络需要通过固定的全局可路由地址访问内部主机时，静态 NAT 就显得十分重要。该命令可以用 no 选项取消。

例如，将内网的服务器地址 192.168.1.100 转换为外网地址 12.2.187.1。

```
Router(config)＃ ip nat inside source static 192.168.1.100 12.2.187.1
```

例如，将内网的 WEB 服务器 192.168.1.100 映射到 12.2.187.1 的 80 端口。

```
Router(config)＃ ip nat inside source static tcp 192.168.1.100 80 12.2.187.1 80
```

2) 指定 NAT 的内部接口/外部接口

视图：接口配置视图。

命令：

Router(config)＃ **ip nat { inside ｜ outside }**

参数：

inside：指定接口为 NAT 内部接口。

outside：指定接口为 NAT 外部接口。

说明：该命令用来指定 NAT 的内部接口和外部接口，目的是使路由器知道哪个是内部网络，哪个是外部网络，以便进行相应的地址转换。

例如，指定路由器的 FO/0 为内部接口，指定路由器的 F0/1 为外部接口。

```
Router(config)＃ interface f0/0
Router(config-if)＃ ip nat inside
Router(config-if)＃ exit
Router(config)＃ interface f0/1
Router(config-if)＃ ip nat outside
Router(config-if)＃ exit
```

5. 设备配置（华为 eNSP 模拟器）

实验网络拓扑图如图 9-20 所示。

1) 路由器 R1(AR2220)的配置

```
//配置路由器 R1 各个接口的 IP 地址
```

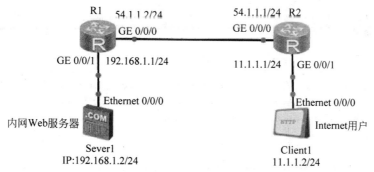

图 9-20　实验网络拓扑图（华为 eNSP 模拟器）

```
[R1]interface g0/0/0
[R1-GigabitEthernet0/0/0]ip address 54.1.1.2 24
[R1-GigabitEthernet0/0/0]quit
[R1]interface g0/0/1
[R1-GigabitEthernet0/0/1]ip address 192.168.1.1 24
[R1-GigabitEthernet0/0/1]quit
[R1]
//配置路由器 R1 的路由
[R1]ip route-static 0.0.0.0 0 54.1.1.1
//配置路由器 R1,将内网 192.168.1.2 的 Web 服务转换到外网 54.1.1.10 的 80 端
[R1]nat static protocol tcp global 54.1.1.10 80 inside 192.168.1.2 80
[R1]interface g0/0/0
[R1-GigabitEthernet0/0/0]nat static enable
```

2）路由器 R2 的配置

```
[R2]interface g0/0/0
[R2-GigabitEthernet0/0/0]ip address 54.1.1.1 24
[R2-GigabitEthernet0/0/0]quit
[R2]interface g0/0/1
[R2-GigabitEthernet0/0/1]ip address 11.1.1.1 24
[R2-GigabitEthernet0/0/1]quit
[R2]
```

6. 华为相关命令说明

1）静态地址转换

静态地址转换一般用户内网地址与公网地址一对一的映射或内网服务器将特定的服务应用映射到公网上。华为设备上静态地址转换的命令有以下几种使用格式。

视图：系统视图/接口视图。

命令：

格式一：在系统视图下用 **nat static** 命令配置。

[Huawei]**nat static** [**protocol** { *protocol-number* | **icmp** | **tcp** | **udp** }] **global** { *global-address* } [*global-port*] **inside** *inside-address* [*inside-port*] [**netmask** *mask*]

格式二：在接口视图下用 **nat static** 命令配置。

[Huawei-GigabitEthernet0/0/0]**nat static** [**protocol** { *protocol-number* | **icmp** | **tcp** | **udp** }] **global** { *global-address* | **current-interface** | **interface** *interface-type interface-number* [. *subnumber*] }

[*global-port*] **inside** *inside-address* [*inside-port*][**netmask** *mask*][**acl** *acl-number*][**global-to-inside** | **inside-to-global**]

格式三：在接口视图下用 **nat server** 命令配置。

[Huawei-GigabitEthernet0/0/0] **nat server protocol { tcp | udp } global** { *global-address* | **current-interface** | **interface** *interface-type interface-number* [.*subnumber*] } [*global-port*] **inside** *inside-address* [*inside-port*][**acl** *acl-number*]

参数：

protocol-number：协议编号，取值范围为 1～255(ICMP 为 1,TCP 为 6,UDP 为 17)。

global-address：外部公网 IP 地址。

global-port：公网 IP 地址提供给外部访问的服务的端口号，取值范围为 1～65535,常用的服务也可以用具体的服务名称代替端口号(如 www＝80,telnet＝23 等),如果不配置此参数,则表示是 any 的情况,即端口号为零,任何类型的服务都提供 *inside-address* 为 NAT 的私网 IP 地址。

inside-port：指定私网设备提供的服务端口号,此参数和参数 *global-port* 的用法一致。

netmask：用来指定静态 NAT 网络掩码。

acl：可以利用 ACL 控制地址转换的使用范围,只有满足 ACL 规则的数据报文才可以进行地址转换。

global-to-inside：指定公网到私网方向的静态 NAT。

inside-to-global：指定私网到公网方向的静态 NAT,如果不配置单向静态 NAT,则两个方向都进行转换。

current-interface：用来指定 global 地址为当前的接口地址。

interface：用来指定 global 地址为指定接口或子接口的地址。

例如,将内外地址 192.168.1.10 映射到公网地址 1.1.1.2。

[Huawei]nat static global 1.1.1.2 inside 192.168.1.10

或者

[Huawei-GigabitEthernet0/0/0]nat static global 1.1.1.2 inside 192.168.1.10

或者

[Huawei-GigabitEthernet0/0/0]nat server global 1.1.1.1 inside 192.168.1.10

例如,将内外服务器 192.168.1.1 的 Web 服务映射到公网地址 1.1.1.1 的 8080 端口。

[Huawei]nat static protocol tcp global 1.1.1.1 8080 inside 192.168.1.1 www

或者

[Huawei-GigabitEthernet0/0/0]nat static protocol tcp global 1.1.1.1 8080 inside 192.168.1.1 80

或者

[Huawei-GigabitEthernet0/0/0]nat server protocol tcp global 1.1.1.1 8080 inside 192.168.1.1 80

配置 NAT Server 和 NAT Static 的区别是 NAT Server 对于内网主动访问外网的情况

不做端口替换，仅做地址替换；NAT Static 对于内网主动访问外网的情况会同时替换地址和端口号。NAT static 和 NAT server 的基本应用场景都是为内部服务器提供外部访问的 IP 和端口，但 NAT server 偏向于内部服务器不主动发起对外访问的场景，NAT static 适用于内部服务器也需要主动发起对外访问的场景。

NAT stitic 与 NAT server 在配置上基本没有区别。在转发实现上，由外网向内网访问的场景下实现是相同的；由内网向外网访问的场景下，NAT static 会同时判断内网报文的 IP 和端口是否与配置中的 inside IP 和端口一致，一致则根据配置的外网 IP 和端口进行转换，不一致则根据配置的 NAT outbound 进行转换。

NAT server 只判断内网报文的 IP 是否和配置中的 inside IP 一致，一致则使用 inside IP 做 PAT 方式的转换，不一致则根据配置的 NAT outbound 进行转换。

在系统视图配置 NAT 和接口配置 NAT 功能上没有区别。系统视图配置可以简化配置方式，系统视图配置的 NAT Static 需要在接口下配置 nat static enable 才会生效，而在接口配置的 NAT 不需要配置 nat static enable。

2）接口上启用 NAT static 功能

视图：接口视图。

命令：

```
[Huawei-GigabitEthernet0/0/0]nat static enable
```

例如，在接口 g0/0/1 上启用 NAT Static 功能。

```
[Huawei] interface gigabitethernet 0/0/1
[Huawei-GigabitEthernet0/0/1]nat static enable
```

任务五：动态 NAT 的应用

1. 任务描述

某公司从 ISP 处申请到一组外网 IP 地址 54.1.1.5～54.1.1.9，公司希望通过在路由器上配置动态 NAT 实现所有公司内网用户对互联网的访问。

2. 实验网络拓扑图

实验网络拓扑图如图 9-21 所示。

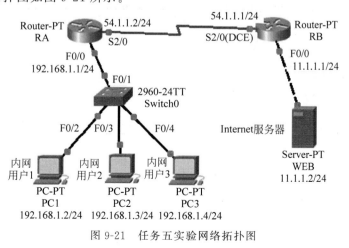

图 9-21　任务五实验网络拓扑图

通过路由器的设置控制企业员工的互联网访问

设备接口地址分配表如表9-6所示。

表9-6 设备接口地址分配表

设 备 名 称	接 口	IP 地址	说 明
路由器 RA	S2/0	54.1.1.2/24	
	F0/0	192.168.1.1/24	
路由器 RB	S2/0	54.1.1.1/24	模拟 ISP 接入
	F0/0	11.1.1.1/24	
Web 服务器		11.1.1.2/24	网关：11.1.1.1
公司内网用户		192.168.1.0/24	网关：192.168.1.1

3. 设备配置(思科 PT 模拟器)

1) 动态 NAT 转换的配置步骤

步骤一：配置路由器的路由和 IP 地址。

步骤二：在全局配置视图下使用访问控制列表定义允许 NAT 转换的 IP 列表。

步骤三：在全局配置视图下定义地址池(外网)。

步骤四：在全局配置视图下定义动态转换条目。

步骤五：指定 NAT 内部接口/外部接口。

2) 路由器 RA 的配置

```
//配置路由器 RA 各个接口的 IP 地址
RA(config)#interface f0/0
RA(config-if)#ip address 192.168.1.1 255.255.255.0
RA(config-if)#no shutdown
RA(config-if)#exit
RA(config)#interface s2/0
RA(config-if)#ip address 54.1.1.2 255.255.255.0
RA(config-if)#no shutdown
RA(config-if)#exit
RA(config)#
//配置路由器 RA 的路由
RA(config)#ip?route?0.0.0.0?0.0.0.0?54.1.1.1
//配置路由器 RA 的 NAT 转换
RA(config)#access-list 10 permit 192.168.1.0 0.0.0.255
RA(config)#ip nat pool int_pool 54.1.1.5 54.1.1.9 netmask 255.255.255.0
RA(config)#ip nat inside source list 10 pool int_pool overload
RA(config)#interface f0/0
RA(config-if-FastEthernet 0/0)#ip nat inside
RA(config-if-FastEthernet 0/0)#exit
RA(config)#interface s2/0
RA(config-if-Serial 2/0)#ip nat outside
RA(config-if-Serial 2/0)#
```

3) 路由器 RB 的配置

```
RB(config)#interface f0/0
RB(config-if)#ip address 11.1.1.1 255.255.255.0
RB(config-if)#exit
RB(config)#interface s2/0
RB(config-if)#clock rate 64000
RB(config-if)#ip address 54.1.1.1 255.255.255.0
```

```
RB(config-if)♯exit
RB(config)♯
```

4. 思科相关命令介绍

1) 定义地址池

视图：全局配置视图。

命令：

```
Router(config)♯ ip nat pool pool-name start-ip end-ip netmask netmask
```

参数：

pool-name：定义的地址池的名称。

start-ip：定义的地址池的起始地址。

end-ip：定义的地址池的结束地址。

netmask：定义的地址池中地址使用的子网掩码。

说明：该命令用来定义 NAT 转换的地址池,命令中子网掩码的参数用点分十进制的形式表示,可以用 no 选项删除所定义的地址池。

例如,定义名字为 net1 的地址池,起始地址为 10.1.1.1,结束地址为 10.1.1.20,网络掩码为 255.255.255.0。

```
Router(config)♯ip nat pool net1 10.1.1.1 10.1.1.20 netmask 255.255.255.0
```

2) 配置动态转换条目

视图：全局配置视图。

命令：

```
Router(config)♯ ip nat inside source list access-list-number { interface interface | pool
pool-name} overload
```

参数：

access-list-number：引用的访问控制列表编号,只有源地址匹配该访问控制列表,才会进行 NAT 转换。

interface：路由器的本地接口,使用该参数表示利用该接口的地址进行转换。

pool-name：引用的地址池名称。

overload：使用该参数表示做 NAPT,将源端口也进行转换。

说明：该命令将符合访问控制列表条件的内部本地地址转换到地址池中的内部全局地址。在动态 NAT 转换中,pool 中的每个全局地址都是可以复用转换的。

例如,允许内网 192.168.1.0/24 网段的主机通过 net1 地址池转换,地址池范围为 11.1.1.1/24～11.1.1.10/24。

```
Router(config)♯access-list 1 permit 192.168.1.0 0.0.0.255
Router(config)♯ip nat pool net1 11.1.1.1 11.1.1.10 netmask 255.255.255.0
Router(config)♯ip nat inside source list 1 pool net1 overload
```

5. 设备配置（华为 eNSP 模拟器）

实验网络拓扑图如图 9-22 所示。

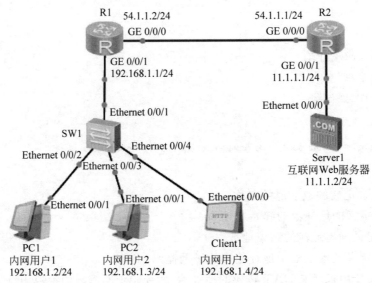

图 9-22　实验网络拓扑图(华为 eNSP 模拟器)

1)路由器 R1 的配置

```
//配置路由器 R1 各个接口的 IP 地址
[R1]interface g0/0/0
[R1-GigabitEthernet0/0/0]ip address 54.1.1.2 24
[R1-GigabitEthernet0/0/0]quit
[R1]interface g0/0/1
[R1-GigabitEthernet0/0/1]ip address 192.168.1.1 24
[R1-GigabitEthernet0/0/1]quit
[R1]
//配置路由器 R1 的路由
[R1]ip route-static 0.0.0.0 0 54.1.1.1
//配置路由器 R1 的 NAT 转换
[R1]acl 2000                              //定义允许地址转发的访问控制列表
[R1-acl-basic-2000]rule permit source 192.168.1.0 0.0.0.255
[R1-acl-basic-2000]quit
[R1]nat address-group 1 54.1.1.5 54.1.1.9   //定义公网地址池
[R1]interface g0/0/0
[R1-GigabitEthernet0/0/0]nat outbound 2000 address-group 1 //将访问控制列表和地址池关联
```

2)路由器 R2 的配置

```
[R2]interface g0/0/0
[R2-GigabitEthernet0/0/0]ip address 54.1.1.1 24
[R2-GigabitEthernet0/0/0]quit
[R2]interface g0/0/1
[R2-GigabitEthernet0/0/1]ip address 11.1.1.1 24
[R2-GigabitEthernet0/0/1]quit
[R2]
```

6. 华为相关命令说明

1)定义地址池

视图：系统视图。

命令：

[Huawei]**nat address-group** *group-index start-address end-address*

参数：

group-index：地址池索引号，不同型号的取值范围不同，AR1200 系列的取值范围是 0～7，AR2200 系列中一部分的取值范围是 0～7，还有一部分的取值范围是 0～255。

start-address：地址池的起始地址，*end-address* 是地址池的结束地址。

2）访问控制列表与地址池的关联

视图：接口视图。

命令：

[Huawei-GigabitEthernet0/0/0]**nat outbound** *acl-number* **address-group** *group-index* [**no-pat**]

参数：

acl-number：访问控制列表编号。

group-index：地址池索引号，表示使用地址池的方式配置地址转换，如果不指定地址池，则直接使用该接口的 IP 地址作为转换后的地址，即 Easy IP 特性。

关键字参数 no-pat 表示使用一对一的地址转换，只转换数据报文的地址而不转换端口信息，不加该参数，就表示使用一对多的地址转发，即带转换端口。

说明：华为设备通过 ACL 定义了允许被 NAT 的访问控制列表和公网地址池后，需要在出接口上通过该命令将相关的 ACL 和公网地址池关联起来。

例如，配置内网 10.1.1.0/24 网段的主机通过公网地址 1.1.1.1～1.1.1.5 进行一对多的地址转换。

```
[Huawei]acl number 2001
[Huawei-acl-basic-2001]rule permit source 10.1.1.0 0.0.0.255
[Huawei-acl-basic-2001]quit
[Huawei]nat address-group 1 1.1.1.1 1.1.1.5
[Huawei]interface gigabitethernet 1/0/0
[Huawei-GigabitEthernet1/0/0]nat outbound 2001 address-group 1
```

9.3 拓 展 知 识

9.3.1 基 于 MAC 的 ACL

标准 ACL 和扩展 ACL 都是基于 IP 的 ACL，但在某些情况下基于 IP 的 ACL 是无法满足网络的需求的。如图 9-23 所示，某公司一个简单的局域网中，通过使用 1 台交换机提供主机及服务器的接入，并且所有主机和服务器均属于同一个 VLAN，网络中有 3 台主机和 1 台服务器，现在需要实现访问控制，只允许 PC1 访问服务器。

由于基于 IP 的 ACL 是对数据包的 IP 地址信息进行检查，而 IP 地址是逻辑地址，用户可以方便地对其进行修改，所以很容易逃避 ACL 的检查。但基于 MAC 的 ACL 是对数据包中的源 MAC 地址和目的 MAC 地址进行检查，通常主机的 MAC 地址是固定的，是不能

通过路由器的设置控制企业员工的互联网访问

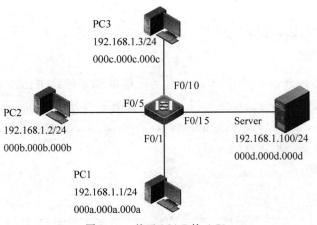

图 9-23　基于 MAC 的 ACL

修改的。所以根据 MAC 地址过滤的访问控制设备不会被"欺骗"。

通常 MAC ACL 都是用于一个子网内的过滤,因为跨网段通信的数据包的 MAC 地址都会被重写。

9.3.2　专家 ACL

专家 ACL 是考虑到实际网络的复杂需求,将 ACL 的检查元素扩展到源 MAC 地址、目的 MAC 地址、源 IP 地址、目的 IP 地址、源端口、目的端口和协议,从而可以实现对数据的更精确的过滤,满足网络的复杂需求。

9.3.3　地址空间重叠的网络处理

当两个需要互联的私有网络分配了同样的 IP 地址,或者内部网络也使用公网注册地址时,这种情况称为地址重叠。两个重叠地址的网络主机之间是不可能通信的,因为它们相互认为对方的主机在本地网络中。针对这种情况,可以采用重叠地址 NAT 来解决,重叠地址 NAT 就是专门针对重叠地址网络之间通信的问题。配置了重叠地址 NAT 后,外部网络主机地址在内部网络表现为另一个网络地址,反之一样。重叠地址 NAT 配置其实分为两个部分内容:内部源地址转换配置和外部源地址转换。内部源地址转换配置就是前面所讲的内容,既可以使用静态 NAT 配置也可以采用动态 NAT 配置。外部源地址转换也可以采用静态 NAT 配置或动态 NAT 配置。下面先来了解重叠地址 NAT 的工作过程。

图 9-24 是发生地址重叠时,内部网络主机访问重叠地址主机时的典型应用过程,下面对该过程进行详细的描述。

(1) 当内部主机 PC1 通过 HTTP 访问主机 Web 时,首先会向 DNS 服务器 1.1.1.1 发送地址解析请求来获取主机 Web 的 IP 地址,该过程包含了内部源地址转换,并且会在 NAT 表中留下相应的地址转换记录。

(2) 当 DNS 服务器接收到地址解析请求后,会发送 DNS 响应包,此时路由器截获 DNS 响应包,检查响应包中解析后返回的 IP 地址是否与内部网络地址相同,如果相同(即是重叠地址),就进行地址转换,图 9-24 中将 10.1.1.2(主机 Web 的 IP 地址)转换成 11.2.2.2,然后将 DNS 响应包发送给内部网络主机 PC1。

（3）内部主机 PC1 从 DNS 响应包获知主机 Web 的 IP 地址为 11.2.2.2,就向 11.2.2.2 的 TCP 80 端口发送连接请求数据包。

（4）路由器接收到该 TCP 连接请求数据包就建立转换映射记录,内部本地地址为 10.1.1.2(主机 PC1 的 IP 地址),内部全局地址为 2.1.1.2,外部本地地址为 11.2.2.2,外部全局地址为 10.1.1.2(主机 Web 的 IP 地址)。

（5）根据 NAT 表中的映射记录,将数据包的源地址转换为 2.1.1.2,目标地址转换为 10.1.1.2(主机 Web 的 IP 地址),然后将数据包发送给外部主机 Web。

（6）主机 Web 接收到数据包后,发送确认数据包给内部主机 PC1。

（7）路由器接收到主机 Web 发送的确认数据包后,以外部全局地址及其端口、内部全局地址及其端口号为关键字,检索 NAT 表,用外部本地地址、内部本地地址分别置换源地址和目标地址,然后发送给内部主机 PC1。

（8）内部主机 PC1 接收到数据包,重复上面(3)～(7)的过程,直到会话结束。

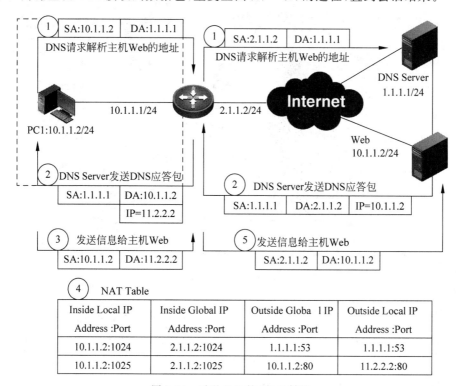

图 9-24　重叠地址的 NAT 转换

9.4　项目实训

某公司从 ISP 处申请了网址段 54.12.1.100/24～54.12.1.125/24,其中,网址 54.12.1.101/24 用于 WWW1 服务器在互联网上发布 Web 服务,网址 54.12.1.102/24 用于 WWW2 服务器在互联网上发布 Web 服务,网址 54.12.1.103/24 用于 FTP 服务器在互联网上发布 FTP 服务,网址 54.12.1.104/24 用于电子邮件服务器在互联网上发布电子邮件服务；PC1 网段的用户使用 54.12.1.105/24～54.12.1.110/24 网址段访问互联网,PC2 网段的用户使用 54.12.1.111/24～54.12.1.115/24 网址段访问互联网,PC3 网段的用户使用 54.12.1.116/24～54.12.1.120/24 网址段访问互联网。同时,PC1 和 PC2 网段的用户不允许访问所有服务器,PC3 网段的用户允许访问所有服务器,如图 9-25 和图 9-26 所示。完成设置后进行相关的网络测试。

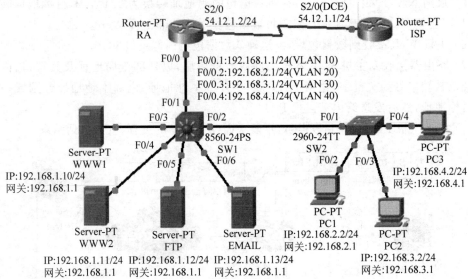

图 9-25　思科 PT 模拟器拓扑图

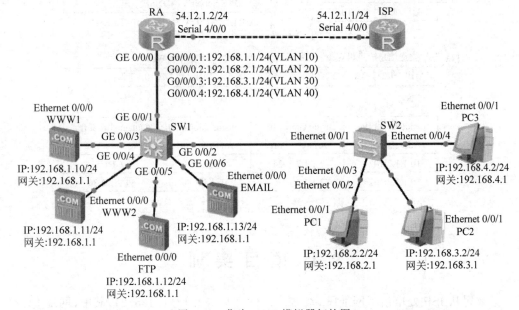

图 9-26　华为 eNSP 模拟器拓扑图

设备接口地址分配表如表 9-7 所示。

表 9-7　设备接口地址分配表

设 备 名 称	接 口	IP 地 址	说 明
路由器 ISP	S2/0	54.12.1.1/24	模拟 ISP 接入
路由器 RA	S2/0	54.12.1.2/24	
	F0/0.1	192.168.1.1/24	关联 VLAN 10
	F0/0.2	192.168.2.1/24	关联 VLAN 20
	F0/0.3	192.168.3.1/24	关联 VLAN 30
	F0/0.4	192.168.4.1/24	关联 VLAN 40
WWW1		192.168.1.10/24	网关：192.168.1.1
WWW2		192.168.1.11/24	网关：192.168.1.1
FTP		192.168.1.12/24	网关：192.168.1.1
EMAIL		192.168.1.13/24	网关：192.168.1.1
PC1		192.168.2.2/24	网关：192.168.2.1
PC2		192.168.3.2/24	网关：192.168.3.1
PC3		192.168.4.2/24	网关：192.168.4.1

基本要求：

（1）正确选择设备并使用线缆连接。

（2）正确给各路由器的相关接口配置 IP 地址。

（3）正确配置各 PC 的 IP 地址、子网掩码和网关等参数。

（4）PC1 所属网段通过地址池 54.12.1.105/24～54.12.1.110/24 访问互联网,PC2 所属网段通过地址池 54.12.1.111/24～54.12.1.115/24 访问互联网,PC3 所属网段通过地址池 54.12.1.116/24～54.12.1.120/24 访问互联网。

（5）将 WWW1 服务器的 Web 服务发布到互联网上,其公网地址为 54.12.1.101/24。

（6）将 WWW2 服务器的 Web 服务发布到互联网上,其公网地址为 54.12.1.102/24。

（7）将 FTP 服务器的 FTP 服务发布到互联网上,其公网地址为 54.12.1.103/24。

（8）将 EMAIL 服务器的 EMAIL 服务发布到互联网上,其公网地址为 54.12.1.104/24。

（9）配置 ACL 实现 PC1 和 PC2 所属的网段不允许访问所有服务器,PC3 所属的网段允许访问所有服务器。

拓展要求：

配置 NAT 实现 WWW1 和 WWW2 的 TCP 负载均衡。

项目 9 考核表如表 9-8 所示。

表 9-8　项目 9 考核表

序　　号	项目考核知识点	参 考 分 值	评　　价
1	设备连接	3	
2	PC 的 IP 地址配置	3	
3	路由器的 IP 地址配置	3	
4	路由配置	2	
5	NAT 配置	5	
6	访问控制列表配置	4	
7	拓展要求	2	
合　　计		22	

通过路由器的设置控制企业员工的互联网访问

9.5 习 题

1. 选择题

(1) 下面哪一组数字属于(思科)IP 标准访问控制列表编号范围?(　　)

    A. 1~99　　　　　　　B. 100~199　　　　　　C. 200~299　　　　　D. 300~399

(2) IP 标准访问控制列表检查数据包中的哪个部分?(　　)

    A. 源端口　　　　　　B. 目的端口　　　　　　C. 源地址　　　　　　D. 目的地址

(3) IP 标准访问控制列表应被放置在什么位置比较合适?(　　)

    A. 越靠近数据包的源地址越好

    B. 越靠近数据包的目的地址越好

    C. 跟放置的位置没有关系

    D. 任何一个接口的 IN 方向

(4) (华为)IP 扩展访问控制列表的编号范围是(　　)。

    A. 2000~2999　　　　　　　　　　　　B. 1200~1299

    C. 1300~1999　　　　　　　　　　　　D. 3000~3999

(5) 下面哪项操作可以使访问控制列表真正生效?(　　)

    A. 创建访问控制列表　　　　　　　　　B. 定义访问控制列表规则

    C. 退出访问控制列表配置视图　　　　　D. 在接口应用访问控制列表

(6) 下面叙述正确的是(　　)。

    A. 标准访问控制列表中只能定义一条访问控制规则

    B. 当访问控制列表中的所有指令都比对完而仍然找不到匹配的指令时,该数据就会被丢弃

    C. 当在同一个接口的 IN 方向和 OUT 方向应用同一个访问控制列表时,效果一定是相同的

    D. 先定义的访问控制规则放在下面,后定义的访问控制规则放在上面

(7) 通配符掩码和子网掩码之间的关系是(　　)。

    A. 两者是相同的

    B. 通配符掩码和子网掩码恰好相反

    C. 两者中"1"的个数一定是相等的

    D. 两者中"0"的个数一定是相等的

(8) 下面对地址转换的描述错误的是(　　)。

    A. 地址转换实现了对用户透明的网络外部地址的分配

    B. 使用地址转换后,对 IP 包加密、快速转发不会造成任何影响

    C. 地址转换为内部主机提供了一定的"隐私"保护

    D. 地址转换为解决 IP 地址紧张的问题提供了一个有效的途径

(9) (思科)下面哪个命令是在接口应用访问控制列?(　　)

    A. access-list ip　　　　　　　　　　　B. ip access-list

    C. access-group ip　　　　　　　　　　D. ip access-group

(10)（思科）将内网的 Web 服务器 192.168.1.1 发布到外网地址 12.2.187.1 的 80 端口的正确命令是（　　）。

    A. Router(config)♯ip nat inside source static tcp 192.168.1.1 80 12.2.187.1 80

    B. Router(config)♯ip nat outside source static tcp 192.168.1.1 80 12.2.187.1 80

    C. Router(config)♯ip nat inside source static udp 192.168.1.1 80 12.2.187.1 80

    D. Router(config)♯ip nat outside source static udp 192.168.1.1 80 12.2.187.1 80

2. 简答题

(1) 简述访问控制列表的功能。

(2) 简述配置访问控制列表的步骤。

(3) 简述标准 IP 访问控制列表和扩展 IP 访问控制列表的区别。

(4) 简述静态 NAT 转换的基本工作过程。

项目 10　构建无线局域网

项目描述

利用常用的家用无线宽带路由构建小型的家庭或办公无线局域网。利用企业级无线设备构建大中型无线局域网。

项目目标

- 了解相关 WLAN 的技术背景；
- 了解 IEEE 802.11 协议；
- 掌握常用家庭无线路由器的使用方法；
- 掌握小型无线局域网的搭建方法；
- 掌握企业级无线接入设备的基本使用方法。

10.1　预 备 知 识

10.1.1　WLAN 的技术背景

1. WLAN 概述

WLAN(Wireless Local Area Networks,无线局域网络)是一种利用射频技术,以无线的方式搭建的局域网。WLAN 以电磁波为传输介质。WLAN 技术以其可移动性和使用方便等优点而越来越受到人们的欢迎,生活中随处都有应用,如手机与手机之间通过蓝牙进行数据传输、使用简单的无线路由组建小型的办公室无线网络、厂区的无线热点覆盖以及生活中手机的信号覆盖等。在进行 WLAN 组建之前,首先要了解一些与 WLAN 相关的基础知识。

2. 主要的无线技术

根据产生无线信号的方式不同,无线技术主要可以分为射频无线技术、红外无线技术和蓝牙无线技术。

1) 射频

RFID(Radio Frequency Identification,无线射频识别),俗称电子标签。RFID 是一种非接触式的自动识别技术,它通过射频信号自动识别目标对象并获取相关数据,识别工作无须人工干预,可工作于各种恶劣环境。RFID 技术可识别高速运动物体并可同时识别多个标签,操作快捷、方便。

RFID 是一种简单的无线系统,只有两个基本器件,该系统用于控制、检测和跟踪物体。系统由一个询问器(或阅读器)和很多应答器(或标签)组成。

2）红外线

红外线（Infrared Ray）传输是生活中常见的一种，如电视、空调等家电的遥控器就是使用的红外线传输。很多手机和笔记本电脑上也会有红外线接口。红外线一般用于点到点的无线通信，它对障碍物的穿透能力很弱。红外线传输主要采用的是直线传播形态，所以有一定的方

图 10-1　点到点红外线连接

向性，当有物体位于发射端和接收端之间时，传输就会受到影响，但它却可以靠墙壁反射。红外线的传输距离一般很短，所以只适用于短距离的点到点传输，如图 10-1 所示。速率可以达到 4Mb/s。

IrDA（红外数据协议）是 1993 年 6 月成立的一个国际性组织，专门制定和推进能共同使用的低成本红外数据互连标准。IrDA 提出了对工作距离、工作角度、光功率、数据传输速率、不同品牌设备互连时抗干扰能力的建议。

3）蓝牙

蓝牙（Bluetooth）是使用的较为普遍的一种短距离无线传输技术，常用于手机、无线耳机和笔记本电脑等设备之间进行数据传输。蓝牙工作在全球通用的 2.4GHz 频段，采用跳频技术，速率为 1Mb/s。蓝牙无线技术既支持点到点连接，又支持点到多点的连接。和红外通信相比，它具有传输距离远和无角度限制的优点，但缺点是数据速率低且成本高。

4）3G

第三代移动通信技术（3rd-generation，3G）是指支持高速数据传输的蜂窝移动通信技术。3G 服务能够同时传送声音及数据信息，速率可达 10Mb/s，主要应用于远距离无线传输。目前 3G 存在 4 种标准：CDMA2000、WCDMA、TD-SCDMA 和 WiMAX。

国际电信联盟（ITU）在 2000 年 5 月确定 WCDMA、CDMA2000、TD-SCDMA 三大主流无线接口标准，写入 3G 技术指导性文件《2000 年国际移动通信计划》（简称 IMT-2000）；2007 年，WiMAX 亦被接受为 3G 标准之一。CDMA（Code Division Multiple Access，码分多址）是第三代移动通信系统的技术基础。

WCDMA 是基于 GSM 网发展出来的 3G 技术规范，是欧洲提出的宽带 CDMA 技术。CDMA2000 是由窄带 CDMA（CDMA IS95）技术发展而来的宽带 CDMA 技术，它是由美国高通北美公司为主导提出，摩托罗拉、Lucent 和后来加入的韩国三星公司都有参与。TD-SCDMA 标准是由中国大陆独自制定的 3G 标准，TD-SCDMA 具有辐射低的特点，被誉为绿色 3G，该标准将智能无线、同步 CDMA 和软件无线电等当今国际领先技术融于其中，在频谱利用率、对业务支持具有灵活性、频率灵活性及成本等方面的独特优势。中国是全球唯一运营所有以上 3 种制式的国家。其中，中国移动基于 TD-SCDMA 技术制式，中国电信基于 CDMA2000 技术制式，中国联通基于 WCDMA 技术制式。WiMAX（微波存取全球互通）又称为 802.16 无线城域网，是又一种为企业和家庭用户提供"最后一英里"的宽带无线连接方案。将此技术与需要授权或免授权的微波设备相结合后，由于其成本较低，将扩大宽带无线市场，改善企业与服务供应商的认知度。2007 年 10 月 19 日，在国际电信联盟在日内瓦举行的无线通信全体会议上，经过多数国家投票通过，WiMAX 正式被批准成为继 WCDMA、CDMA2000 和 TD-SCDMA 之后的第四个全球 3G 标准。

5) IEEE 802.11a/b/g/n

IEEE 802.11 是 IEEE 最初制定的一个无线局域网标准,主要用于解决办公室局域网和校园网中,用户与用户终端的无线接入,业务主要限于数据存取,速率最高只能达到2Mb/s。由于 IEEE 802.11 在速率和传输距离上都不能满足人们的需要,因此,IEEE 小组又相继推出了 IEEE 802.11a,IEEE 802.11b,IEEE 802.11g 和 IEEE 802.11n。

3. WLAN 的相关组织与标准

IEEE:美国电气与电子工程师学会,主要制定了多个 IEEE 802.11 协议相关的标准。

WiFi 联盟:1999 年创建的一个全球性非营利组织,主要目的是在全球范围内推行WiFi 产品的兼容认证,发展 IEEE 802.11 技术。

IETF:互联网工程任务组,是一个民间学术组织,其主要任务是负责互联网相关技术规范的研发和制定。

CAPWAP:IETF 中有关于无线控制器与 FIT AP 间控制和管理标准化的工作组,制定无线控制器与 AP 之间通信的标准协议。

WAPI:是一种安全协议,同时也是中国无线局域网安全强制性标准,也是无线传输协议的一种,与现行的 IEEE 802.11i 传输协议比较接近。

4. WLAN 网络的优势

WLAN 是指以无线信道作为传输媒介的计算机局域网络,是计算机网络与无线通信技术相结合的产物。它以无线多址信道作为传输媒介,提供传统有线局域网的功能,能够使用户真正实现随时随地的宽带网络接入。

WLAN 技术使网上的计算机具有可移动性,能快速、方便地解决有线方式不易实现的网络信道的连通问题。WLAN 利用电磁波在空气中发送和接收数据,而无须线缆介质。与有线网络相比,WLAN 具有以下优势。

(1) 安装便捷:无线局域网的安装工作简单,它无须施工许可证,不需要布线或开挖沟槽。它的安装时间远少于安装有线网络的时间。

(2) 覆盖范围广:在有线网络中,网络设备的安放位置受网络信息点位置的限制。而无线局域网的通信范围不受环境条件的限制,网络的传输范围大大拓宽,最大传输范围可达到几十千米。

(3) 经济节约:由于有线网络缺少灵活性,这就要求网络规划者尽可能地考虑未来发展的需要,所以往往导致预设大量利用率较低的信息点。而一旦网络的发展超出了设计规划,又要花费较多费用进行网络改造。WLAN 不受布线接入点位置的限制,具有传统局域网无法比拟的灵活性,可以避免或减少以上情况的发生。

(4) 易于扩展:WLAN 有多种配置方式,用户可以根据需要灵活选择。这样,WLAN就能胜任从只有几个用户的小型网络到上千用户的大型网络,并且能够提供像"漫游"等有线网络无法提供的特性。

(5) 传输速率高:WLAN 的数据传输速率现在已经能够接近以太网,传输距离可达到20km 以上。

由于 WLAN 具有多方面的优点,其发展十分迅速。在最近几年里,WLAN 已经在医院、商店、工厂和学校等不适合网络布线的场合得到了广泛的应用。

10.1.2 IEEE 802.11 协议

1997 年 IEEE 发布了 IEEE 802.11 协议,这也是在无线局域网领域内的第一个在国际上被认可的协议。1999 年 9 月,他们又提出了 IEEE 802.11b High Rate 协议,用来对 IEEE 802.11 协议进行补充,IEEE 802.11b 在 IEEE 802.11 的 1Mb/s 和 2Mb/s 速率下又增加了 5.5Mb/s 和 11Mb/s 两个新的网络吞吐速率。利用 IEEE 802.11b,移动用户能够获得同 Ethernet 一样的性能、网络吞吐率和可用性。这个基于标准的技术使得网络管理员可以根据环境选择合适的局域网技术来构造自己的网络,以满足他们的商业用户和其他用户的需求。IEEE 802.11 协议主要工作在 ISO 协议的最低两层上,并在物理层上进行了一些改动,加入了高速数字传输的特性和连接的稳定性。

一般现在说 IEEE 802.11 协议是指 IEEE 802.11 一系列协议的总称,表 10-1 为 IEEE 802.11 中部分协议标准及简要说明。在 IEEE 802.11 协议族中,现在接触比较多的有 IEEE 802.11a、IEEE 802.11b、IEEE 802.11g 和 IEEE 802.11n。表 10-2 为各常用无线标准在工作频段和传输速率方面的对比。

表 10-1　IEEE 802.11 部分标准及其说明

标　　准	说　　明
IEEE 802.11	IEEE 最初制定的一个无线局域网标准,主要用于解决办公室局域网和校园网中用户与用户终端的无线接入,业务主要限于数据存取,速率最高只能达到 2Mb/s,工作频段 2.4GHz
IEEE 802.11a	是 IEEE 802.11b 标准的后续标准,工作在 5GHz 频段,速率可达 54Mb/s
IEEE 802.11b	IEEE 802.11b 是所有无线局域网标准中最著名且普及最广的标准。工作频段 2.4GHz,速率可达 11Mb/s
IEEE 802.11e	IEEE 802.11e 是 IEEE 为满足服务质量(Qos)方面的要求而制定的 WLAN 标准。在一些语音、视频等的传输中,Qos 是非常重要的指标
IEEE 802.11f	IEEE 802.11f 标准确定了在同一网络内接入点的登录,以及用户从一个接入点切换到另一个接入点时的信息交换
IEEE 802.11g	该标准是 IEEE 802.11b 的扩充,工作频段 2.4GHz,速率达到 54Mb/s。IEEE 802.11g 的设备与 IEEE 802.11b 兼容
IEEE 802.11i	IEEE 802.11i 是 IEEE 为了弥补 IEEE 802.11 脆弱的安全加密功能而制定的修正案
IEEE 802.11k	IEEE 802.11k 为无线局域网应该如何进行信道选择、漫游服务和传输功率控制提供了标准
IEEE 802.11n	是 IEEE 802.11 协议中继 IEEE 802.11b/a/g 后又一个无线传输标准协议,将 IEEE 802.11a/g 的 54Mb/s 最高发送速率提高到了 300Mb/s

表 10-2　各种常用无线标准对比

无线技术与标准	IEEE 802.11	IEEE 802.11a	IEEE 802.11b	IEEE 802.11g	IEEE 802.11n
推出时间/年	1997	1999	1999	2002	2006
工作频段/GHz	2.4	5	2.4	2.4	2.4 和 5
最高传输速率/(Mb/s)	2	54	11	54	300

从表 10-2 中可以看出,IEEE 802.11a 与 IEEE 802.11b/g 工作在不同的频段,所以相

互是不兼容的。而 IEEE 802.11n 可以工作在 2.4GHz 和 5GHz 的两个频段中,所以和 IEEE 802.11a/b/g 可以相互兼容。

10.1.3 WLAN 组件

在构建 WLAN 时,常用的组件有以下几种。

1. 笔记本电脑等移动终端设备

移动终端,又称为移动通信终端,是指可以在移动中使用的计算机设备,广义地讲包括手机、笔记本电脑和 POS 机,甚至包括车载计算机。现在的笔记本电脑基本都预先安装无线网卡,可以很方便地和其他无线产品或其他符合 WiFi 标准的设备互连。图 10-2 所示的为常见的一些移动终端设备。

图 10-2 常见的一些移动终端设备

2. 无线网卡

无线网卡是无线终端设备与无线网络连接的接口,实现无线终端与无线网络的连接,作用类似于有线网络中的以太网网卡。有了无线网卡还需要一个可以连接的无线网络(如无线路由或无线 AP 的覆盖),就可以通过无线网卡以无线的方式连接无线网络上网。无线网卡按照接口的不同可以分为 3 种:PCI 接口无线网卡、PCMCIA 接口无线网卡和 USB 无线网卡。

PCI 接口无线网卡是一种台式机专用的无线网卡,如图 10-3 所示。

PCMCIA 接口无线网卡是一种早期笔记本电脑专用的无线网卡,支持热插拔,如图 10-4 所示。现在的笔记本电脑一般使用 mini-PCI 无线网卡(内置),如图 10-5 所示。

图 10-3 PCI 无线网卡

图 10-4 PCMCIA 无线网卡

USB无线网卡是一种台式机和笔记本电脑上都可以使用的无线网卡,也是使用较多的一种,外形和普通的U盘很相似,如图10-6所示。无线网卡的好坏取决于两个方面:天线和支持的标准。

图 10-5　mini-PCI 无线网卡

图 10-6　USB 无线网卡

3. 无线接入点

无线接入点又称为无线 AP(Access Point),作用是为无线终端提供接入,类似于有线网络中的集线器和交换机。它也是无线网络中重要的一个组成部分,主要用于宽带家庭、大楼内部及园区内部。无线 AP 的工作原理是将网络信号通过双绞线传送过来,经过 AP 产品的编译,将电信号转换成为无线电信号发送出来,形成无线网的覆盖。根据不同的功率,它可以实现不同程度、不同范围的网络覆盖。每个无线 AP 都有一定的覆盖距离,从几十米到几百米,按照协议标准本身来说,IEEE 802.11b 和 IEEE 802.11g 的覆盖范围是室内 100m、室外 300m。这个数值仅是理论值,在实际应用中,会碰到各种障碍物,其中,以玻璃、木板、石膏墙对无线信号的影响最小,而混凝土墙壁和铁对无线信号的屏蔽最大。所以通常实际使用范围是室内 30m、室外 100m(没有障碍物)。大多数无线 AP 还带有接入点客户端模式(AP client),可以和其他 AP 进行无线连接,延展网络的覆盖范围。

无线 AP 基本上会有一个以太网口,用于实现与有线网络的连接,从而使无线终端能够访问有线网络。

AP 可以分为 FAT AP(胖 AP)和 FIT AP(瘦 AP),也可以将 FAT 和 FIT 看成 AP 的两种不同的工作模式。FAT AP 将 WLAN 的物理层、用户数据加密、用户认证、QoS、网络管理、漫游技术及其他应用层的功能集于一身,常见的家用无线宽带路由就是一个典型的 FAT AP。每个 FAT AP 都是独立的,不便于集中管理。FIT AP 不能单独使用,必须和 AC(无线交换机或无线控制器)配合一起工作,相对于 FAT AP 来讲,FIT AP 是一个只有加密、射频功能的 AP,使用的时候 FIT AP 上不需要做任何配置,所有的配置都集中到无线交换机上,由无线交换机或无线控制器来统一管理。工业级的 AP 一般可以在 FAT AP 和 FIT AP 之间进行切换。FAT AP 和 FIT AP 的区别如表10-3所示。

表 10-3　FAT AP 与 FIT AP 的区别

区　　别	FAT AP	FIT AP
安全性	单点安全,无整网络统一安全能力	统一的安全防护体系,AP 与无线控制器间通过数字证书进行认证,支持二层、三层安全机制
配置管理	每个 AP 需要单独配置,管理复杂	AP 零配置管理,统一由无线控制器集中配置
自定 RF 调节	没有 RF 自动调节能力	有自动的射频调整能力,自动调整包括信道、功率等无线参数,实现自动优化无线网络配置

区　　别	FAT AP	FIT AP
网络恢复	网络无法自恢复,AP 故障会造成无线覆盖漏洞	无须人工干预,网络具有自恢复能力,自动弥补无线漏洞,自动紧系无线控制器切换
容量	容量小,每个 AP 独自工作	可支持最大 64 个无线控制器堆叠,最大支持 3600 个 AP 无缝漫游
漫游能力	仅支持二层漫游功能,三层无缝漫游必须通过其他技术	支持二层、三层快速安全漫游,三层漫游通过基于 FIT AP 体系架构里的 CAPWAP 标准中的隧道技术完成
可扩展性	无扩展能力	方便扩展,对于新增 AP 无须任何配置管理
一体化网络	室内外 AP 产品需要分别单独部署,无统一配置管理能力	统一无线控制器、无线网管支持基于集中式无线网络架构的室内外 AP、MESH 产品
高级功能	对于基于 Wi-Fi 的高级功能,如安全、语言等支持能力很差	专门针对无线增值系统设计,支持丰富的无线高级功能,如安全、语言、位置业务、个性化页面推送、基于用户的业务/安全/服务质量控制等
网络管理能力	管理能力较弱,需要固定硬件支持	可视化的网管系统,可以实时控制无线网络 RF 状态,支持在网络部署之前模拟真实情况进行无线网络设计的工具

4. 天线

天线是用来发射和接收电磁波的部件,凡是利用电磁波来传递信息的,都依靠天线来工作,是无线网络中不可缺少的部分。天线有很多种,根据使用的场合可以分为室内天线和室外天线,根据天线的方向性可以分为定向天线和全向天线,根据用途可以分为通信天线、广播天线、电视天线和雷达天线等。图 10-7 所示为常见的一些天线产品。

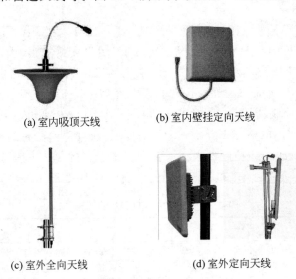

(a) 室内吸顶天线　　　　(b) 室内壁挂定向天线

(c) 室外全向天线　　　　(d) 室外定向天线

图 10-7　常见天线产品

选择天线时要考虑的几个参数。

增益:天线增益是用来衡量天线朝一个特定方向收发信号的能力,它是选择基站天线重要的参数之一。增加增益就可以在一确定方向上增大网络的覆盖范围,或者在确定范围内增大增益余量。相同的条件下,增益越高,电波传播的距离越远。一般地,室内天线的增益为 5dBi,室外的选用大于 5dBi。GSM 定向基站的天线增益为 18dBi,全向的为 11dBi。

工作频段:一般 AP 所使用的天线的工作频段是 2.4GHz 和 5.8GHz 两个频段。

安装方式:室外一般为抱杆式安装和墙壁安装,室内一般为吸顶式安装和挂壁式安装。

10.1.4 WLAN 拓扑结构

WLAN 的拓扑结构有 3 种:第一种是类似于对等网络的 Ad-Hoc 结构,第二种是 IBSS 结构(基础结构模式,类似有线局域网中的星形结构),第三种是 WDS 结构。

1. Ad-Hoc 结构

Ad-Hoc 结构是点对点的对等结构,相当于有线网络中的两台计算机直接通过网卡互连,中间没有集中接入设备(AP),信号是直接在两个通信端点对点传输的,如图 10-8 所示。

在有线网络中,因为每个连接都需要专门的传输介质,所以在多机互连时,一台计算机中可能要安装多块网卡。而在 WLAN 中,没有物理传输介质,信号是以电磁波的形式发散传播的,所以在 WLAN 中的对等连接模式中,各用户无须安装多块 WLAN 网卡,相比有线网络来说,组网方式要简单许多。

Ad-Hoc 对等结构网络通信中没有信号交换设备,网络通信效率较低,所以仅适用于较少数量的计算机无线互连(通常是在 5 台主机以内)。同时由于这一模式没有中心管理单元,所以这种网络在可管理性和扩展性方面受到一定的限制,连接性能较差。而且各无线节点之间只能单点通信,不能实现交换连接,就像有线网络中的对等网一样。这种无线网络结构通常只适用于临时的无线应用环境,如小型会议室、SOHO 家庭无线网络等。

此外,为了达到无线连接的最佳性能,所有主机最好都使用同一品牌、同一型号的无线网卡,并且要详细了解相应型号的网卡是否支持 Ad-Hoc 网络连接模式,因为有些无线网卡只支持基础结构模式,当然绝大多数无线网卡是同时支持两种网络结构模式的。

2. IBSS 结构

IBSS 结构与有线网络中的星形结构相似,也属于集中式结构类型,其中的无线 AP 相当于有线网络中的交换机,起着集中连接和数据交换的作用。在这种无线网络结构中,除了需要像 Ad-Hoc 对等结构中在每台主机上安装无线网卡,还需要一个 AP 接入设备,也就是所说的"无线接入点"。这个 AP 设备用于集中连接所有无线节点,并进行集中管理。一般的无线 AP 还会提供一个有线以太网接口,用于与有线网络、工作站和路由设备的连接。基础结构网络如图 10-9 所示。

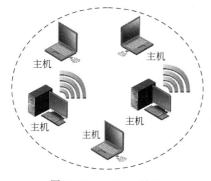

图 10-8 Ad-Hoc 结构

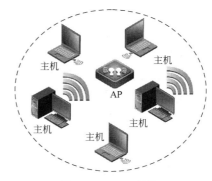

图 10-9 IBSS 结构

构建无线局域网

IBSS 结构的优势为网络易于扩展、便于集中管理、能提供用户身份验证等,另外,数据传输性能也明显高于 Ad-Hoc 对等结构。在这种 AP 网络中,AP 和无线网卡还可针对具体的网络环境调整网络连接速率,例如,11Mb/s 的可使用速率可以调整为 1Mb/s、2Mb/s、5.5Mb/s 和 11Mb/s 4 档;54Mb/s 的 IEEE 802.11a 和 IEEE 802.11g 的则有 54Mb/s、48Mb/s、36Mb/s、24Mb/s、18Mb/s、12Mb/s、11Mb/s、9Mb/s、6Mb/s、5.5Mb/s、2Mb/s、1Mb/s 共 12 个不同速率可动态转换,以发挥其在相应网络环境下的最佳连接性能。

在实际的应用环境中,连接性能往往受到许多方面因素的影响,所以实际连接速率要远低于理论速率,上面所介绍的 AP 和无线网卡可针对特定的网络环境动态调整速率,原因就在于此。另外,根据具体的应用可以对 AP 的接入用户数目进行控制,对于带宽要求较高(如学校的多媒体教学、电话会议和视频点播等)的应用,最好单个 AP 所连接的用户数少些,对于简单的网络应用可适当多些。同时要求单个 AP 所连接的无线节点要在其有效的覆盖范围内,这个距离通常为室内 100m 左右,室外则可达 300m 左右。当然如果是 IEEE 802.11a 或 IEEE 802.11g 的 AP,因为它的速率可达到 54Mb/s,有效覆盖范围也比 IEEE 802.11b 的大 1 倍以上,理论上单个 AP 的理论连接节点数在 100 个以上,但实际应用中所连接的用户数最好在 20 个左右。

3. WDS 结构

WDS(Wireless Distribution System,无线分布式系统)通过无线链路链接两个或多个独立的有线局域网或无线局域网,组成一个互通的网络。无线 WDS 技术提高了整个网络结构的灵活性和便捷性。在 WDS 部署中,网桥组网模式可分为点对点(P2P)、点对多点(P2MP)和中继桥接方式。

10.2 项目实施

任务一:利用家用无线宽带路由构建家庭或办公室小型无线局域网

1. 任务描述

小明家里申请了一条电信的宽带,由于家里需要台式计算机、笔记本电脑、手机等多个终端同时上网,所以想使用无线的宽带路由器在家里实现无线覆盖,电信分配的上网账号:用户名为 abc,密码为 12345678;家里无线信号的名称为 xiaomingwifi,接入密码为 12345678,加密方式为"WPA2 Personal-AES",WWW 服务器模拟的是互联网上的服务。

2. 实验网络拓扑图

小型局域网实验网络拓扑图如图 10-10 所示。

3. 设备配置(思科 PT 模拟器)

1) ISP 路由器的配置

```
Router > enable
Router # configure terminal
Enter configuration commands, one per line. End with CNTL/Z.
Router(config) # hostname ISP
ISP(config) # interface f0/0
ISP(config-if) # ip address 1.1.1.254 255.255.255.0
```

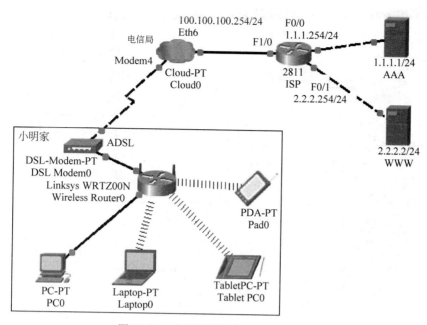

图 10-10　小型局域网实验网络拓扑图

```
ISP(config-if)＃no shutdown
ISP(config-if)＃exit
ISP(config)＃interface f0/1
ISP(config-if)＃ip address 2.2.2.254 255.255.255.0
ISP(config-if)＃no shutdown
ISP(config-if)＃exit
ISP(config)＃interface f1/0
ISP(config-if)＃ip address 100.100.100.254 255.255.255.0
ISP(config-if)＃no shutdown
ISP(config-if)＃pppoe enable                     //开启 f1/0 接口的 PPPOE 拨号功能
ISP(config-if)＃exit
ISP(config)＃aaa new-model                       //启用 AAA 服务器
ISP(config)＃aaa authentication login internet group radius //启用 AAA 作为 ADSL 拨号用户的身
份验证服务器
ISP(config)＃radius-server host 1.1.1.1 auth-port 1645 key 123456 //指定 AAA 服务器的 IP 地址
及端口号和共享密钥
ISP(config)＃ip local pool adslpool 100.100.100.1 100.100.100.250 //为 ADSL 用户创建地址池
ISP(config)＃vpdn enable                         //开启 VPDN 功能
ISP(config)＃vpdn-group adsl                     //创建 VPDN 组,组名为 adsl
ISP(config-vpdn)＃accept-dialin
ISP(config-vpdn-acc-in)＃protocol pppoe          //配置 VPDN 协议为 PPPOE
ISP(config-vpdn-acc-in)＃virtual-template 1      //指定虚拟拨号模板 1
ISP(config-vpdn-acc-in)＃exit
ISP(config-vpdn)＃exit
ISP(config)＃interface virtual-Template 1        //进入虚拟拨号模板 1
ISP(config-if)＃ip unnumbered f1/0               //配置无 IP 地址编号,使用 f1/0 地址表示
ISP(config-if)＃peer default ip address pool adslpool   //配置 ADSL 拨号用户使用 adslpool 地
址池
```

279

项
目

10

构建无线局域网

2) AAA 服务器配置

AAA 服务器配置如图 10-11 所示。

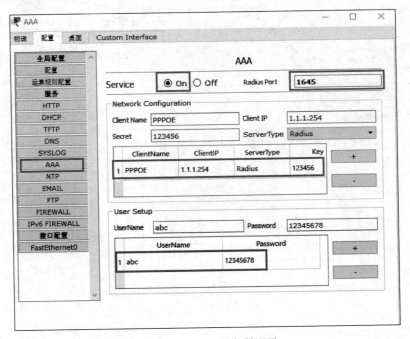

图 10-11　AAA 服务器配置

3) 电信局端配置

电信局端配置如图 10-12 所示。

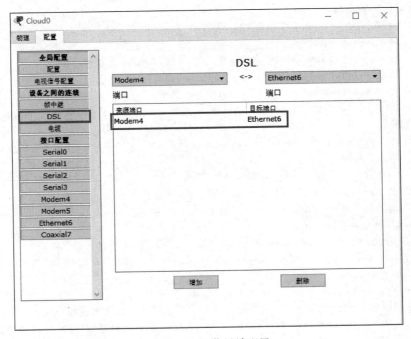

图 10-12　电信局端配置

4）设置 PPPoE 拨号

小明家无线宽带路由用户名为 abc,密码为 12345678。设置如图 10-13 所示。

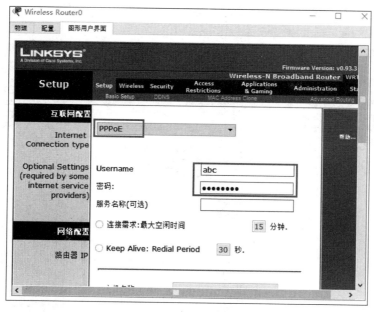

图 10-13　设置 PPPoE 拨号

5）查看无线宽带路由的互联网连接状态

无线宽带路由的互联网连接状态如图 10-14 所示。

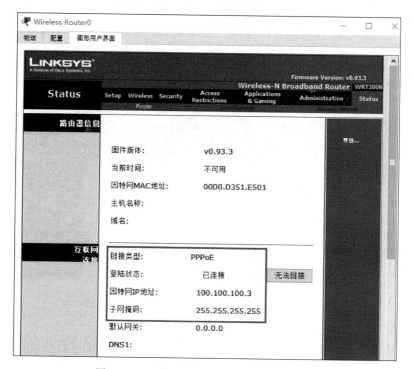

图 10-14　无线宽带路由的互联网连接状态

构建无线局域网

6）修改无线信息号的名称

修改无线信息号的名称为 xiaomingwifi，如图 10-15 所示。

图 10-15　修改无线信息号的名称

7）设置无线接入的密码及加密模式

设置无线接入的密码及加密模式，如图 10-16 所示。

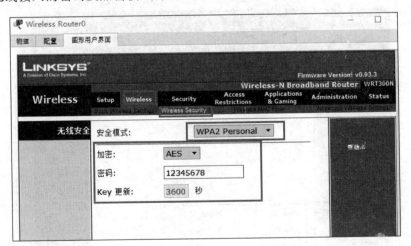

图 10-16　设置无线接入的密码及加密模式

8）接入 PC 等无线终端并测试

将 PC 等无线终端接入，并访问 2.2.2.2 的 Web 服务模拟上网测试，如图 10-17～图 10-24 所示。

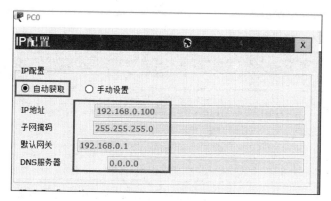

图 10-17　PC 从无线宽带路由器上自动获取的 IP 地址

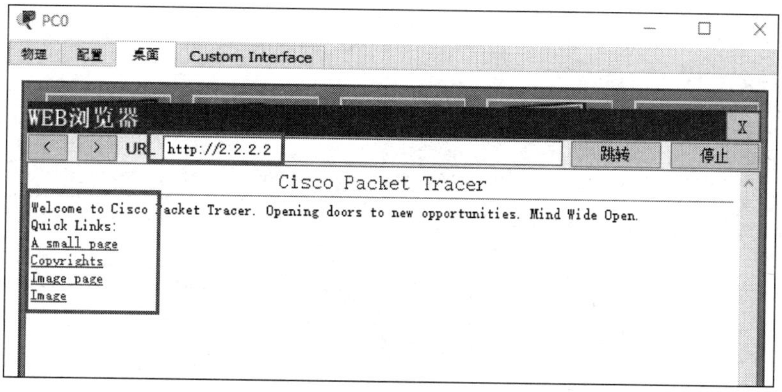

图 10-18　PC 访问模拟的互联网服务器 2.2.2.2

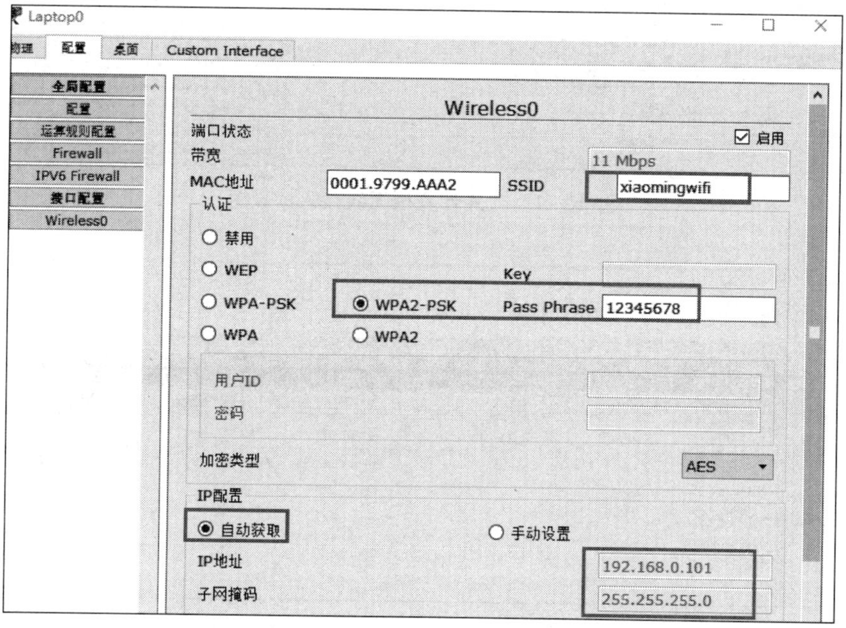

图 10-19　笔记本电脑上的无线接入设置

构建无线局域网

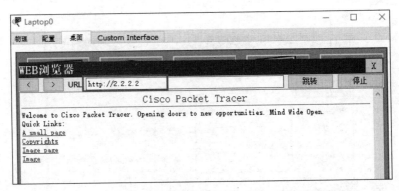

图 10-20　笔记本电脑上浏览模拟的互联网 WWW 服务器测试

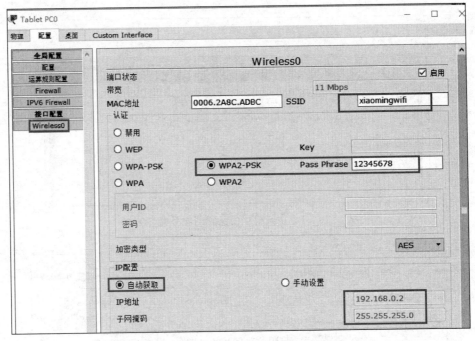

图 10-21　台式计算机无线接入的设置

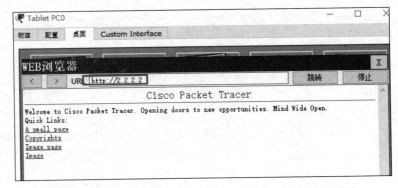

图 10-22　台式计算机浏览模拟的互联网 WWW 服务器测试

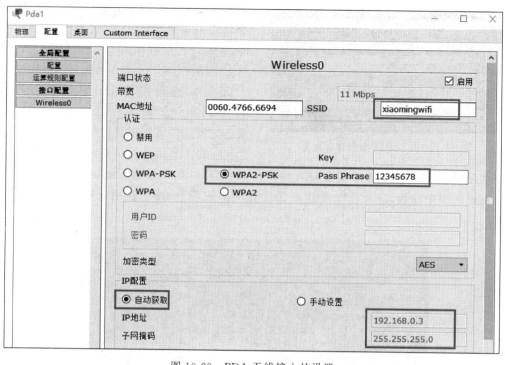

图 10-23　PDA 无线接入的设置

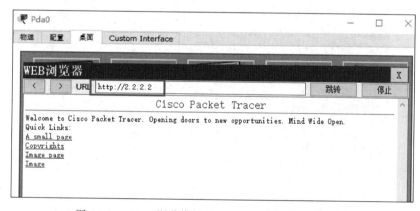

图 10-24　PDA 浏览模拟的互联网 WWW 服务器测试

　　现在的家用宽带路由一般带有无线和多个有线接口,对于家庭和小范围的办公室使用接口数量应该不成问题。现在各种品牌的宽带路由很多,但宽带路由的设置界面及功能都大同小异。对宽带路由设置首先要进行正确的硬件连接,设置用的 PC 要与宽带路由的一个 LAN 口相连;然后将 PC 的 IP 地址设置成自动获取或 192.168.1.X,(X>1),因为宽带路由出厂默认的管理 IP 地址一般是 192.168.1.1,所以要将 PC 设置成和宽带路由在同一个网段,这样 PC 才能访问宽带路由。PC 的 IP 地址设置成自动获取是因为默认状态下宽带路由里面的 DHCP 是工作的。设置好 PC 的 IP 地址以后就可以开始设置宽带路由了。下面以 TP-LINK TL-WDR6800 无线宽带路由器为例简单介绍宽带路由器的一般设置过程。

构建无线局域网

图 10-25　宽带路由用户登录界面

正确连接好 PC 和路由器后,就可以开始进行路由器的设置了。首先,打开 IE 浏览器,在地址栏中输入 http://tplogin.cn(早期的宽带路由一般是 192.168.1.1 这样的管理 IP 地址),然后按 Enter 键。这时进入如图 10-25 所示的登录页面(如果是第一次登录会先提示设置管理员密码)。

这时正确输入管理员密码并单击"确定"按钮就可以进入(早期设备一般要输入用户名和密码,默认一般是 admin,初始的密码一般可以在说明书中找到,这个可以在路由器设置中进行修改)路由器的设置页面,如图 10-26 所示。

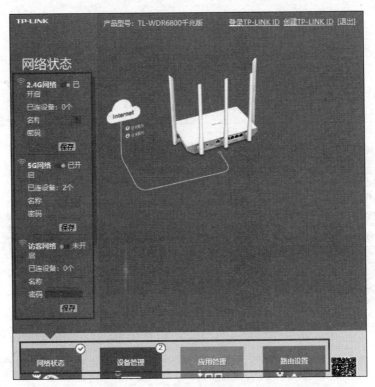

图 10-26　无线宽带路由器设置界面

左边是无线信号的快速设置,现在的无线宽带路由器一般是支持双频(2.4GHz 和 5GHz)的,有的还可以单独设置访客使用的无线信号。页面的下面是对宽带路由详细进行设置的模块。所有设置都是页面可视化的操作,设置的内容跟上面实验中类似,一般包括上网方式设置和无线接入设置,此处不再一一截图说明了。

任务二:利用企业级无线产品构建无线网络

1. 任务描述

某公司决定采用 AC＋AP 的方式对部分区域进行无线网络覆盖,无线网络 SSID 为

wlan-net,接入密码为12345678,AC 和 AP 之间的管理用 VLAN 10,无线接入用户划分为 VLAN 20,AC 和 AP 采用 2 层直连组网,AC 上部署 DHCP 服务为 AP 和无线用户分配 IP 地址,AP 使用 192.168.1.0/24 地址段,无线用户使用 192.168.2.0/24 地址段,网关地址为 192.168.2.1/24。AC 型号为华为 AC6605,AP 的型号为华为 AP6050,SW1 为 S5700。

2. 实验网络拓扑图

企业级无线网络实验网络拓扑图如图 10-27 所示。

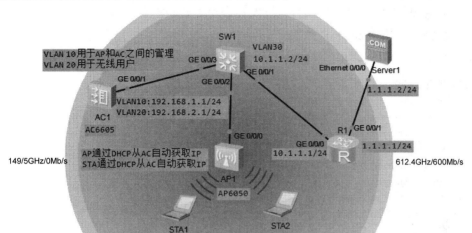

图 10-27　企业级无线网络实验网络拓扑图

WLAN 的组网配置有多种方式,这里介绍的只是基本组网配置中的一种。

由于 AC 上配置的信息较多,可以在设备上操作之前先列出需要配置的相关内容及对应数据,这也是对组网的数据规划。这里主要涉及的配置项和相关数据如表 10-4 所示。

表 10-4　主要配置项和相关数据

配 置 项	数 据
AP 管理 VLAN	VLAN 10
无线用户 VLAN	VLAN 20
DHCP 服务	AC 上,为 AP 和无线用户分配 IP 地址
AP 的地址池	192.168.1.2~192.168.1.253/24
无线用户的地址池	192.168.2.2~192.168.2.254/24
AC 的源接口 IP 地址	VLAN10 接口: 192.168.1.1/24
AP 组	名称: ap-group1; 引用模板: VAP 模板 wlan-net、域管理模板 default
域管理模板	名称: default; 国家码: cn(中国)
SSID 模板	名称: wlan-net; SSID 名称: wlan-net
安全模板	名称: wlan-net; 安全策略: WPA+WPA2+PSK+AES,密码: 12345678
VAP 模板	名称: wlan-net; 转发模式: 直接转发 业务 vlan: VLAN 20 引用模板: SSID 模板 wlan-net,安全模板 wlan-net

构建无线局域网

配置思路：

(1) 配置 AP、AC 和周边网络设备之间实现网络互通(本实验中采用了静态路由)。

(2) 配置 AP 上线。

第一步：创建 AP 组，用于将需要进行相同配置的 AP 都加入 AP 组，实现统一配置。

第二步：配置 AC 的系统参数，包括国家码、AC 与 AP 之间通信的源接口。

第三步：配置 AP 上线的认证方式并离线导入 AP，实现 AP 正常上线。

(3) 配置 WLAN 业务参数，实现 STA 访问 WLAN 网络功能。

3. 设备配置(华为 eNSP 模拟器)

1) 配置 AP、AC 和周边网络设备之间实现网络互通

```
//R1 路由器设置
[R1]interface g0/0/0
[R1-GigabitEthernet0/0/0]ip address 10.1.1.1 24
[R1-GigabitEthernet0/0/0]quit
[R1]interface g0/0/1
[R1-GigabitEthernet0/0/1]ip address 1.1.1.1 24
[R1-GigabitEthernet0/0/1]quit
[R1]ip route-static 192.168.2.0 24 10.1.1.2        //静态路由
//SW1 交换机配置
[SW1]vlan batch 10 20 30
//交换机这个版本的接口不能直接转换为三层口,所以用 VLAN 30 接口与 R1 连接
[SW1]interface vlan 30
[SW1-Vlanif30]ip address 10.1.1.2 24
[SW1-Vlanif30]quit
//VLAN 10 接口用于和 AC 进行三层的连接
[SW1]interface vlan 10
[SW1-Vlanif10]ip address 192.168.1.254 24
[SW1-Vlanif10]quit
[SW1]interface g0/0/1                               //与 R1 连接的接口
[SW1-GigabitEthernet0/0/1]port link-type access
[SW1-GigabitEthernet0/0/1]port default vlan 30
[SW1-GigabitEthernet0/0/1]quit
[SW1]interface g0/0/2        //与 AP 连接的接口,需配置默认 VLAN 为管理 VLAN 10
[SW1-GigabitEthernet0/0/2]port link-type trunk
[SW1-GigabitEthernet0/0/2]port trunk pvid vlan 10
[SW1-GigabitEthernet0/0/2]port trunk allow-pass vlan all
[SW1-GigabitEthernet0/0/2]quit
[SW1]interface g0/0/3                               //与 AC 连接的接口
[SW1-GigabitEthernet0/0/3]port link-type trunk
[SW1-GigabitEthernet0/0/3]port trunk allow-pass vlan all
[SW1-GigabitEthernet0/0/3]quit
[SW1]ip route-static 192.168.2.0 24 192.168.1.1     //静态路由
[SW1]ip route-static 0.0.0.0 0 10.1.1.1
```

2) 配置 AP 上线

```
//AC 上基本接口配置和 VLAN 配置
[AC6605]vlan batch 10 20
[AC6605]interface g0/0/1
```

[AC6605-GigabitEthernet0/0/1]port link-type trunk

[AC6605-GigabitEthernet0/0/1]port trunk allow-pass vlan all

[AC6605-GigabitEthernet0/0/1]quit

[AC6605]

//AC 上配置 DHCP 服务,给 AP 和无线用户分配 IP 地址和默认路由

[AC6605]dhcp enable   //启用 DHCP 服务

[AC6605]interface vlan 10   //AC 管理 VLAN 接口地址的配置

[AC6605-Vlanif10]ip address 192.168.1.1 24

[AC6605-Vlanif10]dhcp select interface

                //开启接口采用接口地址池的 DHCP Server 功能

[AC6605-Vlanif10]quit

[AC6605]interface vlan 20

[AC6605-Vlanif20]ip address 192.168.2.1 24

[AC6605-Vlanif20]dhcp select interface

[AC6605-Vlanif20]dhcp server gateway-list 192.168.2.1

                //设置 DHCP 分配参数中的网关地址为 192.168.2.1

[AC6605-Vlanif20]quit

[AC6605]ip route-static 0.0.0.0 0 192.168.1.254 //配置默认路由

//创建 AP 组,AP 组名为 ap-group1

[AC6605]wlan

[AC6605-wlan-view]ap-group name ap-group1

[AC6605-wlan-ap-group-ap-group1]quit

/ * 创建域管理模板(域管理模板名称为 default),在域管理模板配置 AC 的国家码(cn)并在 AP 组下
引用域管理模板 * /

[AC6605-wlan-view]regulatory-domain-profile name default

[AC6605-wlan-regulate-domain-default]country-code cn

[AC6605-wlan-regulate-domain-default]quit

[AC6605-wlan-view]ap-group name ap-group1

[AC6605-wlan-ap-group-ap-group1]regulatory-domain-profile default

Warning: Modifying the country code will clear channel, power and antenna gain c
onfigurations of the radio and reset the AP. Continue?[Y/N]:y

[AC6605-wlan-ap-group-ap-group1]quit

[AC6605-wlan-view]quit

//配置 AC 源接口

[AC6605]capwap source interface Vlanif 10 //用于 AC 和 AP 间建立 CAPWAP 通信

//在 AC 上离线导入 AP,并将 AP 加入 AP 组"ap-group1"中

[AC6605]wlan

[AC6605-wlan-view]ap auth-mode mac-auth / * AP 上线的认证模式为 MAC 认证,如果之前没有修改过默
认就是 MAC 认证,可以不用执行该命令 * /

[AC6605-wlan-view]ap-id 0 ap-mac 00e0-fcd8-4260 / * 离线增加 AP 设备,参数 0 为 AP 设备索引号,整
数类型,不同设备的取值范围不同,AP 的 MAC 地址可以通过 AP 上线查询获得 * /

[AC6605-wlan-ap-0]ap-name area_1   //设置 AP 的名称

[AC6605-wlan-ap-0]ap-group ap-group1   //将 AP 加入 ap-group1 组

Warning: This operation may cause AP reset. If the country code changes, it will
clear channel, power and antenna gain configurations of the radio, Whether to c
ontinue? [Y/N]:y

Info: This operation may take a few seconds. Please wait for a moment.. done.

[AC6605-wlan-ap-0]quit

//将 AP 上电后,当执行命令 display ap all 查看到 AP 的"State"字段为"nor"时,表示 AP 正常上线

例如,< AC6605 > disp ap all。

```
Info: This operation may take a few seconds. Please wait for a moment. done.
Total AP information:
nor : normal        [1]
-----------------------------------------------------------------------
ID MAC          Name    Group       IP              Type      State  STA Uptime
-----------------------------------------------------------------------
0 00e0-fcd8-4260 area_1 ap-group1 192.168.1.231 AP6050DN     nor    2    5H:7M:23S
-----------------------------------------------------------------------
Total: 1
< AC6605 >
```

3）配置 WLAN 业务参数，实现 STA 访问 WLAN 网络功能

此处以配置 WPA-WPA2＋PSK＋AES 的安全策略为例，密码为 12345678，实际应用中需要根据实际需求进行相关配置。

```
[AC6605-wlan-view]security-profile name wlan-net //安全策略模板名称 wlan-net
[AC6605-wlan-sec-prof-wlan-net]security wpa-wpa2 psk pass-phrase 12345678 aes
//无线用户接入认证为 WPA-WPA2 混合方式,使用混合加密,共享密钥为 12345678,使用 AES 方式加密
Warning: The current password is too simple. For the sake of security, you are ad
vised to set a password containing at least two of the following: lowercase let
ters a to z, uppercase letters A to Z, digits, and special characters. Continue?
[Y/N]:y
[AC6605-wlan-sec-prof-wlan-net]quit
[AC6605-wlan-view]
//创建名为 wlan-net 的 SSID 模板,并配置 SSID 名称为 wlan-net
[AC6605-wlan-view]ssid-profile name wlan-net
[AC6605-wlan-ssid-prof-wlan-net]ssid wlan-net
Info: This operation may take a few seconds, please wait. done.
[AC6605-wlan-ssid-prof-wlan-net]quit
//创建名为 wlan-net 的 VAP 模板,配置业务数据转发模式、业务 VLAN,并且引用安全模板和 SSID 模板
[AC6605-wlan-view]vap-profile name wlan-net                    //VAP 模板名称
[AC6605-wlan-vap-prof-wlan-net]forward-mode direct-forward     //业务数据转发模式
[AC6605-wlan-vap-prof-wlan-net]service-vlan vlan-id 20         //业务 VLAN
[AC6605-wlan-vap-prof-wlan-net]security-profile wlan-net       //引用安全模板
Info: This operation may take a few seconds, please wait. done.
[AC6605-wlan-vap-prof-wlan-net]ssid-profile wlan-net          //引用 SSID 模板
Info: This operation may take a few seconds, please wait. done.
[AC6605-wlan-vap-prof-wlan-net]quit
//配置 AP 组引用 VAP 模板,AP 上射频 0 和射频 1 都使用 VAP 模板 wlan-net 的配置
[AC6605-wlan-view]ap-group name ap-group1
[AC6605-wlan-ap-group-ap-group1]vap-profile wlan-net wlan 1 radio 0
Info: This operation may take a few seconds, please wait...done.
[AC6605-wlan-ap-group-ap-group1]vap-profile wlan-net wlan 1 radio 1
Info: This operation may take a few seconds, please wait...done.
[AC6605-wlan-ap-group-ap-group1]quit
[AC6605-wlan-view]
//配置 AP 射频的信道和功率
(关闭射频的信道和功率自动调优功能.射频的信道和功率自动调优功能默认开启,如果不关闭此功
```

能则会导致手动配置不生效)[AC6605-wlan-view]rrm-profile name rrmp

[AC6605-wlan-rrm-prof-default]calibrate auto-channel-select disable

[AC6605-wlan-rrm-prof-default]calibrate auto-txpower-select disable

[AC6605-wlan-rrm-prof-default]quit

[AC6605-wlan-view]radio-2g-profile name 2gdefault

[AC6605-wlan-radio-2g-prof-2gdefault]rrm-profile rrmp

[AC6605-wlan-radio-2g-prof-2gdefault]quit

[AC6605-wlan-view]radio-5g-profile name 5gdefault

[AC6605-wlan-radio-5g-prof-5gdefault]rrm-profile rrmp

[AC6605-wlan-radio-5g-prof-5gdefault]quit

[AC6605-wlan-view]

//配置AP射频0的信道和功率

[AC6605-wlan-view]ap-id 0

[AC6605-wlan-ap-0]radio 0

[AC6605-wlan-radio-0/0]radio-2g-profile 2gdefault

[AC6605-wlan-radio-0/0]channel 20mhz 6 //指定射频的工作带宽20MHz和信道6

Warning: This action may cause service interruption. Continue?[Y/N]y

[AC6605-wlan-radio-0/0]eirp 127 //指定射频的发生功率,取值范围为1~127

Info: The EIRP value takes effect only when automatic transmit power selection is disabled, and the value depends on the AP specifications and local laws and regulations.

[AC6605-wlan-radio-0/0]quit

[AC6605-wlan-ap-0]

//配置AP射频1的信道和功率

[AC6605-wlan-ap-0]radio 1

[AC6605-wlan-radio-0/1]radio-5g-profile 5gdefault

[AC6605-wlan-radio-0/1]channel 20mhz 149

Warning: This action may cause service interruption. Continue?[Y/N]y

[AC6605-wlan-radio-0/1]eirp 127

Info: The EIRP value takes effect only when automatic transmit power selection is disabled, and the value depends on the AP specifications and local laws and regulations.

[AC6605-wlan-radio-0/1]

10.3 拓 展 知 识

10.3.1 无线网卡与无线上网卡的区别

对于许多普通用户来讲,无线网卡和无线上网卡经常会被看成一种设备,尤其是USB接口的无线网卡和无线上网卡,外观很相似。虽然两者都能用来无线上网,但使用确实有很大的不同。无线网卡实质上和普通的网卡一样,只不过是无线的,通过它上网需要有已经连接到网络中无线AP或无线路由来支持。简单地说,无线网卡的作用、功能就和普通电脑网卡一样,是用来连接到局域网上的。它只是一个信号收发的设备,只有在找到上互联网的出口时才能实现与互联网的连接,所以无线网卡必须要和无线AP或无线路由结合使用。

无线上网卡的原理更接近一个手机,无线上网卡的使用需要运营商的网络覆盖,还要有

SIM 卡在里面。无线上网卡搭配 SIM 卡通过运营商网络信号才能上网。它可以在拥有无线电话信号覆盖的任何地方,利用手机的 SIM 卡来连接到互联网上。无线上网卡就好比无线化的调制解调器,目前主流的是 3G(联通、电信、移动)产品。

10.3.2 IEEE 802.11 网络基本元素

1. SSID

SSID(Service Set Identifier,服务集标识)技术可以将一个无线局域网分为几个需要不同身份验证的子网络,每一个子网络都需要独立的身份验证,只有通过身份验证的用户才可以进入相应的子网络,防止未被授权的用户进入本网络。简单地说,SSID 用来区分不同的网络的名称,SSID 通常由 AP 广播出来,通过系统自带的无线扫描功能可以查看当前区域内存在的 SSID(一般不广播的无法扫描)。如果不想使自己的无线网络被别人搜索到,那么可以不广播 SSID,这样可以起到一定的安全作用,当然用户也只能通过手工设置 SSID 才能进入相应的网络。

2. BSS、DS、ESS

BSS(Basic Service Set,基本服务集)是一个 AP 提供的覆盖范围所组成的局域网。

DS(Distribution System,分布式系统)。

ESS(Extended Service Set,扩展服务集)采用相同的 SSID 的多个 BSS 形成的更大规模的虚拟 BSS。

三者之间的关系如图 10-28 所示。

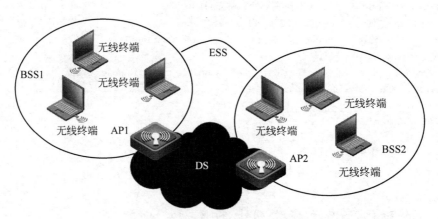

图 10-28 BSS、DS、ESS 之间的关系

10.3.3 WLAN 的安全

无线局域网产业是目前无线通信技术领域发展最快的产业之一。无线局域网和传统有线网络不同,无线网络通过暴露在空气中的电磁波传送数据,任何非授权的移动终端都能接收到,而且电磁波也容易受到干扰。所以无线局域网存在很大的安全隐患。为了保证通信的正确,无线网络的安全就显得尤为重要,常用的无线网络安全技术有隐藏 SSID、MAC 地址过滤及认证和加密等。

1. 隐藏 SSID

隐藏 SSID 是一种简单的控制安全的手段,其实就是 AP 不向外广播 SSID,这样对于一般用户来讲就无法自动搜索到该 SSID,这样就能阻止那些不知道 SSID 的人员的接入。但是如果知道了隐藏的 SSID 或利用一些软件扫描到了隐藏的 SSID,该手段就不再有任何安全作用了。

2. MAC 地址过滤

MAC 地址过滤是由 AP 对接入的终端 MAC 地址进行过滤,这种方式需要 AP 中的 MAC 地址表必须随时更新,而对 AP 中的 MAC 地址表进行更新一般需要进行手工操作,这是一件很麻烦的事情,而且 MAC 地址在理论上还是能够伪造的,所以该种方式也只适用于比较小的接入终端数比较少的无线网络。

3. 认证和加密

认证是对用户身份合法性的一种验证,是对接入控制的一种手段,通过认证能授权合法用户访问指定资源,同样也能控制非法用户的接入。IEEE 802.11 定义了两种认证方式:开放系统认证和共享密钥认证。前者是 IEEE 802.11 默认的认证机制,整个认证方式以明文形式进行,任何请求的移动设备都会被认证成功,只适用于安全性要求低的场合。而共享密钥认证过程是,当接入点 AP 收到移动设备的接入请求时,产生一个随机数发送到请求的移动设备,移动设备加密该质询文本后发送回 AP,如果返回的结果是用正确的密钥加密,则 AP 发送认证成功消息给移动设备,允许接入,否则拒绝接入。

加密是确保数据链路保密性与完整性的一种措施,能防止未经授权的用户读取、复制或更改网络上的数据。无线局域网采用的安全措施是有线级保密(Wired Equivalent Privacy,WEP)机制,WEP 是 IEEE 802.11b 协议中最基本的无线安全加密措施,其主要用途包括提供接入控制及防止未授权用户访问网络;对数据进行加密,防止数据被攻击者窃听;防止数据被攻击者中途恶意篡改或伪造,此外,WEP 还提供认证功能。WEP 将数据帧中的具体内容取出,送到加密算法中进行加密处理,然后将处理后的结果代替原有数据帧的主题部分进行传输。WEP 采用 40 位 RC4 加密算法,是一个支持可变长度密钥的对称流加密算法。其中,对称加密算法是指该算法在加密端和解密端都可以使用相同密钥和加密算法,流加密算法则是指该算法可以对任意长度比特流进行处理,而密钥是指在加密端和解密端都要同时共享的一段信息。

10.4 项目实训

由于公司需要在多个区域进行无线接入信号的覆盖,为了方便统一控制管理决定,公司采用 AC＋AP 的方式进行无线组网,无线网络 SSID 为 wlan-test,接入密码为 12345678,AC 和 AP 之间的管理用 VLAN 30,无线接入用户划分为 VLAN 20,AC 和 AP 采用二层直连组网,AC 上部署 DHCP 服务为 AP 分配 IP 地址,SW1 上部署 DHCP 为无线用户分配 IP 地址,AP 使用 192.168.30.0/24 地址段,无线用户使用 192.168.20.0/24 地址段,网关地址为 192.168.20.1/24。AC 型号为华为 AC6605,AP 的型号为华为 AP6050,SW1 为 S5700。实验网络拓扑图如图 10-29 所示。

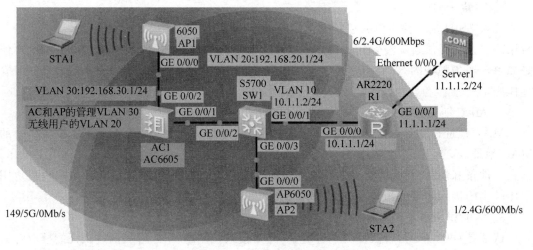

图 10-29　实验网络拓扑图

配置数据规划表如表 10-5 所示。

表 10-5　配置数据规划表

配　置　项	数　　据
AP 管理 VLAN	VLAN 30
无线用户 VLAN	VLAN 20
DHCP 服务	AC 上，为 AP 分配 IP 地址 SW1 上，为无线用户分配 IP 地址
AP 的地址池	192.168.30.2～192.168.30.254/24
无线用户的地址池	192.168.20.2～192.168.20.254/24
AC 的源接口 IP 地址	VLAN30 接口：192.168.30.1/24
AP 组	名称：ap-group1；AP1 名称：area1，AP2 名称：area2 引用模板：VAP 模板 wlan-net、域管理模板 default
域管理模板	名称：default；国家码：cn(中国)
SSID 模板	名称：wlan-test；SSID 名称：wlan-test
安全模板	名称：wlan-net； 安全策略：WPA＋WPA2＋PSK＋AES，密码：12345678
VAP 模板	名称：wlan-vap； 转发模式：直接转发 业务 VLAN：VLAN 20 引用模板：SSID 模板 wlan-test，安全模板 wlan-net

基本要求：

（1）正确选择设备并使用线缆连接。

（2）正确给路由器的相关接口配置 IP 地址。

（3）根据配置数据规划表中相关参数完成相关设备的配置（可参考任务二）。

（4）通过无线终端接入检查配置是否正确。

项目 10 考核表如表 10-6 所示。

表 10-6　项目 10 考核表

序　号	项目考核知识点	参考分值	评　价
1	设备连接	2	
2	R1 配置	3	
3	SW1 配置	10	
4	AC1 配置	30	
5	无线终端接入检查	5	
	合　计	50	

10.5　习　题

1. 选择题

(1) WLAN 的传输介质是(　　)。

　　A. 电磁波　　　　　　B. 双绞线　　　　　C. 同轴电缆　　　D. 光缆

(2) 下面关于红外线描述错误的是(　　)。

　　A. 红外线一般用于进行点对点的传输　　B. 红外线的具有方向性

　　C. 红外线的穿透力很强　　　　　　　　D. 红外线一般用于短距离传输

(3) 下面哪一个是由中国大陆独自制定的 3G 标准?(　　)

　　A. CDMA2000　　　B. WCDMA　　　C. TD-SCDMA　　D. WiMAX

(4) 下面关于 WLAN 描述错误的是(　　)。

　　A. WLAN 是指以无线信道作为传输媒介的计算机局域网络

　　B. WLAN 利用电磁波在空气中发送和接收数据,而无须线缆介质

　　C. 与有线网络相比,WLAN 安装便捷

　　D. WLAN 能比有线以太网提供更快的传输速度

(5) 下面哪个标准的工作频段为 5GHz?(　　)

　　A. IEEE 802.11　　　　　　　　　　B. IEEE 802.11a

　　C. IEEE 802.11b　　　　　　　　　　D. IEEE 802.11g

(6) 下面哪两个标准之间是兼容的?(　　)

　　A. IEEE 802.11 和 IEEE 802.11a　　B. IEEE 802.11a 和 IEEE 802.11b

　　C. IEEE 802.11a 和 IEEE 802.11g　　D. IEEE 802.11a 和 IEEE 802.11n

(7) IEEE 802.11b WLAN 的最大数据传输速率是多少?(　　)

　　A. 2Mb/s　　　　　　B. 4Mb/s　　　　　C. 8Mb/s　　　　D. 11Mb/s

(8) 下面哪个不是 WLAN 中使用的安全机制?(　　)

　　A. WEP　　　　　　　　　　　　　　B. DES

　　C. WPA　　　　　　　　　　　　　　D. IEEE 802.1x

(9) 无线客户端从一个单元或 BSS 移动到另一个单元而不丢失网络连接的过程或能力称为(　　)。

　　A. 移动性　　　　　　B. 漫游　　　　　C. 路由选择　　　D. 交换

（10）WEP 使用哪种加密算法？（　　）

  A. MD5   B. AES   C. RC4   D. 3DES

2. 简答题

（1）简述 WLAN 的优势。

（2）简述 FAT AP 和 FIT AP 的主要区别。

（3）WLAN 中使用的安全机制有哪些？

（4）在 WLAN 中，主要的网络结构有哪两种？

项目 **11** | 通过备份路由设备
提供企业网络可靠性

项目描述

某公司内部网络通过一台路由器和 Internet 连接,该路由器作为网关使用。由于网络流量过大等原因该路由器经常出现故障,从而使得内网用户无法正常访问 Internet。为了提高网络的可靠性和进行负载均衡,公司购买了新的路由器,通过 VRRP 实现网关的冗余备份和负载均衡。

项目目标

- 了解 VRRP 基础知识;
- 了解 VRRP 选举机制;
- 掌握 VRRP 的基本配置方法;
- 掌握 VRRP 负载均衡配置方法。

11.1 预 备 知 识

11.1.1 VRRP 概述

VRRP(Virtual Router Redundancy Protocol,虚拟路由器冗余协议)是一种 LAN 接入设备备份协议,主要用于局域网中的默认网关冗余备份,以此来保障局域网主机访问外部网络的可靠性和网络的服务质量。

通常情况下,内部网络中的所有主机都设置一条相同的默认路由,指向默认网关(如图 11-1 中的路由器),通过这个默认的网关与外部网络进行通信。当默认网关发生故障时,主机与外部网络的通信就会中断。

为了防止这种现象的产生,配置多个出口网关是提高系统可靠性的常见方法。可以在网络上多部署一台路由器,为主机配置多个默认网关,如图 11-2 所示。但这种方式只是表面上实现了网关冗余,当默认网关所在路由器出现故障时,终端需要手工去修改网关设置,然后重启终端才能使用备份的网关。因为局域网内的主机设备通常不支持动态路由协议,所以并不能真正地做到网关冗余。

有没有方法能在默认网关出现故障时,网络中的主机能自己找到备份网关呢?答案就是 VRRP,VRRP 将在同一个广播域中的多个路由器接口编为一组,形成一个虚拟路由器,并为其分配一个 IP 地址,作为虚拟路由器的接口地址。虚拟路由器的接口地址既可以是其中一个路由器接口的地址,也可以是第三方地址。VRRP 通过使用虚拟路由器技术实现了

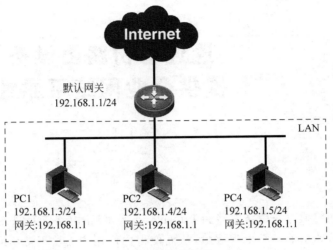

图 11-1　默认网关

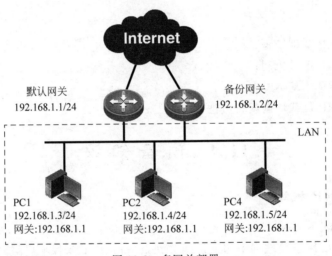

图 11-2　多网关部署

主机默认网关的备份,对主机无任何运行负担,VRRP 对于主机来讲是透明的,也就是说,主机完全察觉不到 VRRP 的存在。那 VRRP 是怎样来实现的呢?要理解 VRRP 工作过程先要了解与 VRRP 有关的几个概念。

在 VRRP 中有两组重要的概念,一组是 VRRP 路由器和虚拟路由器(Virtual Router),另一组是主路由器(Master Router)和备份路由器(Backup Router)。

VRRP 路由器是指运行了 VRRP 的路由器。它是物理实体,虚拟路由器是由 VRRP 协议虚拟的逻辑上的路由器,一般由多个 VRRP 路由器组成(也称为 VRRP 路由器组),该虚拟路由器对外表现为一个具有唯一固定 IP 地址和 MAC 地址的逻辑路由器。如图 11-3 所示,RA、RB 和 RC 路由器为 VRRP 路由器,RD 为由 RA、RB、RC 组成的虚拟路由器。

主路由器和备份路由器是 VRRP 路由器中的两种路由器角色。一个 VRRP 路由器组中只有一个主路由器,其余的为备份路由器。正常情况下由主路由器负责数据包的转发,而备份路由器处于待命状态,当主路由器出现故障时,备份路由器会升级为主路由器,代替原

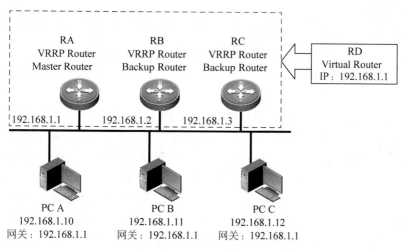

图 11-3　VRRP 路由器

来的主路由器进行数据转发。从图 11-3 中可以看出,虚拟路由器的 IP 地址被设置为主路由器的 IP 地址,网络中主机的默认网关设置为虚拟路由器的 IP 地址。

每个 VRRP 组中的路由器都有唯一的标识 VRID,范围为 0～255,这个数值决定运行 VRRP 的路由器属于哪一个 VRRP 组。VRRP 组中的路由器组成的虚拟路由器对外表现的唯一的虚拟 MAC 地址为 00-00-5E-00-01-VRID。例如,如果 VRRP 组的 VRID 为 1,则虚拟 MAC 地址为 0000.5e00.0101。主路由器负责对发送到虚拟路由器 IP 地址的 ARP 请求做出响应,并以该虚拟 MAC 地址做应答。这样无论如何切换,都保证给终端设备的是唯一的 IP 地址和 MAC 地址,也就避免了终端要更换网关的麻烦。

11.1.2　VRRP 选举

1. VRRP 状态

VRRP 路由器在运行过程中有 3 种状态,分别是 Initialize、Master 和 Backup。系统启动后进入 Initialize 状态,在此状态时,路由器不对 VRRP 报文做任何处理。当收到接口 UP 的消息后,将进入 Backup 状态或 Master 状态。VRRP 状态转换图如图 11-4 所示。

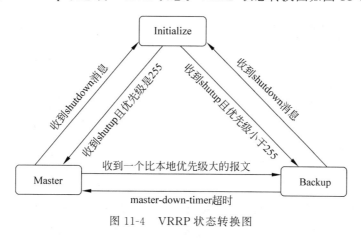

图 11-4　VRRP 状态转换图

项目
11

通过备份路由设备提供企业网络可靠性

2. VRRP 选举

VRRP 使用选举的方法来确定路由器的状态(Master 或 Backup)。运行 VRRP 的路由器都会发送和接收 VRRP 通过消息,在通过消息中包含自身的 VRRP 优先级信息。VRRP 通过比较路由器的优先级进行选举,优先级高的路由器将成为主路由器,其他路由器都为备份路由器。

如果 VRRP 组中存在 IP 地址拥有者,即虚拟 IP 地址与某台 VRRP 路由器的地址相同时,IP 地址拥有者将成为主路由器,并且具有最高的优先级 255;如果 VRRP 组中不存在 IP 地址拥有者,VRRP 路由器将通过比较优先级来确定主路由器。默认情况下,VRRP 路由器的优先级为 100。当优先级相同时,VRRP 将通过比较 IP 地址来进行选举,IP 地址大的路由器将成为主路由器。如图 11-5 所示,虚拟路由器 RD 的 IP 地址与 VRRP 组的路由器 IP 地址都不同,即 VRRP 组中不存在 IP 地址拥有者,此时 VRRP 路由器通过比较优先级来选举。RA 和 RB 的 VRRP 优先级为 120,而 RC 的 VRRP 优先级为 100,所以主路由器在 RA 和 RB 间产生。由于 RA 和 RB 的 VRRP 优先级相同,所以需要比较 IP 地址。而 RB 的 IP 地址大于 RA,所以 RB 将成为该组的主路由器,RA 和 RC 为备份路由器。当主路由器 RB 出现故障时,拥有第二优先级的 RA 将接替 RB 成为主路由器进行工作。

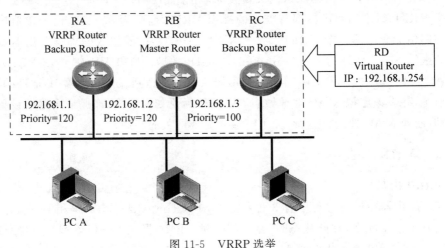

图 11-5　VRRP 选举

11.1.3　VRRP 的应用模式

VRRP 的应用模式主要有两种:单组 VRRP 和多组 VRRP。单组 VRRP 主要是通过冗余的方式来提高网络的可靠性;多组 VRRP 可以实现负载均衡。实际上,VRRP 并不具备对流量进行监控的机制,VRRP 的负载均衡是通过将路由器加入多个 VRRP 组,使 VRRP 路由器在不同的组中担任不同的角色来实现的,并且这种负载均衡还需要终端配置的配合,即让不同的终端将数据发送给不同的 VRRP 组。多组 VRRP 负载均衡如图 11-6 所示。

从图 11-6 中可以看出,RA 和 RB 两个路由器都在 VRRP 组 10 和 VRRP 组 11 中,RA 是 VRRP 组 10 的主路由器,同时也是 VRRP 组 11 的备份路由器,而 RB 是 VRRP 组 11 的主路由器,同时也是 VRRP 组 10 的备份路由器。在客户端的配置中,PC A 和 PC B 的默认

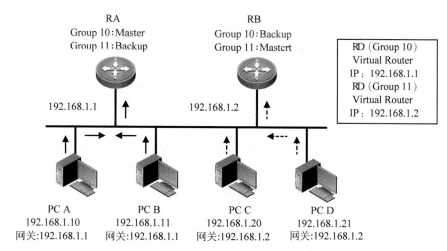

图 11-6　多组 VRRP 负载均衡

网关设置为 192.168.1.1,是 VRRP 组 10 的虚拟地址。PC C 和 PC D 的默认网关被设置为 192.168.1.2,是 VRRP 组 11 的虚拟地址。通过这样的设置,PC A 和 PC B 发送到其他网络的数据流将由 RA 来转发,而 PC C 和 PC D 发送到其他网络的数据流将由 RB 来转发。这样 RA 和 RB 的带宽都利用起来了,整个网络在有了网关冗余备份的同时,也提供了流量的负载均衡。

11.1.4　VRRP 接口跟踪

在如图 11-7 所示的网络拓扑中,企业的 LAN 使用两台路由器 RA 和 RB 通过两条不同的线路与 Internet 进行连接。RA 和 RB 被设置到 VRRP 组 10 中,实现网关冗余备份,

RA 为主路由器,RB 为备份路由器。在正常情况下 LAN 内的主机将通过路由器 RA 接入 Internet,当连接路由器 RA 的 F0/0 接口上的线路出现故障时,此时 LAN 内的主机将会通过路由器 RB 接入 Internet。但是当路由器 RA 的 S0/0 接口所连接的上行线路 Line1 出现故障时,此时由于路由器 RA 在 F0/0 接口上仍然发送通过信息,声明自己是主路由器,所以 LAN 内的主机仍然会将发往 Internet 的数据发往路由器 RA,但此时路由器 RA 已经无法将数据通过 Line1 线路转发出去了。解决这个问题的办法就是 VRRP 的接口跟踪。

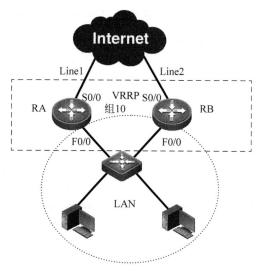

图 11-7　VRRP 接口跟踪

VRRP 的接口跟踪能够使 VRRP 根据路由器其他接口的状态,自动调整该路由器 VRRP 优先级。当被跟踪接口不可用时,路由器的 VRRP 优先级将降低。接口跟踪能确保当主路由器的重要接口不可用时,该路由器

通过备份路由设备提供企业网络可靠性

不再是主路由器,使备份路由器有机会成为新的主路由器。

11.1.5　VRRP抢占模式

在VRRP运行过程中,主路由器定期发送VRRP通告信息,备份路由器将侦听主路由器的通告信息,当备份路由器在主路由器失效间隔内没有接收到主路由器的通告信息时,它将认为主路由器失效,并接替主路由器工作。

VRRP抢占模式就是指当原主路由器从故障中恢复,并接入到网络中后,将夺回主路由器的角色。如果不使用抢占模式的话,当原主路由器从故障中恢复后将作为备份路由器。

在实际的使用过程中,通常推荐启用VRRP抢占模式,这样可以使主链路的故障恢复后,数据仍然从主链路传输。

运行VRRP的优点相当明显,网络上单个路由器的故障将不再影响网络内主机与外部的通信。同时将终端主机上的处理负担放在网关上,不需要在主机上增加相应的支持和配置,节约了大量的时间。而且VRRP是RFC标准协议而不是私有协议,能方便地实现各厂家设备间的互通。

11.1.6　HSRP

HSRP(Hot Standby Router Protocol,热备份路由器协议)是思科的专有协议。HSRP将多台路由器组成一个"热备份组",形成一个虚拟路由器。这个组内只有一个路由器是Active(活动)的,并由它来转发数据包,如果活动路由器发生了故障,备份路由器将成为活动路由器。

路由器HSRP利用Hello包来互相监听各自的存在。当路由器长时间没有接收到Hello包时,就认为活动路由器故障,备份路由器就会成为活动路由器。HSRP协议利用优先级决定哪个路由器成为活动路由器。路由器HSRP的默认优先级是100。路由器启动后,根据优先级决定谁可以成为活动路由器,优先级高的将胜出。如果路由器优先级相同,再比较端口IP地址,IP地址大的成为活动路由器。另外,如果优先级低的路由器先启动了,它将成为活动路由器。优先级高的路由器启动后,发现已有活动路由器存在,在没有配置抢占的情况下它将接受现状,直到活动路由器出现故障它才会在重新选举时成为活动路由器。

11.2　项目实施

任务一:配置VRRP单组备份提高网络可靠性

1. 任务描述

某公司原先使用路由器RA通过一条专线连接Internet,在使用过程中经常出现线路故障导致网络中断。为了提高公司网络的可靠性,公司添加了路由器RB并申请了第二条专线,现通过配置VRRP实现两条线路互为备份。思科设备中相应的功能是HSRP。

2. 实验网络拓扑图

配置VRRP单组备份实验网络拓扑图如图11-8所示。

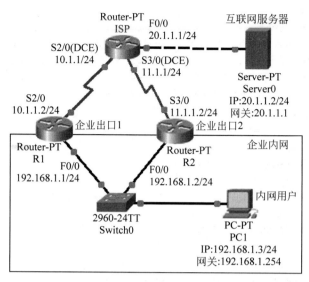

图 11-8　配置 VRRP 单组备份实验网络拓扑图

配置 VRRP 单组备份设备接口地址分配表如表 11-1 所示。

表 11-1　配置 VRRP 单组备份设备接口地址分配表

设 备 名 称	接　　口	IP 地 址	说　　　　明
路由器 ISP	S2/0	10.1.1.1/24	模拟 ISP 的接入端
	S3/0	11.1.1.1/24	
	F0/0	20.1.1.1/24	
路由器 R1	S2/0	10.1.1.2/24	主路由器
	F0/0	192.168.1.1/24	
路由器 R2	S3/0	11.1.1.2/24	备份路由器
	F0/0	192.168.1.2/24	
PC1	192.168.1.3/24		网关：192.168.1.254
Server0	20.1.1.2/24		网关：20.1.1.1

3. 设备配置（思科 PT 模拟器）

1）路由器 ISP 设置

```
ISP(config)#interface s2/0
ISP(config-if)#clock rate 64000
ISP(config-if)#ip address 10.1.1.1 255.255.255.0
ISP(config-if)#no shutdown
ISP(config-if)#exit
ISP(config)#interface s3/0
ISP(config-if)#clock rate 64000
ISP(config-if)#ip address 11.1.1.1 255.255.255.0
ISP(config-if)#no shutdown
ISP(config-if)#exit
ISP(config)#interface f0/0
ISP(config-if)#ip address 20.1.1.1 255.255.255.0
ISP(config-if)#no shutdown
```

通过备份路由设备提供企业网络可靠性

ISP(config-if)#exit

ISP(config)#

(如果在企业出口路由器上配置了 NAT,此时 ISP 路由器上就不需要配置到企业内网的路由;因为该实验中企业出口路由器上没有配置 NAT,所以在 ISP 路由器上增加了两条到企业内网的静态路由)

ISP(config)#ip route 192.168.1.0 255.255.255.0 10.1.1.2

ISP(config)#ip route 192.168.1.0 255.255.255.0 11.1.1.2

2)路由器 R1 设置

R1(config)#interface s2/0

R1(config-if)#ip address 10.1.1.2 255.255.255.0

R1(config-if)#no shutdown

R1(config-if)#exit

R1(config)#interface f0/0

R1(config-if)#ip address 192.168.1.1 255.255.255.0

R1(config-if)#no shutdown

R1(config-if)#exit

R1(config)#ip route 0.0.0.0 0.0.0.0 10.1.1.1

//HSRP 配置

R1(config)#interface f0/0

R1(config-if)#standby 1 ip 192.168.1.254   /＊启用 HSRP 功能,创建 standby 组 1,并设置虚拟网关 IP 地址 192.168.1.254＊/

R1(config-if)#standby 1 priority 105   //设置 HSRP 的优先级,该值大的会抢占成活动路由器,默认为 100

R1(config-if)#standby 1 preempt   //设置允许在该路由器优先级是最高时抢占为活动路由器

R1(config-if)#standby 1 track s2/0   //配置端口跟踪 S2/0

3)路由器 R2 设置

R2(config)#interface s3/0

R2(config-if)#ip address 11.1.1.2 255.255.255.0

R2(config-if)#no shutdown

R2(config-if)#exit

R2(config)#interface f0/0

R2(config-if)#ip address 192.168.1.2 255.255.255.0

R2(config-if)#no shutdown

R2(config-if)#exit

R2(config)#ip route 0.0.0.0 0.0.0.0 11.1.1.1

//HSRP 配置

R2(config)#interface f0/0

R2(config-if)#standby 1 ip 192.168.1.254

R2(config-if)#standby 1 preempt

R2(config-if)#standby 1 track s2/0

4)查看 HSRP 和测试

//在 R1 上使用 show standby 命令查看结果

R1#show standby

FastEthernet0/0 - Group 1 (version 2)

  State is Active

    25 state changes, last state change 02:31:36

Virtual IP address is 192.168.1.254
Active virtual MAC address is 0000.0C9F.F001
  Local virtual MAC address is 0000.0C9F.F001 (v2 default)
Hello time 3 sec, hold time 10 sec
  Next hello sent in 0.782 secs
Preemption enabled
Active router is local
Standby router is 192.168.1.2, priority 105 (expires in 8 sec)
Priority 105 (configured 105)
  Track interface Serial2/0 state Up decrement 10
Group name is hsrp-Fa0/0-1 (default)
R1#
//在 R2 上使用 show standby 命令查看结果
R2#show standby
FastEthernet0/0- Group 1 (version 2)
  State is Standby
    24 state changes, last state change 03:55:30
  Virtual IP address is 192.168.1.254
  Active virtual MAC address is 0000.0C9F.F001
    Local virtual MAC address is 0000.0C9F.F001 (v2 default)
  Hello time 3 sec, hold time 10 sec
    Next hello sent in 1.857 secs
  Preemption enabled
  Active router is 192.168.1.1, priority 100 (expires in 9 sec)
    MAC address is 0000.0C9F.F001
  Standby router is local
  Priority 100 (default 100)
  Group name is hsrp-Fa0/0-1 (default)
R2#
//在 PC1 上用 tracert 命令查看路由路径,如图 11-9 所示

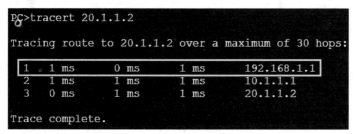

图 11-9　路由路径

//关闭 R1 上的 F0/0 接口后,PC1 再次用 tracert 命令查看路由路径,如图 11-10 所示

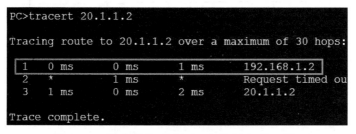

305

图 11-10　路由路径(关闭 R1 上的 F0/0 接口后)

通过备份路由设备提供企业网络可靠性

//重新打开 R1 上的 F0/0 接口后,再关闭 S2/0 接口,然后分别用 show standby 和 PC1 上 tracert 命令查看结果,如图 11-11 所示

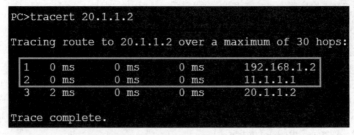

```
PC>tracert 20.1.1.2

Tracing route to 20.1.1.2 over a maximum of 30 hops:

  1    0 ms        0 ms        0 ms        192.168.1.2
  2    0 ms        0 ms        0 ms        11.1.1.1
  3    2 ms        0 ms        0 ms        20.1.1.2

Trace complete.
```

图 11-11　路由路径(关闭 R1 上的 S2/0 接口)

```
R1#show standby
FastEthernet0/0-Group 1 (version 2)
  State is Standby
    37 state changes, last state change 03:13:33
  Virtual IP address is 192.168.1.254
  Active virtual MAC address is 0000.0C9F.F001
    Local virtual MAC address is 0000.0C9F.F001 (v2 default)
  Hello time 3 sec, hold time 10 sec
    Next hello sent in 1.32 secs
  Preemption enabled
  Active router is 192.168.1.2, priority 95 (expires in 8 sec)
    MAC address is 0000.0C9F.F001
  Standby router is local
  Priority 95 (configured 95)      //注意此处的优先级
    Track interface Serial2/0 state Down decrement 10
  Group name is hsrp-Fa0/0-1 (default)
R1#
```

4. 思科相关命令介绍

1) 创建热备份组,配置虚拟网关 IP 地址

视图:接口视图。

命令:

Router(config-if)#**standby** [*n*] **ip** *ip-address*

参数:

n:热备份组编号,取值范围为 0~4094,不写则默认为 0 组。

ip-address:热备份组的虚拟 IP 地址,该地址即虚拟网关地址,同一个组中设备的虚拟网关地址相同。

例如,创建热备份组,组编号 1,虚拟网关地址为 10.1.1.254。

Router(config-if)#standby 1 ip 10.1.1.254

2) 设置 HSRP 的优先级

视图:接口视图。

命令：

Router(config-if)♯**standby** [*n*] **priority** *priority*

参数：

n：热备份组编号，取值范围为 0～4094，不写则默认为 0 组。

priority：优先级数值，取值范围为 0～255，数值越大，优先级越高，默认为 100。注意，在没有配置抢占之前，先启动 HSRP 的就成为活动设备，其他设备就算是优先级再高也没有用，直到整个 HSRP 组进入重新计算状态，此时就会根据优先级来选出活动设备。如果希望优先级高的设备能及时成为活动设备，就需要配置抢占。

例如，设置热备份 0 组 HSRP 的优先级为 150(组号不写默认为 0 组)。

Router(config-if)♯standby priority 150

3) 设置优先级最高时抢占

视图：接口视图。

命令：

Router(config-if)♯**standby** [*n*] **preempt**

参数：

n：热备份组编号，取值范围为 0～4094，不写则默认为 0 组。

当优先级相同时，即使配置了抢占，也是不会进行抢占的。必须要优先级最高时才会进行抢占。

4) 设置跟踪端口

视图：接口视图。

命令：

Router(config-if)♯**standby** [*n*] **track** *interface*

参数：

n：热备份组编号，取值范围为 0～4094，不写则默认为 0 组。

interface：跟踪的接口，如 S2/0。

当配置端口跟踪后，被跟踪端口的链路出现问题时，设备将自己的优先级减去一个数字(默认为 10，有的版本里是可以自行设置的)，使得自己的优先级低于组内其他设备的优先级，这样就可以使得其他路由器能成为活动路由器。可以设置多个跟踪的端口，在设置多个跟踪端口时，每个跟踪端口对应减去的数字是一样的，但是会累加，例如，配置了两个跟踪端口，当其中一个端口链路出现故障，优先级就会减去 10(假设优先级设置为 105，减去值默认为 10)，此时优先级为 95，当第二个端口链路也出现故障时，优先级会再次减去 10，那么此时优先级为 85。

例如，设置热备份组中跟踪端口 S2/0 和 S3/0。

```
Router(config)♯interface f0/0
Router(config-if)♯standby 1 ip 192.168.1.254
Router(config-if)♯standby 1 preempt
Router(config-if)♯standby 1 track s2/0
Router(config-if)♯standby 1 track s3/0
```

通过备份路由设备提供企业网络可靠性

5. 设备配置(华为 eNSP 模拟器)

实验网络拓扑图如图 11-12 所示。

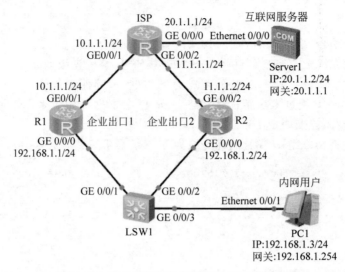

图 11-12　实验网络拓扑图(华为 eNSP 模拟器)

1) 路由器 ISP 的配置

```
[ISP]interface g0/0/0
[ISP-GigabitEthernet0/0/0]ip address 20.1.1.1 24
[ISP-GigabitEthernet0/0/0]quit
[ISP]interface g0/0/1
[ISP-GigabitEthernet0/0/1]ip address 10.1.1.1 24
[ISP-GigabitEthernet0/0/1]quit
[ISP]interface g0/0/2
[ISP-GigabitEthernet0/0/2]ip address 11.1.1.1 24
[ISP-GigabitEthernet0/0/2]quit
[ISP]ip route-static 192.168.1.0 24 10.1.1.2
[ISP]ip route-static 192.168.1.0 24 11.1.1.2
```

2) 路由器 R1 的配置

```
[R1]interface g0/0/0
[R1-GigabitEthernet0/0/0]ip address 192.168.1.1 24
[R1-GigabitEthernet0/0/0]quit
[R1]interface g0/0/1
[R1-GigabitEthernet0/0/1]ip address 10.1.1.2 24
[R1-GigabitEthernet0/0/1]quit
[R1]ip route-static 0.0.0.0 0 10.1.1.1
[R1]
//配置 VRRP
[R1]interface g0/0/0
[R1-GigabitEthernet0/0/0]vrrp vrid 1 virtual-ip 192.168.1.254  //创建备份组 1 并指导虚拟 IP 地
址 192.168.1.254
[R1-GigabitEthernet0/0/0]vrrp vrid 1 priority 120  //配置设备在备份组中的优先级为 120
[R1-GigabitEthernet0/0/0]vrrp vrid 1 preempt-mode timer delay 20  //配置抢占模式及延迟抢占时
间为 20s
```

```
[R1-GigabitEthernet0/0/0]vrrp vrid 1 track interface g0/0/1 reduced 30  //配置 VRRP 组跟踪接口
```
为 g0/0/1,跟踪接口 down 时,优先级减少 30

3）路由器 R2 的配置

```
[R2]interface g0/0/0
[R2-GigabitEthernet0/0/0]ip address 192.168.1.2 24
[R2-GigabitEthernet0/0/0]quit
[R2]interface g0/0/2
[R2-GigabitEthernet0/0/2]ip address 11.1.1.2 24
[R2-GigabitEthernet0/0/2]quit
[R2]ip route-static 0.0.0.0 0 11.1.1.1
[R2]
//配置 VRRP
[R2]interface g0/0/0
[R2-GigabitEthernet0/0/0]vrrp vrid 1 virtual-ip 192.168.1.254
[R2-GigabitEthernet0/0/0]vrrp vrid 1 track interface g0/0/2 reduced 30
```

6. 华为设备的相关命令说明

1）创建 VRRP 组并配置虚拟 IP 地址

视图：接口视图。

命令：

```
[Huawei-GigabitEthernet0/0/0]vrrp vrid n virtual-ip ipaddress
```

参数：

n：VRRP 组编号,取值范围为 1～255,属于同一个 VRRP 组的路由器必须配置相同的
VRRP 组编号。

$ipaddress$：VRRP 组的虚拟 IP 地址。可以是某台 VRRP 路由器的接口 IP 地址,虚拟
IP 地址必须与接口地址位于同一个子网中;可以为同一个备份组配置多个虚拟 IP 地址,不
同的虚拟 IP 地址为不同用户群服务,每个备份组最多可配置 16 个虚拟 IP 地址。

例如,在接口 g0/0/1 上创建一个 VRRP 备份组,备份组编号为 1,虚拟 IP 地址为 10.1.1.1。

```
[Huawei]interface g0/0/1
[Huawei-GigabitEthernet0/0/1]vrrp vrid 1 virtual-ip 10.1.1.1
```

2）设置设备在 VRRP 备份组中的优先级

视图：接口视图。

命令：

```
[Huawei-GigabitEthernet0/0/0]vrrp vrid n priority number
```

参数：

n 为 VRRP 组编号。$number$ 为整数,取值范围为 1～254,默认为 100,数值越大,优先
级越高,优先级 0 是系统保留作为特殊用途的,优先级值 255 保留给 IP 地址拥有者。
VRRP 备份组中设备优先级取值相同的情况下,先切换至 Master 状态的设备为 Master 设
备,其余 Backup 设备不再进行抢占;如果同时竞争 Master,则比较 VRRP 备份组所在接口
的 IP 地址的大小,IP 地址较大的接口所在的设备当选为 Master 设备。当需要在 VRRP 备

份中指定某台设备作为默认网关时,可以将其优先级设置为最高级。

例如,配置路由器在备份组 1 中的优先级为 150。

```
[Huawei]interface g0/0/1
[Huawei-GigabitEthernet0/0/1]vrrp vrid 1 virtual-ip 10.1.1.2
[Huawei-GigabitEthernet0/0/1]vrrp vrid 1 priority 150
```

3) 配置 VRRP 备份组中设备的抢占延迟时间

视图:接口视图。

命令:

[Huawei-GigabitEthernet0/0/0] **vrrp vrid** *n* **preempt-mode timer delay** *delay-value*

参数:

n:VRRP 组编号。

delay-value:设备的抢占延迟时间,取值范围为 0~3600,单位为 s,默认为 0s,即不设置该命令时为立即抢占。

为了避免在不稳定的网络中造成 VRRP 组中 Backup 和 Master 状态频繁发生转换,可以设置抢占延时时间,这样 Backup 会延迟一段时间后再抢占成为 Master。在配置 VRRP 备份组内各设备的延迟方式时,建议将 Backup 配置为立即抢占,即不延迟(延迟时间为 0s),而将 Master 配置为抢占,并且配置 15s 以上的延迟时间。这样配置是为了在网络环境不稳定时,在上下行链路的状态恢复一致性期间等待一定时间,避免由于双方频繁抢占导致用户设备学习到错误的 Master 设备地址而导致流量中断问题。

可以用命令 vrrp vrid preempt-mode disable 将设备配置为非抢占模式,默认情况下设备采用抢占模式,并且是立即抢占。在非抢占方式下,只要 VRRP 备份组中的 Master 设备没有出现故障,即使其他设备有更高的优先级也不会成为 Master 设备。

延时抢占功能是指 Backup 切换到 Master 的等待时间,所以 IP 地址拥有者和延时抢占功能不相关。当 IP 地址拥有者故障恢复后,不会等待延时抢占,会立即切换到 Master。

例如,设置备份组 1 的抢占延迟时间为 20s。

```
[Huawei]interface g0/0/1
[Huawei-GigabitEthernet0/0/1]vrrp vrid 1 preempt-mode timer delay 20
```

4) 配置 VRRP 与跟踪接口联动

视图:接口视图。

命令:

[Huawei-GigabitEthernet0/0/0] **vrrp vrid** *n* **track interface** *interface* [**increased** *value-increased* | **reduced** *value-reduced*]

参数:

n:VRRP 组编号。

interface:被跟踪的接口。

关键字参数 increased 用来指定当被跟踪的接口状态变 down 时,优先级增加的数值。

关键字参数 reduced 用来指定当被跟踪的接口状态变 down 时,优先级减少的数值,默认减少数值为 10。

　　VRRP 只能感知其所在接口的状态变化,当上行接口出现故障时,VRRP 无法感知,从而导致业务中断。配置 VRRP 监视接口状态可以对 VRRP 路由器上非备份组内的接口状态进行监视,当被监视的接口 down 时,调整路由器的优先级,触发主备进行切换,实现业务正常转发。当被监视的接口状态恢复时,设备在备份组中的优先级将恢复至原来的值。

　　配置 VRRP 与跟踪接口联动时,备份组中 Master 和 Backup 设备必须都工作在抢占方式下。建议 Backup 设备配置为立即抢占,Master 设备配置为延时抢占。当设备为 IP 地址拥有者,即该设备将虚拟路由器的 IP 地址作为真实的接口地址时,不允许对其配置监视接口。多个 VRRP 备份组可以监视同一个接口,一个 VRRP 备份组最多可以同时监视 8 个接口。

　　例如,配置 VRRP 备份组 1 监视接口 G0/0/2,如果 G0/0/2 状态变为 down,则本路由器在 VRRP 备份组 1 中的优先级降低 30。

```
[Huawei]interface g0/0/1
[Huawei-GigabitEthernet0/0/1] vrrp vrid 1 virtual-ip 10.1.1.1
[Huawei-GigabitEthernet0/0/1] vrrp vrid 1 track interface g0/0/2 reduced 30
```

任务二：配置多组 VRRP 进行负载均衡

1. 任务描述

　　某公司原先使用路由器 RA 通过一条专线连接 Internet,在使用过程中经常出现线路故障导致网络中断,为了提高公司网络的可靠性,公司添加了路由器 RB 并申请了第二条专线,现通过配置 VRRP 实现两条线路互为备份,并实现负载均衡。

2. 实验网络拓扑图

　　配置多组 VRRP 实验网络拓扑图如图 11-13 所示。

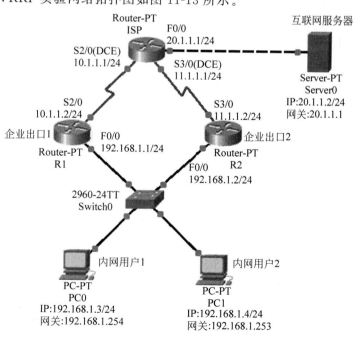

图 11-13　配置多组 VRRP 实验网络拓扑图

通过备份路由设备提供企业网络可靠性

配置多组 VRRP 设备接口地址分配表如表 11-2 所示。

表 11-2　配置多组 VRRP 设备接口地址分配表

设 备 名 称	接　　口	IP 地址	说　　明
路由器 ISP	S2/0	10.1.1.1/24	模拟 ISP 的接入端
	S3/0	11.1.1.1/24	
	F0/0	20.1.1.1/24	
路由器 R1	S2/0	10.1.1.2/24	HSRP 组 1 主路由器
	F0/0	192.168.1.1/24	HSRP 组 2 备份路由器
路由器 R2	S3/0	11.1.1.2/24	HSRP 组 1 备份路由器
	F0/0	192.168.1.2/24	HSRP 组 2 主路由器
PC0		192.168.1.3/24	网关：192.168.1.254
PC1		192.168.1.4/24	网关：192.168.1.253

3. 设备配置(思科 PT 模拟器)

1) 路由器 ISP 的设置

```
ISP(config)#interface s2/0
ISP(config-if)#clock rate 64000
ISP(config-if)#ip address 10.1.1.1 255.255.255.0
ISP(config-if)#no shutdown
ISP(config-if)#exit
ISP(config)#interface s3/0
ISP(config-if)#clock rate 64000
ISP(config-if)#ip address 11.1.1.1 255.255.255.0
ISP(config-if)#no shutdown
ISP(config-if)#exit
ISP(config)#interface f0/0
ISP(config-if)#ip address 20.1.1.1 255.255.255.0
ISP(config-if)#no shutdown
ISP(config-if)#exit
ISP(config)#
ISP(config)#ip route 192.168.1.0 255.255.255.0 10.1.1.2
ISP(config)#ip route 192.168.1.0 255.255.255.0 11.1.1.2
```

2) 路由器 R1 的设置

```
R1(config)#interface s2/0
R1(config-if)#ip address 10.1.1.2 255.255.255.0
R1(config-if)#no shutdown
R1(config-if)#exit
R1(config)#interface f0/0
R1(config-if)#ip address 192.168.1.1 255.255.255.0
R1(config-if)#no shutdown
R1(config-if)#exit
R1(config)#ip route 0.0.0.0 0.0.0.0 10.1.1.1
//HSRP 配置
R1(config)#interface f0/0
```

```
R1(config-if)#standby 1 ip 192.168.1.254
R1(config-if)#standby 1 priority 105
R1(config-if)#standby 1 preempt
R1(config-if)#standby 1 track s2/0
R1(config-if)#standby 2 ip 192.168.1.253
R1(config-if)#standby 2 preempt
R1(config-if)#standby 2 track s2/0
R1(config-if)#standby use-bia /* 启用 HSRP 多组均衡负载,由于在模拟器上没有该命令,受此影响
用户 PC 有一组会受影响无法进行测试,但可以通过 show standby brief 命令查看配置的两组 HSRP 的
情况是正常的*/
//查看 HSRP 结果
R1#show standby brief
                    P indicates configured to preempt.
                    |
Interface   Grp   Pri P State      Active        Standby       Virtual IP
Fa0/0       1     105 P Active     local         192.168.1.2   192.168.1.254
Fa0/0       2     100 P Standby    192.168.1.2   local         192.168.1.253
R1#
```

3）路由器 R2 的设置

```
R2(config)#interface s3/0
R2(config-if)#ip address 11.1.1.2 255.255.255.0
R2(config-if)#no shutdown
R2(config-if)#exit
R2(config)#interface f0/0
R2(config-if)#ip address 192.168.1.2 255.255.255.0
R2(config-if)#no shutdown
R2(config-if)#exit
R2(config)#ip route 0.0.0.0 0.0.0.0 11.1.1.1


//HSRP 配置
R2(config)#interface f0/0
R2(config-if)#standby 2 ip 192.168.1.253
R2(config-if)#standby 2 priority 105
R2(config-if)#standby 2 preempt
R2(config-if)#standby 2 track s2/0
R2(config-if)#standby 1 ip 192.168.1.254
R2(config-if)#standby 1 preempt
R2(config-if)#standby 1 track s2/0
R2(config-if)#standby use-bia //启用 HSRP 多组均衡负载
//查看 HSRP 结果
R2#show standby brief
                    P indicates configured to preempt.
                    |
Interface   Grp   Pri P State      Active        Standby       Virtual IP
Fa0/0       1     100 P Standby    192.168.1.1   local         192.168.1.254
Fa0/0       2     105 P Active     local         192.168.1.1   192.168.1.253
R2#
```

4. 设备配置（华为 eNSP 模拟器）

实验网络拓扑图如图 11-14 所示。

通过备份路由设备提供企业网络可靠性

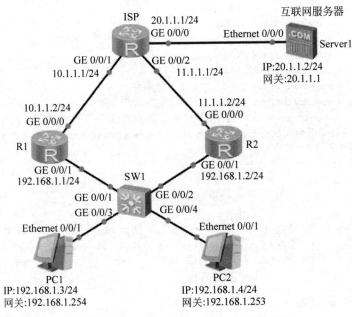

图 11-14　实验网络拓扑图（华为 eNSP 模拟器）

1）路由器 ISP 的配置

```
[ISP]interface g0/0/0
[ISP-GigabitEthernet0/0/0]ip address 20.1.1.1 24
[ISP-GigabitEthernet0/0/0]quit
[ISP]interface g0/0/1
[ISP-GigabitEthernet0/0/1]ip address 10.1.1.1 24
[ISP-GigabitEthernet0/0/1]quit
[ISP]interface g0/0/2
[ISP-GigabitEthernet0/0/2]ip address 11.1.1.1 24
[ISP-GigabitEthernet0/0/2]quit
[ISP]ip route-static 192.168.1.0 24 10.1.1.2
[ISP]ip route-static 192.168.1.0 24 11.1.1.2
```

2）路由器 R1 的配置

```
[R1]interface g0/0/0
[R1-GigabitEthernet0/0/0]ip address 10.1.1.2 24
[R1-GigabitEthernet0/0/0]quit
[R1]interface g0/0/1
[R1-GigabitEthernet0/0/1]ip address 192.168.1.1 24
[R1-GigabitEthernet0/0/1]quit
[R1]ip route-static 0.0.0.0 0 10.1.1.1
[R1]
//配置 VRRP
[R1]interface g0/0/1
[R1-GigabitEthernet0/0/1]vrrp vrid 1 virtual-ip 192.168.1.254
[R1-GigabitEthernet0/0/1]vrrp vrid 1 priority 120
[R1-GigabitEthernet0/0/1]vrrp vrid 1 preempt-mode timer delay 20
[R1-GigabitEthernet0/0/1]vrrp vrid 1 track interface g0/0/0 reduced 30
```

```
[R1-GigabitEthernet0/0/1]vrrp vrid 2 virtual-ip 192.168.1.253
[R1-GigabitEthernet0/0/1]vrrp vrid 2 track interface g0/0/0 reduced 30
```

3）路由器 R2 的配置

```
[R2]interface g0/0/0
[R2-GigabitEthernet0/0/0]ip address 11.1.1.2 24
[R2-GigabitEthernet0/0/0]quit
[R2]interface g0/0/1
[R2-GigabitEthernet0/0/1]ip address 192.168.1.2 24
[R2-GigabitEthernet0/0/1]quit
[R2]ip route-static 0.0.0.0 0 11.1.1.1
[R2]
//配置 VRRP
[R2]interface g0/0/1
[R2-GigabitEthernet0/0/1]vrrp vrid 1 virtual-ip 192.168.1.254
[R2-GigabitEthernet0/0/1]vrrp vrid 1 track interface g0/0/0 reduced 30
[R2-GigabitEthernet0/0/1]vrrp vrid 2 virtual-ip 192.168.1.253
[R2-GigabitEthernet0/0/1]vrrp vrid 2 priority 120
[R2-GigabitEthernet0/0/1]vrrp vrid 2 preempt-mode timer delay 20
[R2-GigabitEthernet0/0/1]vrrp vrid 2 track interface g0/0/0 reduced 30
```

11.3 拓 展 知 识

11.3.1 VRRP 报文

VRRP 协议只有一种报文，即 VRRP 通告报文（也称 VRRP 广播报文）。VRRP 报文用来将主路由器的优先级和状态通告给同一虚拟路由器的所有 VRRP 路由器。

VRRP 通告报文是由主路由器定时发出来通告它的存在的，当备份路由器在规定时间接收到 VRRP 通告报文时，就知道网络中有主路由器存在，且在正常工作中。当备份路由器在规定时间内没有接收到 VRRP 通告报文时，备份路由器就会认为主路由器出现故障，这时重新进行 VRRP 选举选出主路由器。VRRP 通告报文除了用于主路由器的选举，还可以用来检测虚拟路由器的各种参数。为了减少对网络带宽的占用，只有主路由器才会周期性地发送 VRRP 通告报文。VRRP 通告报文使用 IP 组播数据包进行封装，组播地址为 224.0.0.18，协议号是 112，TTL 是 255。VRRP 通告报文结构如图 11-15 所示。

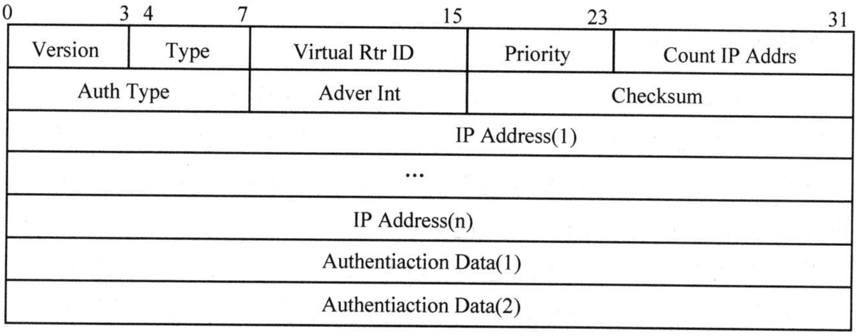

0 3	4 7	8 15	16 23	24 31
Version	Type	Virtual Rtr ID	Priority	Count IP Addrs
Auth Type		Adver Int	Checksum	
IP Address(1)				
...				
IP Address(n)				
Authentiaction Data(1)				
Authentiaction Data(2)				

图 11-15　VRRP 报文结构

通过备份路由设备提供企业网络可靠性

VRRP 报文中各字段的含义如下。

Version：协议版本号，现在的 VRRP 版本为 2。VRRPv2 是基于 IPv4 的，VRRPv3 是基于 IPv6 的。两个版本在功能和工作原理上都是相同的，只是针对的寻址环境不同。

Type：VRRP 报文类型，目前只有一种取值，1。

Virtual Rtr ID：虚拟路由器 ID(VRID)，取值范围是 1～255。

Priority：发送报文的 VRRP 路由器在虚拟路由器中的优先级。取值范围是 0～255，其中可以使用的范围是 1～254。0 表示设备停止参与 VRRP，用来使备份路由器尽快成为主路由器，而不必等到计时器超时；255 则保留给 IP 地址拥有者，默认值是 100。

Count IP Addrs：VRRP 广播中包含的虚拟 IP 地址个数。

Authentication Type(Auth Type)：验证类型，RFC3768 中认证功能已经取消，此值为 0，当值为 1 和 2 时只作为对老版本 RFC2338 的兼容。

Adver Int：VRRP 通告间隙时间，单位为 s，默认值为 1s。

Checksum：校验和，校验范围只是 VRRP 数据，即从 VRRP 的版本字段开始的数据，不包括 IP 报头。

IP Address(n)：和虚拟路由器相关的 IP 地址，数量由 Count IP Addrs 决定。

Authentiaction Data：RFC3768 中定义该字段只是为了和老版本 RFC2338 兼容。

11.3.2 VRRP 定时器

VRRP 在运行过程中使用两个定时器来进行状态检测。

(1) 通告定时器(Adver-timer)：该定时器在主路由器中使用，用来定义通告时间间隔。主路由器以该定时器的时间间隔定期发送 VRRP 通告报文，告知其他备份路由器自己仍在线。通告间隔默认为 1s，可以通过配置相关参数来修改。

配置通告间隔时需要注意，较小的通告间隔会消耗一定的带宽和系统资源，但能提供更快的故障检测和切换；较大的通告间隔虽然可以节省带宽和系统资源，但是不能提供最快的故障检测和切换。

(2) 主路由器失效定时器(master-down-timer)：该定时器在备份路由器中使用，用来定义主路由器失效时间间隔。主路由器失效间隔指的是备份路由器多长时间没有收到主路由器的通告报文后，将认为主路由器已经失效，并开始选举新的主路由器。主路由器失效间隔是通告间隔的 3 倍，默认为 3s。该时间不能通过命令来设置，是通过通告报文的时间间隔进行计算的。

11.3.3 VRRP 验证

VRRP 支持对 VRRP 报文的认证。在一般对安全性要求不高的情况下，无须考虑认证。但在一个有安全性要求的网络环境中，就需要考虑对 VRRP 报文增加认证机制。启用认证后，路由器对发生的 VRRP 报文增加认证字，而接收 VRRP 报文的路由器会将接收到的 VRRP 报文认证字与本地配置的认证字进行比较。若相同，就认为是一个合法的 VRRP 报文；若不相同，则认为是一个非法的 VRRP 报文，并将其丢弃。锐捷网络设备实现的 VRRP 支持明文验证，在同一个 VRRP 组中的路由器必须设置相同的验证密码。

11.4 项目实训

由于网络业务流量较大,所以公司申请了两条互联网的接入,分别由路由器 R1 和 R2 作为出口网关。为了提高互联网接入的稳定性和出口的负载均衡,现在路由器 R1 和 R2 上采用 VRRP 进行网关冗余和负载均衡,如图 11-16 所示,完成配置并进行相关的网络测试。

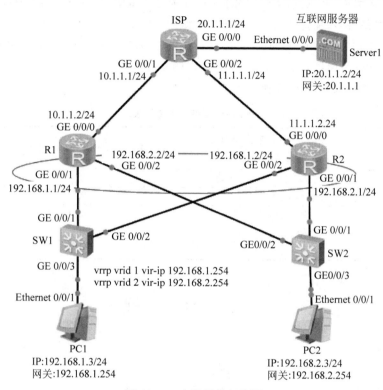

图 11-16 实验网络拓扑图

设备接口地址分配表如表 11-3 所示。

表 11-3 设备接口地址分配表

设 备 名 称	接　　口	IP 地 址	说　　明
路由器 ISP	G0/0/1	10.1.1.1/24	模拟 ISP 的接入端
	G0/0/2	11.1.1.1/24	
	G0/0/0	20.1.1.1/24	
路由器 R1	G0/0/0	10.1.1.2/24	NAT 地址池: 10.1.1.5～10.1.1.10
	G0/0/1	192.168.1.1/24	
	G0/0/2	192.168.2.2/24	
路由器 R2	G0/0/0	11.1.1.2/24	NAT 地址池: 11.1.1.5～11.1.1.10
	G0/0/1	192.168.2.1/24	
	G0/0/2	192.168.1.2/24	
PC1	—	192.168.1.3/24	网关:192.168.1.254
PC2	—	192.168.2.3/24	网关:192.168.2.254

通过备份路由设备提供企业网络可靠性

基本要求:

(1) 正确选择设备并使用线缆连接。

(2) 正确给各路由器的相关接口配置 IP 地址。

(3) 正确配置各 PC 的 IP 地址、子网掩码和网关等参数。

(4) 在路由器 R1 和路由器 R2 上配置默认路由,使得所有 PC 都能互联网服务器。

(5) 在路由器 R1 和 R2 上配置 VRRP 组 1 和 2,VRRP 组 1 虚拟 IP 地址为 192.168.1.254,R1 为主路由器,配置对 G0/0/0 接口的跟踪,R2 为备份路由器,配置对 G0/0/0 接口的跟踪;VRRP 组 2 虚拟 IP 地址为 192.168.2.254。R2 为主路由器,配置对 G0/0/0 接口的跟踪,R1 为备份路由器,配置对 G0/0/0 接口的跟踪。

项目 11 的考核表如表 11-4 所示。

表 11-4 项目 11 考核表

序 号	项目考核知识点	参 考 分 值	评 价
1	设备连接	9	
2	PC 的 IP 地址配置	3	
3	R1 路由器配置	10	
4	R1 路由器配置	10	
5	相关测试	3	
合 计		35	

11.5 习 题

1. 选择题

(1) 下面对 VRRP 相关描述错误的是(　　)。

    A. VRRP 路由器是 Master 状态还是 Backup 状态是由路由器所处的具体物理位置决定的

    B. VRRP 通过比较路由器的优先级进行选举,优先级高的路由器将成为主路由器

    C. VRRP 组中存在 IP 地址拥有者时,IP 地址拥有者将成为主路由器

    D. VRRP 路由器的优先级默认为 100,最高为 255

(2) VRRP 使用的组播地址是(　　)。

    A. 224.1.1.18　　　　　　　　　　　B. 225.1.1.18

    C. 224.0.0.18　　　　　　　　　　　D. 225.0.0.18

(3) 下面哪个定时器在 VRRP 的主路由器中使用?(　　)

    A. 通告定时器　　　　　　　　　　　B. 主路由器失效定时器

    C. 更新计时器　　　　　　　　　　　D. 刷新计时器

(4) VRRP 路由器在什么状态下不对 VRRP 报文做任何处理?(　　)

    A. Initialize 状态　　　　　　　　　　B. Master 状态

    C. Backup 状态　　　　　　　　　　　D. Initialize 状态和 Backup 状态

(5) VRRP 组中 IP 地址拥有者的优先级是(　　)。

A. 0　　　　　　　B. 100　　　　　　C. 254　　　　　　D. 255

（6）对 VRRP 组的虚拟 IP 地址描述正确的是（　　　）。

A. 同一组 VRRP 中的路由器的虚拟 IP 地址必须相同

B. VRRP 路由器中的接口 IP 地址不能用于虚拟 IP 地址

C. 虚拟 IP 地址必须与接口地址位于同一个子网中

D. 虚拟 IP 地址可以与所有路由器接口地址都不相同

（7）下面哪条命令是正确的？（　　　）

A.〔Huawei〕vrrp vrid 1 virtual-ip 192.168.1.254

B.〔Huawei〕vrrp virtual-ip 192.168.1.254

C.〔Huawei-GigabitEthernet0/0/1〕vrrp vrid 1 virtual-ip 192.168.1.254

D.〔Huawei-GigabitEthernet0/0/1〕vrrp virtual-ip 192.168.1.254

（8）下面哪条命令是正确配置 VRRP 中路由器的优先级？（　　　）

A.〔Huawei〕vrrp priority 120

B.〔Huawei-GigabitEthernet0/0/0〕vrrp vrid 1 priority 120

C.〔Huawei〕vrrp vrid 1 priority 120

D.〔Huawei-GigabitEthernet0/0/0〕vrrp priority 120

（9）华为路由器中默认 VRRP 中备份路由器多长时间没有收到主路由器的通告报文后，将认为主路由器已经失效？（　　　）

A. 1s　　　　　　B. 2s　　　　　　C. 3s　　　　　　D. 4s

（10）关于 VRRP 实现流量负载均衡描述错误的是（　　　）。

A. VRRP 负载均衡是通过使用多个 VRRP 组来实现的

B. VRRP 负载均衡必须要终端配置的配合

C. 实现负载均衡的路由器在不同的 VRRP 组中担任不同的角色

D. 一个 VRRP 组也可以实现负载均衡

2. 简答题

（1）VRRP 运行过程中会经历哪 3 种状态？

（2）VRRP 是如何实现流量负载均衡的？

（3）VRRP 接口跟踪的作用是什么？

（4）VRRP 使用了几个定时器？每个定时器的作用是什么？

通过备份路由设备提供企业网络可靠性

项目 12 企业双核心双出口网络的构建案例

项目描述

某著名企业总部设在上海，由于业务发展的需要，准备在广州设置分部，为了实现快捷的信息交流和资源共享，需要构建一个跨越地市的集团网络。总部有研发部、财务部、市场部、行政部和生产部等部门，广州分部设有销售部和技术部。

总部采用双核心的网络架构，采用双出口的网络接入模式，一条链路采用电信接入互联网，一条链路采用移动接入互联网，使用路由器接入互联网络，在网络出口与核心之间使用防火墙保护内网的安全，同时来保障服务器和内网用户主机不被网络攻击。

上海总部与广州分部采用 VPN 连接，上海总部部分区域采用无线覆盖。广州分部采用单核心网络架构，需要使用单臂路由实现 VLAN 间的路由功能。上海总部的网络都采用 OSPF 动态路由协议，广州分部采用 RIPv2 动态路由协议。

网络拓扑图如图 12-1 所示。

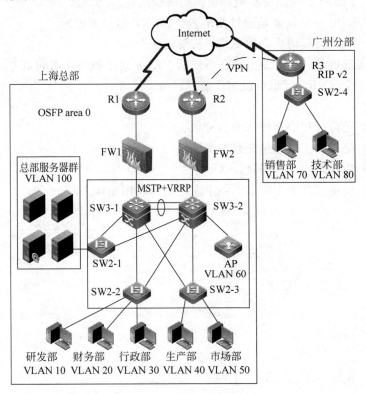

图 12-1　网络拓扑图

习题参考答案

项目 1

1. 选择题
(1) C　(2) B　(3) D　(4) D　(5) A　(6) C　(7) C　(8) D　(9) A　(10) D

2. 简答题
略。

项目 2

1. 选择题
(1) B　(2) A　(3) C　(4) A　(5) C　(6) D　(7) A　(8) D　(9) B　(10) C

2. 简答题
略。

项目 3

1. 选择题
(1) D　(2) A　(3) B　(4) B　(5) C　(6) A　(7) C　(8) D　(9) B　(10) C

2. 简答题
略。

项目 4

1. 选择题
(1) A　(2) C　(3) A　(4) C　(5) C　(6) D　(7) B　(8) C　(9) D　(10) A

2. 简答题
略。

项目 5

1. 选择题
(1) C　(2) D　(3) A　(4) B　(5) D　(6) B　(7) C

2. 简答题
略。

项目 6

1. 选择题
(1) C　(2) A　(3) D　(4) B　(5) C　(6) B　(7) C　(8) D　(9) A　(10) D

2. 简答题
略。

项目 7

1. 选择题
(1) A　(2) B　(3) B　(4) D　(5) B　(6) C　(7) D　(8) A　(9) D　(10) C

2. 简答题

略。

项目 8

1. 选择题

(1) A (2) C (3) D (4) A (5) B (6) B (7) C (8) C (9) B (10) D

2. 简答题

略。

项目 9

1. 选择题

(1) A (2) C (3) B (4) D (5) D (6) B (7) B (8) B (9) D (10) A

2. 简答题

略。

项目 10

1. 选择题

(1) A (2) C (3) C (4) D (5) B (6) D (7) D (8) C (9) B (10) C

2. 简答题

略。

项目 11

1. 选择题

(1) A (2) C (3) A (4) A (5) D (6) B (7) C (8) B (9) A (10) D

2. 简答题

略。

参 考 文 献

［1］ 格拉齐亚民（Grazi-ani R)思科网络技术学院教程.CCNA.接入 WAN[M].北京：人民邮电出版社,2009.

［2］ 诺特(Knott WOT)思科网络技术学院教程.CCNA.1,网络基础[M].北京：人民邮电出版社,2008.

［3］ 张选波,吴丽征,周金玲.设备调试与网络优化学习指南[M].北京：科学出版社,2009.

［4］ 张选波,王东,张国清.设备调试与网络优化实验指南[M].北京：科学出版社,2009.

［5］ 高峡,陈智罡,袁宗福.网络设备互连学习指南[M].北京：科学出版社,2009.4

［6］ 华为技术有限公司官方网站.https://e.huawei.com/cn/.

［7］ 锐捷网络股份有限公司官方网站.http://www.ruijie.com.cn/.

［8］ 吾昂王.思科高级配置(HSRP 配置)[OL].https://blog.csdn.net/Win_Le/article/details/90270824.(2019-5-16)[2020-7-30].

［9］ centos2015.HSRP 详解[OL].https://blog.csdn.net/zonghua521/article/details/78198024.(2017-10-10)[2020-7-30].

图书资源支持

感谢您一直以来对清华版图书的支持和爱护。为了配合本书的使用，本书提供配套的资源，有需求的读者请扫描下方的"书圈"微信公众号二维码，在图书专区下载，也可以拨打电话或发送电子邮件咨询。

如果您在使用本书的过程中遇到了什么问题，或者有相关图书出版计划，也请您发邮件告诉我们，以便我们更好地为您服务。

我们的联系方式：

地　　址：北京市海淀区双清路学研大厦 A 座 714

邮　　编：100084

电　　话：010-83470236　010-83470237

客服邮箱：2301891038@qq.com

QQ：2301891038（请写明您的单位和姓名）

资源下载：关注公众号"书圈"下载配套资源。

资源下载、样书申请

书圈

获取最新书目

观看课程直播